# 现代教育与学生情商培养

刘 华　刘发明　著

辽海出版社

### 图书在版编目(CIP)数据

现代教育与学生情商培养 / 刘华, 刘发明著. -- 沈阳 : 辽海出版社, 2018.12
ISBN 978-7-5451-5095-7

Ⅰ. ①现… Ⅱ. ①刘… ②刘… Ⅲ. ①大学生—情商—能力培养—研究—中国 Ⅳ. ① B842.6

中国版本图书馆 CIP 数据核字 (2018) 第 283972 号

责任编辑：丁　凡　高东妮

责任校对：丁　雁

北方联合出版传媒（集团）股份有限公司
辽海出版社出版发行
（辽宁省沈阳市和平区十一纬路 25 号 辽海出版社　邮政编码：110003）
北京市天河印刷厂印刷　　　全国新华书店经销
开本：710mm×1000mm　1/16　印张：16.5　字数：230 千字
2020 年 1 月第 1 版　2020 年 1 月第 1 次印刷
定价：64.00 元

# 作者简介

刘华，湖北仙桃人，硕士学位，讲师职称，国家一级职业指导师、二级心理咨询师。2001年毕业于中国地质大学（武汉），获得工学学士学位；2012获得武汉轻工大学硕士学位。现任职于武昌工学院，多年来一直从事大学生管理及心理健康教学工作，主要研究方向为大学生教育管理、心理健康教育、思想政治教育。近年来承担省级科研课题数项，撰写发表多篇论文，代表作品曾获得湖北省民办高校党建工作优秀论文一等奖、全国民办高校学生工作创新成果二等奖、全国民办高校德育工作优秀论文等多项奖项。

刘发明，湖北随州人，本科学历，一级教师。2004年毕业于江汉大学数学教育专业，获得教育学学士学位。现任职于武汉市第六十四中学，近二十年来主要从事中学数学教学、学生日常管理等工作，主要研究方向为学生教育管理、思想政治教育。在职期间曾三度获得区优秀班主任，所带班级两度评为区"先进班集体"，多次被评为区"家长最满意教师"。

# 前　言

　　现代教育是伴随着现代社会形成而出现的人类历史上一种崭新的教育形式，也是人类社会和教育发展到一定历史阶段的产物。在现代教育中，学生情商水平的高低对一个人能否取得成功有着重大的影响作用，有时其作用甚至要超过智力水平。本书主要对我国现代教育的现状以及未来的发展进行了深入探究，对学而优则仕的思想在学生学习动力中的影响力、教育的发展趋势、教育和民族命运之间的紧密关系等进行了探索。

　　人的主观追求目标是成功，创立《成功定律》的美国学者拿破仑·希尔列出十七条人生成功的秘诀，大部分属于情商的内涵。在学习工作成长过程中，智力因素与情感因素密不可分，后者对前者具有促进激发的作用，当然智力对情感也具有充实强化功能。所不同的是智商主要取决于先天因素，主要是靠自身的定向培养，如记忆力、注意力、观察力、逻辑思维、抽象思维能力等，而情商主要由后天形成，是在社会实践中，与人交往中不断调整、培养而成。

　　就学校素质教育而言，它是通过科学的教育途径、手段和方法，充分发掘人的天赋条件，以心理品质培养为中介，提高人的各种素质水平，使其得到全面、充分、和谐发展的教育。就社会素质教育而言它是以社会文化的传播与创造为手段，以人的身心、潜能开发为本位，以促进人的自然素质的社会化为宗旨的全方位教育。教育既要培养学生的智力、知识，又要培养学生的情商。开发情商的实质就是让学生学会做人。只有既学会知识，又学会做人，才能更好地创新。国外情商已被纳入正式教育，美国的学校已开设情商课程，将其与传统的社会科学和自然科学等课程并列。1996年，联合国科教文组织国际21世纪教育委员会，通过对当今，特别是对未来社会教育的需要进行分析，提出教育应使受教育者"学会求知""学会做事""学会共处"

和"学会生存"的教育思想,这个思想很快被全球各国认可,并被誉称为现代素质教育四大支柱。素质教育的目标是要培养合格的、全面发展的人,情商教育是要塑造个体的完善人格,这些理论的发生、发展不仅在时间上大致吻合,在具体内容上也非常相似,这绝非偶然的巧合,而是全球对人才培养标准的趋向,所以素质教育中必须强化对情商教育的渗透。

与此同时,本书针对大学生的情商教育与训练进行了详细介绍,从大学生自信心的培养、正确价值观、人生观的培养以及礼仪的教育和训练等多方面展开讨论,结构完整,内容深入。对现代教育与学生情商培养具有一定的理论指导作用。

刘华主持《基于情商培养的民办高校大学生周末主题教育研究》项目,2017年获湖北省高校学生工作精品一般资助项目立项(项目编号:2017XGPG3027),本著作内容为此项目阶段成果。

# 目　　录

## 第一章　现代教育的概念 ... 1
### 第一节　建立科学的现代教育概念的重要性 ... 1
### 第二节　现代教育与教学观 ... 2
### 第三节　现代教育功能 ... 8

## 第二章　情商教育概述 ... 26
### 第一节　智商和情商 ... 26
### 第二节　情商教育 ... 34

## 第三章　国内外情商教育简介 ... 44
### 第一节　国外情商教育透视 ... 44
### 第二节　国内情商教育概况 ... 53

## 第四章　情商与成功 ... 66
### 第一节　情感与成功 ... 66
### 第二节　意志与成功 ... 71
### 第三节　动机与成功 ... 76
### 第四节　兴趣与成功 ... 80
### 第五节　性格与成功 ... 84

## 第五章　情商设计 ... 90
### 第一节　管理情商 ... 90
### 第二节　人际情商 ... 100

## 第六章　情商的培养 ... 110
### 第一节　影响情商形成的因素 ... 110
### 第二节　情商培养的阶段和措施 ... 119

## 第七章　驾驭情商，把握命运 ... 127
### 第一节　激发内在的情商潜能 ... 127

第二节　构建良好的人际关系 …………………………………… 134
　　第三节　直面人生中的挫折和失败 ……………………………… 142

## 第八章　大学生情商培养 …………………………………………… 147
　　第一节　大学生情商教育现状及培养对策 ……………………… 147
　　第二节　大学生情商基于现代社会需求的分析和教育培养 …… 153
　　第三节　基于大学生情商培养角度的高校思想政治教育工作 … 156
　　第四节　从促进成才就业角度谈大学生情商培养 ……………… 163
　　第五节　"大学之道"对大学生情商培养 ……………………… 169
　　第六节　以美育促进大学生情商培养 …………………………… 174
　　第七节　大学生情商培养之社会情绪学习 ……………………… 180
　　第八节　大学生情商培养和挫折教育 …………………………… 182
　　第九节　高校德育课堂中的情商教育渗透研究 ………………… 186

## 第九章　情商与大学生自我情绪管理 ……………………………… 191
　　第一节　大学生情绪管理的基本理论 …………………………… 191
　　第二节　大学生情绪管理的方法 ………………………………… 196
　　第三节　大学生情商教育动因和路径 …………………………… 199
　　第四节　大学生科技创新情商的培养 …………………………… 203
　　第五节　微媒体引导大学生情商发展 …………………………… 209
　　第六节　体育院校辅导员开展大学生情商教育途径 …………… 215
　　第七节　大学生情商育成及人格培养 …………………………… 218
　　第八节　大学生创业教育中情商的培养 ………………………… 222
　　第九节　大学生责任情商与责任自觉 …………………………… 226

## 第十章　研究生情商培养 …………………………………………… 232
　　第一节　研究生情商教育的探索研究 …………………………… 232
　　第二节　研究生的情商教育 ……………………………………… 236
　　第三节　情商在研究生自我成长中的作用 ……………………… 240
　　第四节　情商对研究生就业的价值及其培育路径 ……………… 243

## 结束语 ………………………………………………………………… 250

## 参考文献 ……………………………………………………………… 251

# 第一章 现代教育的概念

## 第一节 建立科学的现代教育概念的重要性

在日常生活中，在师范院校讲台上，在教育书刊里，我们经常见到"现代教育"这个词。如果要问这个词的确切含义，或现代教育究竟是什么？可能不同的人就有不同的回答，甚至有人无言以答。教育理论工作者不能对这种状况漠然处之，必须为确立科学的现代教育概念而努力探讨。我们不要抠字眼，搞考据，但必须弄清现代教育的基本含义、基本特征和基本规律。

应该充分地认识建立科学的现代教育概念的重要性。

第一，现代教育不仅仅是我们不断为之奋斗的方向，而且早已是我们的教育现实。我们不能对自己将要从事甚至正在从事的工作，处于无意识、不自觉甚至盲人瞎马的状态。我们必须懂得这是怎样的一件事，必须懂得这件事的情形，必须"胸中有数"。

第二，中国教育工作者的历史任务，就是要为建立具有中国特色的社会主义现代教育体系而奋斗。这是一项宏伟的事业，也是极其艰巨复杂的事业，不同于以往时代的教育事业，正如我们后边将要详细讨论到的，它是以发展形势极其多样、变化极其急剧和深刻为特征的事业，没有宏观视野，没有理论指导，仅凭某些书本结论、朴素经验甚至"长官意志"，是绝对不行的。自20世纪初开始引进西方现代教育和教学制度以来，这方面的历史经验教训是很深刻的。教育现代化的进程步履蹒跚，曲折反复，经常陷于盲目性、自发性，尤其摇摆于这一种片面性和那一种片面性的恶性循环怪圈之中。原因固然复杂，但缺乏理论，对于现代教育缺乏基本的概念，应是一个切近的原因。尤其是新中国成立以后未能充分发挥本来具有的马克思主义指导的优势，未能认真学习、领会和运用马克思主义关于现代教育的基本理论,来指导我们社会主义现代教育体系的构建,屡屡失误,付出了极其惨重的代价。这个历史教训必须认真吸取。一切从事中国社会主义教育现代化事业的同志,必须建立起现代教育的基本概念。

第三,在我们构建中国社会主义现代教育体系的实践基础上,我们也将构建我国社会主义现代教育的科学理论体系。伟大的实践产生伟大的理论,伟大的理论指导伟大的实践。这是时代的呼唤,也是客观的规律。而要构建现代教育科学理论体系,必须首先探讨它的基本概念。因为现代教育基本概念,是现代教育的本质、基本特征和基本规律的概括和集中的反映,是现代教育理论的核心,是现代教育理论的基本范畴和理论体系的逻辑起点。现代教育理论的各方面内容,都将是现代教育基本概念的具体化、深化、展开和充实。因此建立科学的现代教育概念乃是建设现代教育科学理论体系的基石。建立现代教育的基本概念,就意味着对现代教育发展的基本规律,有了总体的把握。一切具体的研究就能与总体把握结合起来,并以它为一般指导线索。建立现代教育的基本概念,就是坚守马克思主义教育基本理论阵地。国内外关于现代教育的理论研究,成果累累,既提供了极其丰富的思想资料,也出现了许多争议,还提出了许多促人思考和令人困惑的问题。这一切,都需要我们认真地进行研究,从理论上做出回答、分析、总结、概括,把马克思主义教育基本理论加以发展,推向前进。

## 第二节 现代教育与教学观

教育理论是对教育实践的概括和总结,是教育实践的升华。它来源于丰富的教育实践,反过来又指导教育实践的进程。从这个意义上来说,现代教育理论和传统教育理论,在本质上是没有区别的,它们都是对当时教育实践的抽象概括和理论总结,是教育实践经验的结晶。可实际上,由于教育实践的社会背景不同,社会对教育的要求不同,现代教育理论和传统教育理论还是有很大区别的。这种区别反映在思想观念、抽象程度、实践水平等不同的层面上。

## 一、教育观

教育观，是人们对教育的根本看法。是人们对诸如教育是什么、教育的目的是什么、教育的作用有哪些、教育的根本属性是什么等等问题的看法。在教育观上，现代教育和传统教育在很多方面是一致的，因为毕竟现代教育和传统教育都是人类的教育实践活动，现代教育是从传统教育发展而来的。但是，由于现代社会生产力和政治经济制度的发展变化，现代教育观毕竟更明确、更科学、更合理、更进步、更符合时代发展的要求。

### (一) 教育本质观

即对"教育是什么""教育到底是什么""教育本质上是什么"或者"什么是'真正的'教育"等问题的回答。对这个问题的不同回答，充分反映了传统教育和现代教育的不同教育观。教育的本质是什么？传统教育一方面认为，教育就是把人头脑中已有的知识、观念和思想引发出来，主张"内发"；另一方面又认为，教育就是把外在的知识、观念和道德等灌输给儿童，主张"外铄"。因此，一方面，苏格拉底要求教师成为"知识的产婆"或"精神助产师"；孟子说"学问之道无他，求其放心而已矣"！另一方面，韩愈要求教师成为"传道、授业、解惑"的人；夸美纽斯主张"把一切知识教给一切人"。可以看出，传统教育囿于对教育的简单和片面的认识，仅仅从不同的侧面、在一定程度上揭示了教育的本质。

现代教育虽然也还没有从根本上认识教育本质，但由于现代教育实践的发展，人们的认识水平有了极大的提高，现代教育本质观的确有了很大的进步。经过多年的研究和讨论，现代教育一般认为：教育是一种培养人的社会活动。这种教育本质观，把教育同其他社会活动从根本上区别开来，使我们对教育本质的认识，更加深入了一步。

教育是一种培养人的社会活动。这种教育本质观，有助于我们进一步明确教育的根本目的。教育活动的根本目的是培养人。培养人是教育活动的出发点，也是教育活动的最终归宿。整个教育活动过程，都是围绕培养人这个中心来安排的。离开了培养人这个根本目的，就不成其为教育活动了。

教育是一种培养人的社会活动。这种教育本质观，有助于我们全面理解教育的任务和作用。作为一种培养人的社会活动，教育的任务就不仅仅是传授知识，而是要从"人"出发，全面育人，因为人是一个整体，人的成长和发展，不仅仅是知识的丰富。人的发展，包括智力、能力、心理、身体、道德品质等多个方面，教育必须是全面的、和谐的。作为一种培养人的社会活动，教育的主要作用也是通过培养人来实现的。教育从它一诞生起，就具有两大作用：一是促进人的发展，一是促进社会的进步。由于社会是由人组成的，而人又是社会的人。因此，教育的两大作用，其实都是通过培养人来实现的。

总之，教育是一种培养人的社会活动。这种教育本质观，是对教育的高度抽象和概括。"培养人"阐明了教育的根本任务，"社会活动"阐明了教育的根本属性。不同时代、不同社会的教育，尽管它们的目的、制度、内容、手段、程度和水平各不相同，但都是在"培养人"，都是一种"社会活动"。

### （二）教育作用观

教育作用观是人们关于教育作用的看法。自古以来，人们就看到了教育的两大作用：促进人的发展和促进社会的进步。

今天，人们对教育作用的认识更加明确、更加具体。现代教育作用观的进步性表现在：第一，明确了教育在促进个人发展和促进社会进步之间的辩证关系。教育正是通过培养一定社会所需要的人，来为一定社会的政治、经济和文化服务。第二，明确了教育在促进个人发展过程中的全面作用。教育不仅仅是传授知识，也不仅仅是发展智力，而是全面促进人的身心的发展，促进人的品德、智力、体质、心理的全面发展。第三，明确了教育在促进社会进步中的全面作用。教育不仅仅是为社会的政治服务，而是为社会的政治、经济、文化、科学技术等各个方面服务，教育是促进社会发展和进步的基本力量。第四，明确了教育作用的有限性。无论是在促进人的发展方面，还是在促进社会进步方面，教育的作用都是有限的，不是万能的。教育是影响人的发展的主导因素，教育的作用必须在先天遗传素质的基础上，通过个人的主观努力才能实现。没有个人的主观努力，无论多好的教育，都不能发挥它应有的作用。教育是推动社会进步的重要力量，是生产力发展和科学技术进步的重要力量，教育作用的发挥要受制于社会的政治经济和科技生产力发展水平，教育不能从根本上改变社会制度。

### (三) 教育价值观

教育价值观是人们对教育价值的基本看法。所谓价值，"表示物的对人有用或使人愉快等等的属性"。教育价值，就是教育对个人和社会的作用或功能。因此，教育价值观，就是人们对教育价值的主判断。长期以来，由于人们的政治立场和经济地位对教育价值的判断和追求就有了很大的差异。围绕教育到底是满足社会发展需要还是满足个人发展需要，形成了"社会本位"和"个人本位"或"国家中心价值观"和"个人中心价值观"两种对立的教育价值观，为到底是进行"人力的教育"还是进行"人的教育"争论不休。今天，人们对教育的价值有了比较科学的看法，不再是简单地进行非此即彼、片面极端的判断，不再单纯追求教育的一种或几种价值，而是努力实现教育的全部价值，既考虑教育促进社会进步的价值，也考虑教育促进个人发展的价值。

### (四) 教育地位观

即人们关于教育在社会中所处地位的看法。作为一种培养人的社会活动，教育和其他社会活动的关系如何，它在整个社会中处于什么样的地位，人们的看法不尽相同。从把教育看作单纯的福利、服务和消费，到把教育看作是国家和社会发展的战略重点，人们对现代教育地位的认识越来越清楚。教育是国民经济和社会发展的战略重点，已经成为全世界的共识。现代教育地位观，不再把教育看作是少数人的事情，不再把教育看作是装饰身份的事情，不再把教育看作是有钱人对穷人的恩赐和施舍，不再把教育看作是单纯的花钱和消费的事情。现代教育认为，教育是立国之本，"百年大计，教育为本"，一个国家、一个民族，要想在世界民族之林中占有一席之地，必须重视教育；国际间的竞争，无论是政治的竞争、文化的竞争、经济的竞争、军事的竞争，还是综合国力的竞争，归根到底是人才的竞争和教育的竞争。

### (五) 大教育观

传统的教育观，是一种小教育观，把教育仅仅局限于学校，局限于人的前半生。一提到教育，就指的是学校教育；一提到教育，就认为是前半生的事情。现代教育则是一种大教育观、终身教育观。现代教育走出了"两耳不闻窗外事,一心只读圣贤书"的狭小校园,面向广阔的社会,开门办学,把学校教育、家庭教育和社会教育有机地融合在一起。现代教育突破了前半生的束缚,重新认识了"活到老学到老"的古训,赋予了终身学习、终身教育的新义,把人生与教育密切结合起来。

## 二、教学观

现代教育理论相对于传统教育理论来说,在教学观上发生了很大进步,取得了很多突破。

### (一)教学目的观

传统教育认为,教学的目的,就在于使学生掌握知识。现代教育认为,教学的目的,不仅在于使学生掌握各种各样的知识,而且还要使学生在身心各方面都得到发展。同时,现代教学目的观力求摆脱传统教育对教学目的的笼统认识,把抽象和不可捉摸的教学目的,变为具体、实在和具有可操作性的教学目的。正是在这种教学目的观的指导下,有了布鲁姆、加涅和奥苏贝尔等人关于教学目标的不同分类。现代教育力求从多种角度、在多种层次上对教学目标进行把握,使教学目标对教学活动具有更强的指导作用。

### (二)教学任务观

教学任务与教学目的紧密联系,一定的教学任务就是为了完成一定的教学目的。因此,传统教育认为,教学的基本任务就是向学生传授知识。现代教育则认为,教学的任务不仅仅是向学生传授知识,更重要的是要发展学生的智力、培养学生的各种能力、提高学生的思想境界和道德水平。现代教育认为,教学是实现全面发展教育的主要途径,教学必须完成德、智、体、美、劳全面发展教育的任务。

### (三)教学内容观

教学内容观是人们对教学应该教什么即用什么来武装学生的头脑等问题的基本看法。不同的教学内容观,影响着教学内容的选择和确定,影响着教学内容的编排和组织。古代教学，其内容是"四书五经"或"七艺"，是宗教教义，主要是关于怎样统治人民的"统治术"。传统教学强调的是知识，尤其是理论知识的学习，主张以"学科"为中心，来编排和组织教学内容。现代教育强调：教学内容的选择确定和组织编排，要充分考虑个人发展和社会进步的需要，要充分考虑直接经验（亲自活动、亲身体验）和间接经验（书本知识）的相互协调，要充分考虑分科课程与综合课程的相互协调。

### (四) 教学方法观

尽管早在春秋战国时代，孔子就提出了因材施教的原则，《学记》中就提出了问答法和讨论法等教学方法、但是总的来说，古代教育不重视对教学方法的研究，尤其是不重视"学法"的研究，除了强调学生死记硬背之外，没有其他方法。现代教育不但重视对教学方法的研究，而且特别注重研究学生的"学法"和对学生学法的指导，注重研究教法与学法之间的辩证关系。在此基础上提出了一系列具体的教学方法。

### (五) 教学组织形式观

古代教学的组织形式主要是个别教学，近代教学的主要组织形式是班级授课制。但是，它们都不很重视对教学组织形式的探索和研究，没有把教学组织形式作为影响教学效果的重要因素来加以认真考虑。现代教育注重研究教学的组织形式，注重考查教学组织形式对教学效果的影响。力求在对个别教学和班级授课制的优缺点进行详细分析的基础上，探索出适合现代社会生活和学生身心发展情况的、多种多样的教学组织形式。

### (六) 教学质量观

教学质量观是对教学效果、教学水平和教学质量的基本看法。古代教育由于教学目的任务的单一化，教学质量观也是简单化，只管结果、只看分数。现代教育由于其教学目的任务的多元化和丰富化，教学质量观也日趋科学合理：不但追求教学的结果，而且追求教学的过程；甚至在某些情况下不看结果只看过程，认为过程比结果更重要。同时，考试和分数不再是唯一的评价手段，而是从多种角度、多种层次对教学效果进行评判。

### (七) 教学手段观

现代教育强调对教学手段的研究和运用,认为教学手段是促进教学质量的重要因素。现代教育要求我们不要满足和停留在"一张黑板、一支粉笔"的基础上,而是积极地开发和应用现代教育技术手段,把最先进的科学技术手段应用到教学活动中来,最大限度地发挥教学的作用,培养出适应现代社会发展需要的新一代。

## 第三节　现代教育功能

教育功能,是指教育所能发挥的作用。功能、作用、意义、价值,这些概念具有相似的含义,我们这里暂且不做详细的辨析。考察教育的功能,对于认识教育本质、地位和作用,具有非常重要的意义。

概括地说,现代教育具有两大功能:一是教育促进社会发展的功能,一是教育促进人的发展的功能。从根本上说,二者是统一的。

### 一、现代教育的社会功能

#### (一) 教育的社会功能概述

教育的社会功能,顾名思义,就是教育对社会所能发挥的作用,也就是教育对社会所具有的价值,或者说是教育对社会发展的意义。

教育的社会功能,既表现为教育对整个社会发展所起的作用,也表现为教育对社会各个要素、各个部分所起的作用。教育不但推动着整个人类社会的向前发展,而且推动了社会各个要素、各个部分诸如政治、经济、文化等方面的发展。教育是社会发展的基本动力之一。

#### (二) 现代教育的经济功能

教育与经济,作为社会的两大平行并列的子系统,有着非常密切的联系。一方面，经济是教育发展的前提和基础，是教育发展的基本条件，经济发展制约和决定着教育事业的发展。另一方面，教育是推动经济发展的主要力量，教育是提高社会劳动效率的重要途径和手段。从人类社会发展的历史来看，教育与经济的这种相互联系、相互影响、相互作用、相互制约的关系，是越来越密切。

1. 教育对经济的依赖

(1) 教育的产生与发展，取决于社会经济发展的需要

首先，教育起源于人类社会生产和社会生活的需要。原始社会初期，人类为了自身的生存、发展和延续，必须把上一代在生产劳动和社会生活中积累下来的知识、经验、技能、技巧传授给下一代，于是教育便应运而生了。其次，学校教育的诞生是生产力发展的需要。原始社会末期，经过几百万年的发展，劳动工具不断改进，社会生产力水平有了很大提高，打猎和采集的食品吃不完而有了剩余，随之出现了剩余产品的私人占有，出现了阶级和国家。国家统治需要大量官吏来维持，学校教育便应运而生了。

(2) 经济发展为教育发展提供必要条件

教育首先是作为一个消费性事业出现的。办教育是需要社会财富的。没有一定的社会财力，就没有教育事业的产生和发展。学校教育的产生，具体而形象地说明了这一点。没有社会生产力的发展和进步，就不会出现剩余产品，就不能使一部分人脱离直接的生产劳动而去从事文化教育活动，教师和学生就不可能出现。正是因为社会能养活得起一批所谓"闲人"，才有了学校教育。早在春秋战国时代，孔子就看到了"庶富教"的关系。现代教育的进步和发展，也充分说明了这一点。现代社会教育普及程度的提高、普及年限的延长，义务教育免费程度的提高，始终都是和经济实力密切联系的。发达国家正是凭借其强大的经济实力，大力发展教育事业，培养大批高质量的人才，在国际竞争中处于优势的另外，办学条件的改善，教学手段的更新，都需要一定的经济条件作保障。

(3) 经济发展为教育提出种种具体的要求

经济发展使社会生产生活方式不断发生变化，也对教育提出种种具体的要求。首先，经济发展对教育所培养的人才规格提出要求。18世纪末期的工业革命，要求有文化、懂技术的产业工人，推动了初等教育的普及；19

世纪末期的电力革命,要求工人的文化水平更高,不再是有一点简单的读写算的技能,推动了中等教育的普及和中等教育与初等教育的上下衔接;20世纪以来,以原子能、计算机为标志的新技术革命,要求教育培养出具有丰富知识、多种能力、高尚道德和团结协作精神的人才,于是,普及义务教育的年限不断延长,高等教育的规模不断增大。其次,社会经济的发展,对教育的规模、速度和水平提出新要求。再次,经济结构调整需要教育结构相适应。第四,经济发展对教育内容、形式、方法和手段提出了要求。

2. 教育的经济功能

教育的经济功能,概言之.就是教育对社会经济的反作用。

(1)人类对教育经济功能的认识历程

教育的经济功能,自古以来就为人们所认识。我国春秋时代的墨子就说过"教人耕者其功多""教天下以义者功亦多"。古希腊的柏拉图也曾指出:"在生产工艺中有两个部分,其中之一与知识关系更为密切。"英国古典经济学家把人的经验和能力看作生产因素和财富内容。马克思指出,用于劳动者身上的教育训练费用是一种用于再生产的费用。列宁指出,提高劳动者的文化水平和思想水平是改善人力进而提高劳动生产率的首要内容。1924年,苏联的斯特鲁米林发表了《国民教育的经济意义》,标志着教育经济学的诞生。从此以后,人们开始运用统计方法和数量语言来阐述教育的经济意义。可以看出:对于教育经济功能,人类的认识经历了一个从简单定性到简单定量、再到定性分析与定量研究相结合、一直到形成专门学科——教育经济学的过程。

(2)现代教育经济功能的表现

教育的经济功能,是随着社会的发展不断丰富和强大起来的。现代教育的经济功能主要表现在:

通过劳动力的生产和再生产,不断地推动着社会生产力的进步,促进着社会经济的发展。所谓劳动力的生产,是指自然人由潜在的、可能的、未来的劳动力,转变为现实的劳动力。所谓劳动力的再生产,是指现实的劳动力由低级劳动力、简单劳动力,转变为高级劳动力、复杂劳动力。

教育是劳动力生产和再生产的最主要的手段。在劳动力的培养过程中,现代教育的功能主要是:①提高劳动者的科学知识素养和劳动技能素养,提高劳动者对生产过程的理解程度,从而提高劳动者的劳动效率。②提高劳动者的道德素养尤其是职业道德素养,从而调动劳动者积极的劳动态度和精神状态。③培养劳动者的学习能力,从而提高劳动者适应新环境和学习新技术的能力。④提高劳动者的创造精神与创新能力。

3. 充分发挥教育的经济功能

现代社会,教育的经济功能越来越凸现出来。充分发挥教育的经济功能,已成为发展教育事业的主要目的。

(1) 认真研究和学习教育经济理论,提高对教育经济功能的认识

虽然说教育的经济功能自古就被人们所认识,虽然说教育经济学的研究如火如荼。然而,对教育经济功能的认识还存在着许多误区,许多问题还不甚明晰。如教育到底是不是产业,教育尤其是中小学教育到底能否产业化,教育投资的经济效益到底有多大,教育投资的比例到底应该是多少,等等。为了充分发挥现代教育的经济功能,必须认真学习和研究现代教育经济理论,学习马克思主义关于教育和经济的有关论述,明确社会主义初级阶段的经济运行规律和教育运行规律,明确当代社会生活对教育的要求,找准新时期教育和经济的恰当结合点,才能从根本上解决这些疑问。对教育经济功能的认识,不能停留在简单的决定和被决定、作用和反作用的理性思辨上,而是要深入到内部,深化到具体,量化教育的经济价值。

(2) 加强教育投资,充分发挥教育投资的经济效益

教育投资是投入到教育领域的人力、物力的货币表现。教育投资的最终来源是国民收入。教育投资的来源具体可分为国家投资、企业投资和个人投资。加强教育投资,必须从国家、企业和个人三方面同时入手。

以往,我们国家的教育投资由国家全包。但由于国家的财力有限,教育投资不足,致使教育事业的发展捉襟见肘。现在,国家调整和改革教育投资体制,充分调动企业和个人投资教育的积极性,发挥了企业和个人教育投资的潜力。一个全民办教育的崭新局面正在形成。但是,这并不是说国家可以松一口气了。国家必须继续加大教育投资的力度,"两个增长"必须保证,各级政府必须在这方面下大功夫。如果说我们国家现在教育投入不足的话,主要还是各级政府在教育方面的财政投资不足。我们国家现在仍然处于社会主义初级阶段,国家仍然是教育投资的主渠道。

近年来，企业和个人的教育投资比例有所加大。但有些现象值得我们警惕，一是个人负担过重，尤其是边远贫困地区，学生家长的负担过重。一是企业投资的动机不纯，不是为了促进教育事业的发展，而是淘金，教育在有些人眼里成了赚钱的工具，就连中小学教育也成了暴利行业。

(3) 培养各种经济类型的人才，为经济发展服务

要充分发挥现代教育的经济功能，就必须培养出适应现代经济发展需要的、各级各类经济专业人才和"有文化、懂技术、业务熟练的劳动者"。

### (三) 现代教育的政治功能

教育和政治始终是密切联系的。一方面，社会政治决定教育的发展。另一方面，教育始终是维护政治稳定和促进政治变革的重要力量。认为教育可以脱离政治而单独存在，提倡"教育独立"的主张，是非常幼稚的。

1. 教育受制于社会政治

政治对教育的制约作用表现在：

(1) 政治制约教育的性质和服务方向

这是政治对教育制约作用的集中表现。不同的政治背景，教育的性质和服务方向各不相同。人类已经历了五种不同形态的社会，存在过五种不同性质的政治制度，相应的也存在过五种不同性质的教育。奴隶社会的教育，是为奴隶主阶级服务的；封建社会的教育，是为封建地主阶级服务的；资本主义的教育，是为资产阶级服务的；社会主义的教育，是为无产阶级和广大劳动人民服务的。

(2) 政治制约着教育的领导权

统治阶级总是牢牢地把握着教育的领导权，按照自己的意志办教育，以此来保证教育的性质和服务方向，让教育为自己的阶级谋利益。统治阶级控制教育领导权的手段很多：一是通过组织手段和某种体制直接对教育机构行使领导职能；一是通过任免教育机构的领导者和教育者；一是通过颁布与教育有关的各种方针、政策；一是通过与教育有关的各种法律法规；一是通过各种教育资源的配置，等等。

(3) 政治制约着教育目的

所谓教育目的，是培养人才的总规格。不同的政治制度，对人才的要

求不同。统治阶级总是希望和要求教育培养出符合自己需要的人来。统治阶级通过制定和颁布教育方针来规定教育目的，一方面培养自己的接班人，另一方面培养为之服务的驯服的劳动者。

(4) 政治制约着受教育的权利和机会

一个国家，谁有权接受教育，受多大程度的教育，是由政治制度决定的，是统治阶级说了算的。奴隶社会，教育完全垄断在奴隶主阶级手中，广大奴隶被当作"会说话的牲口"，完全丧失了人身自由，根本没有受教育的权利和机会。封建社会，农民有了一定的人身自由，但接受学校教育的机会很少，基本上是在自己阶级内部接受劳动教育；学校教育基本上垄断在地主阶级手中，即使在地主阶级内部，教育的等级性也是非常森严的，只有大地主的子弟才能受到良好的教育。资本主义社会，随着政治民主化程度的提高，教育民主化和"教育机会均等"的观念深入人心。资产阶级在培养自己接班人的同时，从维护和巩固自己的统治地位出发，也尽力为工人阶级提供良好的教育。

(5) 政治制约着思想品德教育的内容

统治阶级总是要求教育传授自己的思想观念和行为方式，一方面培养自己的接班人，一方面培养驯服的劳动者。我们是社会主义国家，要求用无产阶级的世界观和共产主义的道德品质培养下一代。美国是资本主义国家，他们则要求用资产阶级的世界观和资本主义的道德品质培养下一代。美国的意识形态教育内容包括：①资本主义制度及其优越性的教育；②反共产主义教育；③公民权利和义务的教育；④国民精神的教育。

2. 教育的政治功能

学校教育自从产生的那天起，它的政治功能就十分突出。《学记》总结："是故古之王者，建国君民，教学为先。"近代资本主义社会的建立，教育的政治功能不但没有减弱或消失，反而得到了强化。现代教育是维护政治稳定和促进政治变革的主要力量。现代教育的政治功能表现在：

(1) 政治社会化

传播一定的政治观点、意识形态和法律规范，使受教育者达到政治社会化，提高社会成员参与政治活动的积极性和成熟性，从而扩大政治基础，维护政治稳定。

所谓政治社会化,是指个体逐渐学会现有政治体系所倡导和认可的政治规范和政治行为方式的过程。教育是个体政治社会化的重要途径和手段。教育的一个非常重要的任务,就是传播统治阶级的意识形态、思想观念、政治观点、伦理规范、法律法规等,使受教育者成为统治阶级所需要的人,按统治阶级的意志办事,不反抗统治阶级的统治。

(2) 培养统治阶级所需要的政治人才,维护政治稳定

教育通过培养统治阶级所需要的政治人才和其他专门人才,提高统治阶级的文化素质,使统治阶级的统治和管理趋于科学化、合理化,从而维护统治阶级的统治地位,使统治阶级的统治更加稳定。

(3) 制造和传播统治阶级所倡导的社会舆论,维护社会政治稳定

《学记》说:"化民成俗,其必由学。"也就是说,教化人民,形成良好社会道德风尚,一定要通过教育。今天,我们也可以说,社会主义精神文明的建设,必须通过教育。教育是社会主义精神文明建设的主要手段。

(4) 产生进步的政治观念,促进社会的发展与变革

往往,当统治阶级的政治制度不适应生产力发展要求的时候,教育系统会产生新的、进步的政治观念,并且利用自身的优势很快地传播这些观念。教育系统中新的政治观念的产生和传播,不但有利于促进统治阶级改变其政治统治,而且还会带来新的革命,甚至推翻统治阶级的反动统治。

(5) 赋予某些个人或阶层文化资本,从而提高其政治地位

政治地位不是空洞的东西,它需要各种资本来充实。通过教育而获得文化资本,是提高和巩固政治地位的重要手段。也就是说,文化水平是一个人或一个阶层政治地位高低的重要标志。我国古代社会中,知识分子"十年寒窗""悬梁刺股"地苦读,就是为了增加文化资本。一旦科举高中,政治地位和社会地位就会立刻提高。现代社会,教育提高人们的政治地位的功能也非常显著。因此,教育平等、教育机会均等,就成为弱势群体争取政治权利的起码要求。

(四) 现代教育的文化功能

文化是人类所创造的物质和精神财富的总和。教育的文化功能可以简单概括为:教育是文化发展的重要手段。所谓文化发展,就是文化的保存和

传递、传播和交流、选择和整理、创造和更新。

1. 教育是文化保存和传递的重要手段

文化的保存和传递，也就是文化的传承或世代相接，是文化在时间维度上的发展。每一个时代，都有继承前一时代文化的任务，同时也要想方设法保存自己时代的文化，并尽可能使之能留传给下一代。教育从它产生那一刻起，就担负着文化传承的任务，正是由于教育，人类的文化才代代相传、生生不息。

一切文化都寓于一定的载体之中。文化的载体有三种：一是物质载体，如工具、建筑等；一是精神载体，如语言、文字、音像等；一是人的载体，即个人拥有的知识、道德等。寓于物质和精神载体的文化被称为客体文化，寓于人自身的文化被称为主体文化。教育过程就是一个不断把客体文化转化为主体文化，又把主体文化转化为客体文化的过程。社会文化正是在这个过程中得到保存和传递的。

2. 教育是文化传播和交流的重要手段

文化的传播和交流，是文化从一个区域到另一个区域的扩散和流动，是文化在空间维度上的发展。文化的传播主要是优势文化向周围的扩散，如汉唐文化向周边的传播；文化的交流主要是几种文化之间的相互借鉴。当然，文化现象是非常复杂的，文化的传播和交流不容易分得那么清楚。

文化传播和交流的途径很多，如人口迁徙、经商贸易、战争、旅游、访问、体育竞赛、文艺演出、留学、学术交流、音乐电影、通讯联系、饮食、日用品等等。教育是文化传播和交流的重要途径或主要途径。这是因为：①教育传播和交流的文化具有深刻性；②教育传播和交流的文化具有高选择性；③教育传播和交流的文化具有系统性。

教育不但是文化传播和交流的重要手段，而且是文化传播和交流的前提与动力。教育可以形成一种文化传播的心理动力，即人们认识不同文化的浓厚兴趣和强烈愿望。正是这种心理动力促进了文化的交流和传播。一般来说，人们的文化水平、文化视野与了解不同文化的愿望成高度的正相关。

3. 教育是文化选择与整理的主要手段

文化的选择与整理，是文化的去粗取精或去芜存精，是文化在内容上的择优汰劣和结构上的优化组合。文化的选择和整理是文化发展的基本方面。教育是文化选择和整理的主要手段,因为教育所选择的是具有一定社会价值的文化;教育所选择的是具有一定育人价值的文化。

在文化的选择和整理过程中,教育的功能表现在:

(1) 定向功能

因为:①被教育所选择的文化,是社会的规范和稳定的文化;②教育过程也是文化整理的过程,它使文化系统化和条理化;③运用经过教育选择和整理了的文化所培养的人,在进行文化活动时也会用同样的价值观和方法去选择和整理文化。

(2) 扩大文化选择区

所谓文化的选择区,是指文化的流动和变通的部分。概括地说,文化由两部分组成,其一是稳态的核心,其一是流动和变通的边缘。文化的边缘由文化的选择部分组成,是文化的生长点,是文化发生变迁的重要部分。教育过程中,不同的教师对同一教材可以有不同的讲解,可以提出自己独特的见解和观点,从而扩大文化的选择区,对社会文化的选择和整理产生重大影响。

(3) 提高主体的选择能力

文化的选择和整理是一种较强的主观性活动。教育过程作为文化选择和整理过程,也是一种主观活动过程。在这一过程中,学生不但学习和接受经过选择和整理了的文化科学知识,而且接受了与之相联系的价值观念,学会了如何选择和整理文化。

4. 教育是文化创造与更新的主要手段

文化的保存和传递、传播与交流、选择与整理,更多的是在原有文化或已有文化的基础上来说的。但是,没有文化的创造与更新,文化就失去了活力,就变成了一潭死水。文化只有不断地创造和更新,文化才能得到真正的发展。而教育,正是文化创造与更新的主要手段。

(1) 现代教育能为文化的不断创造和更新提供大量的、具有创新能力的人才。文化是人创造的。没有具有创造活力的人才,就没有人类文化的创新和发展。

(2) 现代教育对作为教育内容的文化素材,能根据其特点进行加工塑造。

(3) 现代教育教学和科研并重,而科研是文化创造和更新的主要手段。

(4) 现代教育具有吸纳、融合世界先进文化的功能。

## 二、现代教育的育人功能

### (一) 人的发展

1. 概念

人的发展，是指人从出生到死亡在身心两方面所发生的规律性的变化。简单地说，人的发展，就是人的成长发育，是人的身心随着时间推移而发生的变化。

人的发展变化，从时间上说，贯穿人的一生；从范围来说，包括生理和心理、肉体和灵魂、身体和精神两个方面；从特点来说，是有规律的；从性质上说，是前进的、进步的、向上的。所以，偶尔的、病理性的变化，我们不称其为发展。

2. 人的身心发展规律

人的身心发展是有规律的。教育必须按照儿童身心发展的规律来进行。

(1) 人的身心发展的统一性

即人的身体的成长壮大和心理的成熟丰富二者是统一的，是紧密联系和相互协调的。身与心、肉与灵或物质与精神是一个统一的整体。一方面，人的身体的成长是心理成熟的前提和基础。没有大脑物质重量的增加和解剖结构的改变，就没有大脑机能即意识的提高。没有性器官的发育成熟，就没有性心理和性情感的发生。另一方面，心理的成熟又促进身体的发展。随着心理的成熟，人们懂得了如何爱护身体、如何锻炼身体。

(2) 人的身心发展的不均衡性

即人的身体的成长壮大和心理的成熟丰富二者并不是完全一致、完全平行的。一方面，不是说身体长高了、长大了，心理就一定会成熟；也不是说个子没长高，心理就一定没有成熟。前一种情况，有智力低下者为证；后一种情况，有神童为证。另一方面，身心发展的速度不是平均不变、均衡匀速的，而是有快有慢，有发育高峰，有关键期。如身体发育的两次高峰，口语发展的关键期，青春期等等。

(3) 人的身心发展的顺序性和阶段性

即人的身心发展是有先后顺序和不同阶段的。发展的顺序性是指人的身心发展的过程和特点的出现具有一定的顺序。如人的身体发育遵循由头部到下肢和由中心到外围的顺序；人的思维发展遵循"直观动觉思维—具体形象思维—抽象逻辑思维"的顺序。发展的阶段性是指人的身心发展都要经过若干阶段，不同的阶段表现出不同的特征。而且，每一阶段都是前一阶段的延续和发展，又是后一阶段的基础和准备。每一年龄阶段的特征，都是前几个阶段发展的积累。如0—1岁主要是长身体的阶段；1—3岁主要是口语的发展阶段；3—6岁是以形象思维为主的阶段；6—12岁是形象思维和逻辑思维并重的阶段；12岁以后是以抽象逻辑思维为主的阶段等等。

(4) 人的身心发展的稳定性和可变性

即人的身心发展与时代发展和社会变迁的关系。一方面，人的身心发展并不随着时代发展和社会变迁大起大落，而是保持相对稳定。这一代人和上一代人，下一代人和这一代人，在发展的顺序、阶段、年龄特征和变化速度等方面，基本上保持一致，具有相对稳定性。另一方面，人的发展不是一成不变的，由于社会生活方式的发展变化，人的发展在水平、程度、速度等方面，还是发生着缓慢地变化。比如，当代青少年，比之他们祖辈，身高增长明显，青春期也提前到来。

(5) 人的身心发展的普遍性和差异性

即人的身心发展具有普遍共同性和个体差异性。一方面，不同民族、不同种族、不同性别和不同地方的人们，身心发展的顺序和阶段具有共同性，大致相同。另一方面，由于遗传和社会因素的影响，人的发展并非完全一致，人和人还是有差异的。人的发展的差异性主要表现在：同龄人在同一方面发展水平的差异；同龄人在不同方面发展的关系上存在差异；不同性别间有明显的差异；不同地区间有明显的差异，如寒带人和热带人；不同民族和种族间有明显的差异，如黑人和黄种人。

## (二) 影响人的发展的因素

影响人的发展的因素，由于人们的视角不同，观点也就不尽相同。概括地说，有一因素说、二因素说、三因素说、四因素说、内外因说等几种。

### 1. 一因素说

一因素说，简单地把人的发展归功为某一种因素影响的结果，否认其他因素在人的发展中的作用。主要有"遗传决定论""环境决定论"和"教育万能论"等。

(1) 遗传决定论

遗传决定论认为：影响人的发展的因素，只是遗传，除了遗传别无其他因素。人的一切都是先天注定了的。后天的环境和教育，至多只能延缓或加速遗传因素的实现。所谓"龙生龙，凤生凤，老鼠的儿子会打洞""一两的遗传胜过一吨的教育"等等，就是典型的遗传决定论。我国"文化大革命"中讲"出身"、讲"成份"，把人分为所谓的"红五类""黑五类"，盛行"血统论"，说什么"老子英雄儿好汉，老子反动儿混蛋"。除了政治上的原因之外，其实就是遗传决定论在作怪。

(2) 环境决定论

环境决定论认为：人是环境和教育的产物。把人的发展简单地归结为被动地受制于环境的影响。否认遗传在人的发展中的作用，否认人的主观能动性。美国行为主义者华生 (J.B Watson) 就曾宣扬："给我一打健全的儿童，我可以用特殊的方法任意地加以改变，或者使他们成为医生、律师……或者使他们成为乞丐、盗贼。"

(3) 教育万能论

教育万能论离开了遗传的前提和环境的影响，孤立地、片面地谈论教育，过分夸大教育在人的发展中的作用。如夸美纽斯就曾说："只有受过一种合适的教育，人才能成为一个人。"洛克也说："我们日常所见的人们，他们是好是坏，有用无用，什么都是由他们所受的教育决定的。人类之所以有千差万别，便是教育的力量。我们儿时所受的印象，哪怕极微小，小到全不觉得，都是极重大极长久的影响的。正如江河之源泉一样，水性至厚，一点人力便可以导入他途，使河流的方向改变。根源上只移动一点点，但是趋向差异，终结它的差别便差得极远了。"这都是典型的教育万能论。

2. 二因素说

二因素说，其实是一种折中主义或调和主义的观点，既强调遗传的决定作用，也强调环境的决定作用，把儿童的发展看成是先天的遗传与后天的不变环境共同决定和影响的结果。如德国儿童心理学家施太伦 (W.Stern) 提出人的发展的"辐合说"，认为儿童心理发展是由于儿童内部性质和外界环境发生了"辐合"的结果。美国心理学家吴伟士(R.S Woodworth)也认为，人的心理发展等于遗传和环境的乘积。

3. 三因素说

三因素说是比较流行的观点。认为影响人的身心发展的因素主要有遗传、环境和教育。这一派认为：

(1) 遗传是人的身心发展的生物前提和物质基础，是人的身心发展的必要条件，为人的身心发展提供可能性

遗传是人们从先代继承下来的生物特征，是与生俱来的生理解剖特点。如机体构造、形态、感官和神经系统的特征等等。遗传也就是我们通常所说的"天赋""察赋"或"遗传素质"。

人的遗传是有差别的，不承认这一点就不是唯物主义。生活经验告诉我们，有所谓的"上智""下愚""超常""低常""天才""白痴"之分。科学研究也告诉我们，人的"基因"中的"遗传密码"具有丰富的遗传信息，控制着人的遗传和发展。这就是即使同卵双胞胎也不完全一样的原因。但是过分夸大遗传的差别，则会陷入唯心主义的泥潭。

遗传素质具有很大的发展潜力。在合适的环境和教育的影响下，人的遗传素质有着极大的发展可能性。有的人有某种感官的缺陷，可以通过其他感官的发展而得到一定程度的弥补，如盲人触觉的充分发展和聋人视觉的充分发展，都说明了这一点。

马克思主义认为，人是自然实体和社会实体的统一。遗传素质在人的身心发展中起着非常重要的作用：

——为人的身心发展提供物质基础和生物前提。无论是身体的发育，还是心理的成熟，都是在先天遗传素质的基础上展开的。

——是人的身心发展的必要条件。没有正常的遗传素质，就没有身心的正常发展。要成为画家，必须有明亮的眼睛；要成为音乐家，必须有灵敏的双耳；要成为长跑健将，必须有健康的双腿等。但是，遗传素质并不是身心发展的充分条件。

——为人的身心发展提供广泛的可能性。但也仅仅提供一种可能性，明眼人未必都能成为画家；耳聪人也未必都能成为音乐家；双腿健全的人，未必都能成为长跑健将。

——遗传素质的差异性影响到人的发展的差异性。

——遗传素质的成熟机制影响人的年龄特征。遗传素质是逐步成熟的。人们只有到了一定的成熟时期，才能有效地学习某种知识和技能。成熟条件不具备而勉强进行学习是低效或无效的。

(2) 环境是人的身心发展的决定因素，决定着人的身心发展的方向和水平

环境是指人生活于其中、影响人的一切外部条件的总和。包括自然环境和社会环境。

自然环境是不依赖人而存在、人与其他生物所共有的环境。如宇宙星辰、山川河流、空气水土等。自然环境是人类与其他生物生存的基础和必要条件。对人的身心发展也有一定的影响，如草原上的人善骑射，江河湖海上的人们善行舟，生活在太平洋岛国上的人和生活在北极圈的人，无论在生活习惯、行为方式还是身体发育等方面，都有较大的差异。

社会环境是人们所生活的一定的社会物质条件和精神条件的总和。包括宏观社会环境和微观社会环境。教育是社会环境的重要组成部分。

——宏观社会环境为人的发展提供总的条件和背景，制约人的发展方向和水平。宏观社会环境包括我们所处的时代、社会制度、文化传统、社会关系、社会意识等社会大背景，它们对人的发展从总体上起制约作用。任何人都跳不出他所处的社会历史时代。

——微观社会环境为人的发展提供潜移默化的直接影响。微观社会环境是指人的生活活动圈，包括家庭、邻里、亲友、伙伴、娱乐场所、学校、单位等。人们无时无刻不是生活在具体的环境中，也无时无刻不在接受环境的广泛而直接的、潜移默化的影响。所谓"近朱者赤，近墨者黑""孟母三迁"等，都说明了这一点。

(3) 教育是人的身心发展的主导因素

教育尤其是学校教育，在人的身心发展中起主导作用。所谓主导作用有两重含义：一是教育的影响力要比遗传和环境大；一是教育能充分利用遗传和环境的作用。教育万能论和教育无能论都是错误的。

——学校教育在人的身心发展中起主导作用。因为学校是专门的育人机构，它以育人为根本宗旨；学校教育活动是有计划、有目的、有组织的活

动；学校有着经过专门训练的专业教育工作者；学校的教育内容是经过专家学者精心挑选和组织的。

——学校教育在人的身心发展中起主导作用。因为学校教育能把遗传和环境的影响充分地利用和组织起来。现代学校教育和家庭教育、社会教育的有机结合，更能充分地利用遗传和环境的作用。

——学校教育在人的身心发展中起主导作用。因为受教育者是正在成长和发展中的人，身心各方面都还不成熟，具有"可塑性"；同时，他们具有强烈的"学生感"和"向师性"，具有接受教育和自我发展的强烈愿望和"可教育性"。

——学校教育在人的身心发展中起主导作用。因为现代社会，科学技术高度发达，只有接受学校教育，才能成为合格的社会成员。

4. 四因素说

四因素说在承认三因素说的基础上，提出了人的主观能动性在人的发展中的作用问题。认为人的主观能动性是影响人的发展的最终的决定因素。

因为，环境和教育只是影响人的发展的外因，它们的影响只有通过人自身的活动才能实现。没有受教育者的积极参与，没有受教育者的勤奋努力，即使有再好的遗传条件，再好的环境和教育水平，都不能起到应有的作用。受教育者是活生生的人，他有自己的主观意志、情绪情感、兴趣爱好，他不是被动地受制于环境和教育的。受教育者主观能动性的积极而充分的发挥，是其身心发展的根本动力。

四因素说还有一种，认为影响人的身心发展的因素，除了遗传、环境（教育），还有"主体已有的身心发展水平"和"活动"。

——认为"主体已有的身心发展水平"是影响人的发展的重要的内部条件。已有的身心发展水平既是以往发展的结果，又为进一步发展提供了依据。它影响着个体对周围环境的认识和选择，影响着个体对客观现实的作用方式，从而制约个体的发展历程。

——认为"人的活动和环境的结合是人的发展的决定性因素"。人的活动包括生命活动、心理活动和社会活动。生命活动是人进行一切活动的前提，对人的整个身心发展产生影响；心理活动具有认识外部世界和发展个体心理水平、控制主体活动的作用，使人掌握事物的特性和关系，认识客观世界和自我；社会活动是人的心理活动的源泉，人正是通过社会实践活动把主观和客观联系起来，认识世界、改造世界和认识自我、发展自我的。人只有通过活动，才能得到发展。遗传、环境对人的发展，都要通过活动才能实现。活动之外不存在发展。

5. 内外因说

毛泽东同志在《矛盾论》中有一段精彩的论述："唯物辩证法认为外因是变化的条件，内因是变化的根据，外因通过内因而起作用。鸡蛋因得适当的温度而变成鸡子，但温度不能使石头变为鸡子，因为二者的根据是不同的。"关于影响人的发展的因素，有一派观点就以此为依据，认为无非是内因和外因。但是内因是什么，外因是什么，却不甚明确。内因大致指的是遗传和人的主观能动性，外因大致指的是环境和教育。

综上所述，影响人的发展的因素是多方面、多层次的，教育仅仅是其中的一个因素。但是，教育是其中的一个比较重要的因素，它在人的身心发展中起主导作用。

### (三) 教育对人的发展的功能

作为影响人的身心发展的主导因素，教育具有"成人"和"成材"两种功能。所谓"成人"，是指教育从人的生存需要出发，把人类社会长期积累起来的知识经验和生活规范传授给个体，促使个体社会化为一个社会人。所谓"成材"，是指教育从人的发展需要出发，进行造就和培养，促使个体成为具有自我谋生本领和参与社会生活的能力，具有创造社会文化和发展人类生活能力的人才。教育的"成人"和"成材"功能是辩证统一的，彼此依存、相辅相成。

1. 教育的"成人"功能——促进个体社会化

所谓社会化，是指个体接受社会文化，由"自然人"或"生物人"成长为"社会人"的过程。在这个过程中，教育的功能表现在：

(1) 促进人的思想、观念社会化

从文化发展的角度来看，个体社会化的过程，也就是社会文化由"'客体文化"转化为"主体文化"的过程。亦即个体接受社会观念的过程。教育尤其是学校教育，能有目的、有计划、有组织地帮助人们形成社会所需要或所倡导、所赞赏的思想观念。

(2) 促进人的智力、能力社会化

一方面，教育指导或规范人的智力能力社会化；另一方面，教育加速人的智力能力社会化。教育尤其是学校教育，因其目的的明确性、过程的计划性和组织性、内容的浓缩性和简约性，在促进人的智力能力社会化过程中，具有确定目标、指导方向、规范途径、加快速度的作用。

(3) 促进人的职业、身份社会化

一方面，教育是促进人的职业社会化的重要手段。职业分工，是社会发展进步的标志。现代社会，职业越分越细，专业化越强，越需要经过教育培训。未经教育培训的人，很难获得工作或好工作。另一方面，教育是促进人的身份社会化的重要手段。"万般皆下品，唯有读书高"，古今中外，一定程度的教育都是一定身份的标志。

2. 教育的"成材"功能——促进个体个性化

人的个性化与人的社会化是相对而言，二者是同一过程的两个阶段。如果说人的社会化，是把人类长期积累起来的科学文化即"客体文化"转化为个人的知识能力即"主体文化"；那么，人的个性化则正好相反，是把个人所拥有的知识和智慧即"主体文化"表现出来，转化为社会共有的"客体文化"。简言之，个性化的过程，就是增加才干、发扬创造精神、形成良好心理品质的过程。教育具有促进人的个性化的功能。这种功能主要表现在：

(1) 教育能够促进人的主体性的发展

所谓主体性，是人面对客观世界时的主观能动性。它表现为人的自主精神、主动性、积极性与创造性。教育通过提高人对自我的认识来提高人的主体性。教育过程，就是一个不断提升自我、弘扬主体精神的过程。

(2) 教育能够促进人的个体特征的发展

个体特征，是人的身心发展的差异性和特有性，是个体表现出来的与他人的种种不同。具体表现在人的专业擅长、兴趣爱好、情绪情感、气质性格等方面。这些特征的形成和发展，主要是后天环境和教育的结果。教育可以根据每个人的特点，因材施教、长善救失，使每个人的个体特征得到良好的发展。

(3) 教育能够促进个体价值的实现

所谓个体价值，是指个体对社会的贡献。要充分实现个体的人生价值，就应对社会多做贡献。而一个人能对社会贡献多少，是与他的能力大小紧密联系的。这就需要充实自己，提高能力，增强为社会做贡献的本领。教育正是通过提高人对生命意义的认识、传授知识经验、培养智力能力、赋予智慧品德、树立自强自信等，来形成人为社会做贡献的实际本领，从而促进个体价值的实现。

# 第二章　情商教育概述

心理素质是人类一切活动的精神基础。心理素质包括理性的智商和非理性的情商两个方面。理性的智商直接参与人类对客观事物的认识的具体操作，而非理性的情商在人类活动中则起着动力和调节等作用。在对学生的心理素质培养中，过去，人们往往只注重纯理性的智商素养的教育，而忽视非理性情商素养的培养，在现代教育中，要求要在注重理性的智商素养培养的同时，要特别注重非理性的情商素养的培养。

那么，什么是智商和情商，二者的关系如何？什么是情商教育，加强情商教育的理论根据又是什么？这是我们必须首先明确的。

## 第一节　智商和情商

### 一、智商

智商是智力商数的简称，它是用数值来表示一个人智力发展水平的重要概念。最初，测试一个人的智力水平高低是以年龄为标尺。1908年，法国人比纳（Binet）首次提出"心理年龄"（又称智力年龄，简称智龄）的概念，即被测者通过测验项目内容所属的年龄。这是对智力的绝对水平的度量，表明一个人的智力实际达到了哪个年龄水平。例如，一个5岁的儿童通过了8岁组测验项目的全部内容，尽管他的实际年龄只有5岁，那么其智力年龄就是8岁。如果一个10岁的儿童仅通过了8岁组测验项目的全部内容，而8岁组以上的测验项目内容全都不会，那么尽管他的实际年龄是10岁，但智力年龄仅为8岁。

智力年龄在一定程度上虽然可以表示儿童的智力发展水平，但是，智力年龄的大小很难说明一个儿童的智力发展是否超过了另外一个儿童。如上述的两个不同年龄、而智力年龄都是8岁的儿童，由于实际年龄不同，应该说他们的智力发展水平是不相同的。为了将不同个体之间的智力发展水平进行比较，斯特恩（W.Steron）提出了智商的概念，并以它作为描述智力测验分数的单位。智商即以智力年龄除以实际年龄所得的商数，因此，智商又称之为智力商数。若以 MA 表示智力年龄，以 CA 表示实际年龄，那么，智商的计算公式是：

智商（IQ）= MA/CA × 100

所谓智力年龄，也称心理年龄，是指一个人在做智力测验中的达到的水平。例如，一个5岁的儿童，在做5岁组、6岁组的智力项目测试中均及格，但在7岁组中不及格，那么他的智力年龄就是6岁，智商是：6/5 × 100 = 120。

这种用智力年龄和实际年龄的比率来表示的智商叫作"比率智商"。显然，这种比率智商有着明显的缺陷，因为用来计算比率智商的两种年龄在人的发展过程中的变化发展趋势是不同的，即人的智力年龄像人的身高一样，发展到一定程度就不再增长，而人的实际年龄是逐年增长的。这样，当人的智力年龄增长到一定程度时，比率智商的分子不再增大，而分母却逐年增大，如是使比率智商下降。这明显与实际不符。

为了解决这个问题，韦克斯勒（D Wechsler）提出了"离差智商"的概念。它不是用智力年龄与实际年龄之比，而是拿一个人的测验分数在同龄人中所处的位置来度量智力。韦克斯勒认为，人类的智力商数是按正态分布的，智力商数从最低到最高，变化幅度很大，但大多数人的智力处于平均水平。如是这就可以用一个人的测验分数与其同龄组的其他人的测验分数相比较来表示，其公式是：

$$Z = \frac{x - \bar{x}}{S} \quad IQ = 100 + 15 \times Z$$

式中：Z 为标准分数；

$\bar{x}$ 为个体所在年龄组的平均分数；

X 为个体检验分数；

S为个体所在年龄组分数的标准差。

这样，对各个年龄组来说，"离差智商"就是一个平均数为100、标准差为15的一个数值。因为它是对个体智力在同龄人中的相对位置的量度，所以不受个体年龄增长的影响。

必须指明的是，不论是比率智商，还是离差智商，都不是人的智力水平的绝对数量。就离差智商而言，一名8岁的儿童和一名18岁的高中生的智商，可能都是100，但他们的智力绝对水平是不一样的。显然一个智商为100的18岁的高中生的智力绝对水平要高于智商为100的8岁儿童。

就一般情况来说，智商能反映一个人的智力水平状况和发展趋势，高智商是一个人获得事业成功的必要条件。但是智商并不能反映人们智力水平的绝对数量。高智商也并不是一个人获得成功的决定性条件。实际上，一个人的智力水平是客观存在的，而智商测试工具和方法是人为的、主观设计的，当用主观的东西去反映客观事物时，难免会出现某种偏差和小概率，就是实际智力水平很高的人，其智商测试结果未必一定很高。因此，智商的高低只能用作衡量人们智力水平的一个重要参考依据，而不能作为决定性依据。

## 二、情商

情商又叫情感智商，是与智商（IQ）相对形式命名的术语。1990年，美国耶鲁大学心理学家彼得·塞拉斯和新罕布什尔大学的琼·梅耶首先提出了"情感智力"的概念，"用它来诠释人类了解、控制自我情绪，理解、疏导他人情绪，并通过情绪的调节控制，以提高发展和生存的质量和能力。"1995年，美国哈佛大学心理学教授、《纽约时报》专栏作家丹尼尔·戈尔曼在总结大量相关理论和实验报告的基础上，写成《情感智力》一书，首次使用"情商"概念。戈尔曼认为，"情商"是个体最重要的生存能力，是一种发掘情感潜能、运用情感能力影响生活各个层面和人生未来的关键性品质要素。如果说，智商主要是反映人的认知能力、思维能力、语言能力、观察能力、计算能力等理性能力的话，那么，情商主要是反映一个人感受、理解、运用、表达、控制和调节自己的情感关系，以及处理自己与他人之间情感关系的能力，是属于非理性的。"戈尔曼认为，在人的成功要素中，智商只占20%，而80%受情商的影响。由此，我们对情商可以做这样的理解：情商是指一个控制自己情绪，驾驭别人情绪的能力，忍受挫折与应变的能力，是衡量一个人情绪水平高低的尺度。

那么，"情商"包括哪些内容呢？根据现有的理论，"情商"的内容大致可以概括以下五个方面：

## (一) 自我认识能力 (即对自己的"感知力")

这种自我认识的能力包括：了解自我优缺点的能力，了解自身真实感受的能力，能对人生大事做出正确选择的能力。当个人某种情绪刚一出现就能即时察觉，做到自我觉知，这是情商的核心与基础。心理学家的研究成果表明："不了解自身真实感受的人必然沦为感觉的奴隶""掌握感觉才能成为生活的主宰，才能对婚姻、工作等人生大事做出正确的选择""没有能力了解自己的感情的人，也不能了解别人的感情。"在美国发生的"卢刚事件"是最具有典型的例子，卢刚由于不能正确看待自我而产生嫉妒情绪，导致伤人也害己的惨痛悲剧。

能正确认识"自我"，是极不容易的，比认知他人更难。我国宋朝学者祖谦就说过："明于观人，暗于观己，此天下之公患也。见秋毫之末者，不能自观其睫；举千斤之重者，不能自举其身。甚矣，己之难观也。"

## (二) 管理自我 (即自我控制情绪) 的能力

这种管理自我的能力包括：自我安慰、摆脱焦虑的能力；对冲动和愤怒的控制力；临危不惧、处变不惊的能力；能在挫折和困难面前保持冷静，有效地摆脱消极情绪侵袭的能力，等等。这种管理自我的能力是建立在自我觉知的基础上的，是情商的重要内容。无论我们在生活中、学习中、工作中，总是要经受许多困难和挫折的，失败是一种常见的挫折。这一能力高者可从人生的挫折和失败中崛起，重整旗鼓，迎头赶上，去取得更大的成功；能力低下者将在挫折和困难面前总是陷于痛苦情绪的漩涡中，从此消沉、一蹶不振。

### (三) 自我激励 (自我发展) 能力

所谓自我激励能力是为服从某一目标而自我调动、指挥个人情绪的能力，是情商的重要内容。它包括："始终保持高度热情"，这是一切成就的动力；"不断明确目标"，即能根据主客观变化了的情况，不断给自己制定目标，促使自己不断前进；"情绪专注于目标"，这是集中注意力、发挥创造性所绝对必要的。人类的一切行为都有一定的目的和目标，人的有目的行为都是出于对某种需要的追求。人的一切行为都是受到激励而产生的，通过不断的自我激励，就会使人有一股内在的动力，朝着所期望的目标前进并最终达到目标。因此，自我激励在个人走向成功中起着引擎作用。

自我激励是用语言或其他方式对自己的知觉、思维、想象、情感、意志等方面的心理状态产生某种刺激的过程。这种自我刺激是一种启示、提醒和指令，它会通知你注意什么，追求什么、致力于什么和怎样行动，因而它能影响并支配个人行为，这是每个人都拥有的一个看不见的法宝。早在20世纪60年代，联合国教科文组织就提出了"学会生存——终身教育"的概念。在变化速率加快的信息社会里，善于不断学习，注重自我激励显得尤为重要。

### (四) 识别他人情绪的能力

所谓识别他人情绪是在情感的自我觉知的基础上发展起来的一种了解、疏导与驾驭别人情绪的能力。具有这种能力的人能通过细微的社会信号，敏锐地感受到他人的情绪变化状态、需求与愿望。识别他人情绪的能力包括：具有能"感受别人的感受"的"同理心"；能通过细微的社会信号敏锐地觉察他人的需求与愿望；能设身处地为他人着想；能通过控制自己的情绪，从而改变别人的情绪，等等。这也是情商的重要内容之一。正确地识别他人情绪，是与他人共处、搞好人际关系的基础。而科技的发展，正在不断缩短人与人之间的空间距离，日益增加人与人之间的交往。因而，戈尔曼提出，心理健康要有同理心。同理心是最基本的人际交往技巧。

识别他人情绪就是要善于移情。移情是一种感人之所感、知人之所感，既能分享他人感情，对他人的处境感同身受，又能客观地理解、分析他人情感的能力。移情的典型表现是：设身处地，将心比心，他人的痛苦就是自己的痛苦；推己及人，"己所不欲，勿施于人"；角色转换，换位思考，站在对方的角度考虑问题。移情可将人导向道德行为，比如路见不平，见义勇为，提供自愿地帮助。研究表明，旁观者对受害者的移情越强烈，挺身而出的可能性就越大；移情水平的高低，影响着人们道德价值观的形成。

移情在人生广阔领域中发挥着重大作用。从管理、销售、学校教育、恋爱、养育子女，到一切社会活动，无一或缺。缺乏移情可能导致人的心理变态，以至犯罪。具有典型、极端而且更具可悲的是那些盗窃、杀人的罪犯最缺乏移情；强奸、家庭暴力、虐待之类犯罪的共同特征就是没有移情能力。他们无力感受受害者的痛苦，在罪恶面前泰然自若，强词夺理，以强盗逻辑为自己开脱罪责。

## (五) 人际交往能力

在当今既激烈竞争，又紧密依存的社会里，人际交往能力是一种生存和发展的最基本的能力，是情商的主要内容。在现实生活中不乏这样的例子：某人为什么会受到大家的推崇，成为领导呢？在很大程度上，并不是因为他特别聪明，智力特别高，而是因为他善于人际沟通与合作，人际关系和谐融洽，让他当领导，大家信得过。美国心理学家罗拔·凯利和珍妮特·卡普兰通过对贝尔实验室工作人员进行追踪研究，发现了人际交往的重要性。该实验室的工作人员不是工程师就是科学家，他们的学识、智商都很高，然而经过一段时间后，他们中有些人成绩斐然，出类拔萃，而另一些人却碌碌无为，黯然失色。为什么同是优秀的人，会出现两种相反的结果？究其原因发现，凡是成绩斐然者都是交游广泛、人际关系良好，后者却没有。他们研究的结论是，贝尔实验室150名工程师和科学家，最有成就和价值的人，是"为人和善，在危机和变化的时刻能脱颖而出的人"。

就一般情况而言，一个人的成功，在一定的专业技术条件下，30%取决于机遇，70%取决于人际关系即与人相处和合作的品德与能力。这是因为，从一定意义上说，每个人都是社会的人，是社会这张大网上的一个节，都与他人有着挣扎不脱的联系。任何一种事业上的成功，都不可能纯粹是自我的，它必定要与他人产生关系。特别是随着社会的发展，这种人与人之间的相互依赖关系更进一步密切,进入信息社会后,学会与人共处和合作的品德就更加重要了。这种共处与合作,能使自我的认识、阅历和能力快速增长。你有一个苹果,我有一个苹果,交换一下,各自还只有一个苹果;你有一个思想,我有一个思想,交换一下,各自将拥有两个思想。因此有人说:人与人的共同合作与交流,其结果各自的思想呈几何级数增长。举世闻名的哥本哈根学派,信奉的就是"头脑风暴"——同一群体的每个人无拘束地抛出自己的观点,以产生撞击,互补交融,迸发新的灵感。总之,人际关系艺术是调控与他人情绪反映的技巧,人际交往能力可强化一个人的受社会欢迎程度、领导权威、人际互动的效能等。擅长处理人际关系者,凭借与他人的和谐关系即可事事顺利,做到事业成功。

### 三、智商与情商的辩证关系

智商(IQ)与情商(EQ)是共处于人类精神世界中相对独立的两大领域。它们既是相互对立的又是相互统一的,是辩证的对立统一关系。

在人类的精神世界中,存在着感觉、知觉、表象、概念、判断、推理等理性的智商因素及其活动。这些理性的智商因素及其活动都表现为有目的、有意义的,并遵循一定的逻辑规则与程序而进行。正是人类具有智商,人才能进行认识和思维活动,并创造出了人类的精神产品和精神文明。人类的智商是至关重要的,但是在理性智商因素之外,人类还有无意识、直觉、情感、情绪、欲望、信仰等非理性的情商因素及其活动。非理性的情商因素恰恰是与理性的智商因素相对立的。就一般情况而言,情商具有不自觉性、自发性、偶然性、突发性与非逻辑性等特点,是调节人类生活的重要手段,起着协调人类精神生活和人际关系的重要作用。情商在人类活动与生活、学习、工作中的作用是不能低估的。可以说智商永远也不能超越和取代情商,人的精神世界永远是二元的,智商和情商是人类精神世界独立的两大领域。

智商和情商又是统一的。我们常常把聪明与情感敏锐相提并论。智商极高但情商极低,或反过来,智商极低情商极高的,在现实中的人并不多见,智商与情商的统一才能构成人的完整的认知结构和人性结构。没有智商或没有情商的人,都不是现实的和完整的人。

没有智商的情商是盲目的,同样,没有情商的智商是苍白的。情绪、情感是情商的重要内容，它的特点是具有自发性和冲动性，正是这些特点使人能以满腔的热情投入到他所从事的活动中去，从而对于他有效地完成所从事的活动起到积极的推动作用。但情绪、情感有时也会产生消极作用，一旦出现这种消极作用而不给予正确引导、调节与控制，情绪、情感就会变成一匹脱缰的野马，难以驾驭。这样，情绪、情感的积极作用就会变得任性而放纵，走向反面。人们常说的"不要感情用事""要冷静地思考问题"，这就说明要用理智来控制情感的冲动与盲目性，同时，人的信仰也是情商因素的一种，人总是有信仰的，信仰是人生的精神支柱。人们正是以信仰为动力去从事各种活动，不仅如此，信仰还给人提供了理想的人生境界与奋斗目标。这就表明，信仰在人的一生中起着十分重要的作用。但是，信仰也有盲目性和自发性特点，这就需要用理智来调节与引导，以保证信仰的科学性，从而为人的活动服务。由此可见，没有智商的情商是盲目的。与此同时，智商也需要情商来调节与补充，否则就是空洞的和僵死的，因为情商具有启动、维护、调节、定向系统功能，可以促进和提高智商的效能。情商这一动力系统主要由内驱力、情感动力、兴趣与意志力构成。其中情感的功能最重要。马克思曾说过，激情、热情是人类强烈追求自己对象的本质力量。情感是人的活动不可缺少的润滑剂，没有它，人类的一切活动无以发动和正常进行。可以说人的情感在很大程度上决定着实践活动的能量强弱，影响并调节着实践活动的速度和持续时间的长短。积极的、健康的情感是人们进行实践活动不可或缺的因素，反之，则会干扰和阻碍实践活动的正常进行。凡是现实的人类活动都是知、情、意的结合，或者是真、善、美的统一。智商与情商是相互补充、相互完善的，智商的导向、控制作用与情商的推动、调节作用，是保证一个人行为过程的完整与实现人的幸福、自由、全面发展不可缺少的因素。

## 第二节 情商教育

### 一、什么是情商教育

自20世纪80年代以来，人们开始对自身大脑左右两半球的功能定位进行理论和实验研究。一个众所周知的研究结果就是：大脑左右两半球的功能区分非常明显。大脑左半球主要具有言语、分析、推理、评价、运算及抽象思维等功能，因此有人称大脑左半球为分析性的局部的大脑；大脑右半球主要具有心理活动中的想象、直觉、情绪、情感以及信息综合等功能，因此有人称大脑右半球为非分析的完整的大脑。大脑两半球只有协同活动、均衡发展，人的心理活动才能达到一个比较高的水平。历史上的许多伟人都是这两种心智作用协同发展得非常好的，如贝多芬、爱因斯坦、毛泽东等等。这些伟人既富于想象又善于推理，既有科学方法又有艺术才华，既能驾驭全局又能洞察秋毫。这个研究对我国教育改革具有非常大的启示。人们发现，传统教育主要注重于大脑左半球的训练与开发，而忽视对大脑右半球的利用和训练。这既表现在教育教学目标上，还表现在教育教学过程和评价上。因此，有学者把传统教育称之为"左脑的教育"，强烈地批评"左脑的教育"给受教育者身心发展所带来的片面性，呼吁进行"右脑的开发"与"右脑的教育"，为人的全面发展奠定基础。有学者对这种传统的"左脑的教育"称之为"唯理智教育"，或称之为"唯理智教育倾向"。随着人们对这种教育弊端的进一步认识，国内外一些学者在不同文化背景下，提出了"情感教育"概念，有学者把它称为"情感智商教育"，简称为"情商教育"。尽管到目前为止，"情商教育"概念还没有被人们普遍认可，但它所表达的一些教育思想和提出的一些教育主张已逐步引起人们的关注，并在实际教育工作中产生了良好的影响，成为人们观察、分析和指导教育行为的一个基本概念。

那么，什么是情商教育？借鉴国内外现有理论，所谓情商教育是指在教育过程中培养学生正确的态度、情绪、情感和信念等，以促进学生个体全面发展和整个社会全面进步的教育，是教育过程的一个组成部分。把握情商教育概念必须明确下列几点：

### (一) 情商教育是针对"唯理智教育倾向"提出来的

"唯理智教育倾向"的一个根本缺陷就是在研究教育教学规律时，常常将认知从情、意中生硬地抽取出来，将真善与美割裂开来，追求高智商成了唯一的目标。其具体表现是：没有把情感发展列入教育目标系列中，知识获得或智力训练的目标占据教育目标系列的中心位置；在教育教学过程中漠视、扭曲和阻碍学生的情感发展，师生之间缺乏正常的情感交流；为了达到纯粹的理智训练的目的，或者为了维护教育者本人的权威，随意侮辱学生的人格尊严，根本不把学生当成是一个有情感的人，有独立人格的人，缺乏评价学生情感发展的一整套措施或标准。如此等等。这种"唯理智教育倾向"造成的后果就是严重地挫伤了学生的心灵，造成了学生内在精神世界的残缺不全。实践证明，高智商者，并不是在其人生道路中最终获得成功者。智商只是智力水平的一个客观标准，认知领域以外的动机、兴趣、情感、意志、性格等方面的内容均不在智商的视野之内，而这些恰恰又是人生成功不可缺少的要素。归结一句话，就是传统的"唯理智教育倾向"没有培养和发展学生的健康的社会性情感。不纠正"唯理智教育倾向"的偏向，人的全面发展的教育目的就会落空，教育在社会主义现代化建设中的地位也就不能真正实现，也就不能建设积极、健康、催人奋进的社会主义新文化。针对"唯理智教育倾向"的这些弊端，理论界提出了"情商教育"概念。提出情商教育的目的不是要彻底否定以往的教育实践，而是要对以往教育实践进行一种补偏救弊。

### (二) 情商教育是全面教育过程的一个组成部分

情商教育不是游离于现实教育之外的一种教育，也不是一种独立的、特殊的教育形式，而是现行全面教育过程的一个组成部分。它要求"在教育过程中尊重和培养学生的社会性情感品质，发展他们的自我情感调控能力，促使他们对学习、生活和周围的一切产生积极的情感体验，形成独立健全的个性与人格特征，真正成为品德、智力、体质、美感及劳动态度和习惯都得到全面发展的有社会主义觉悟的有文化的劳动者。"这样的人能始终保持愉快、开朗、乐观的情绪和情感；能始终保持旺盛的求知欲和强烈的好奇心，能够体验学习过程中的成功感和自豪感；这样的人在与他人交往时能够真诚坦率、不卑不亢；这样的人对待工作始终具有饱满的热情，敢于负责，勇于克服困难；这样的人热爱自然、热爱人类、热爱生活，向往一切美好的东西，是真正获得了人的内在规定性的真正的人。与此相反，一个人如果情感品质不能得到发展，只停留在自然的和习俗的水平上，那么他就会逐渐失去求知的欲望，丧失道德良心和审美情趣，那就无劳动欢欣和身心健康可言。这种状况不仅对个人来说是不幸的，而且对社会和国家来说也是无益的，甚至是有害的。

### (三) 情商教育是实现"五育"目标的现实策略

德育、智育、体育、美育与劳动教育是我国全面发展教育的重要组成部分，它们之间既相互独立又相互渗透，构成学校教育活动的主要内容。虽然它们各自的具体教育目标不同，但都包含了三个层次的目标，即态度层次的目标、知识层次的目标和技能层次的目标。就态度层次而言，它涵盖了情绪、情感、意志、信念等子目标。因此，在"五育"之中都存在着情感教育和发展情感品质的任务，即有发展个体道德感、理智感、美感等社会性情感的任务，而劳动态度和健康心态又是上述三种社会性情感的具体体现和综合表现。但是，在现实的教育过程中，由于受应试教育以及其他种种因素的影响，"五育"中的情感目标往往被忽视了，甚至被遗忘了。这个问题在教育实践中显得特别突出，也是众所周知的。道德教育不讲道德感的培养，只是空洞的说教，结果不仅教育效果不好，而且还使学生产生一种道德教育的逆反心理；智育不讲理智感的培养只是照本宣科与照葫芦画瓢，结果学习成了学生的一种沉重的精神负担；体育不讲情感培养，演化为单纯的技术训练，结果学生唯一关注的就是考试"达标"；美育不讲美感及其体验，只是一种枯燥的练习和麻木的表演，结果学生没有内心喜悦和灵性表达；劳动教育不讲劳动态度而变味，成为学校思想政治教育的附庸和教育计划中的"花瓶"，结果不能培养学生的敬业精神。通过反观教育现实，使人们认识到，情商教育是帮助人们准确理解"五育"目标，并找到全面实现各自目标的一大现实策略。

### (四) 情商教育是实现个性教育的重要条件和基本原则

个性教育是尊重个性，通过个性去培养健康个性的教育，个性这个概念本身就包含了个体情感世界的独特性，而且是以此为核心的。离开了个体情感的培养，就不是什么个性教育。如果一个人没有高尚的情感，那就不可能有健康的个性。要说有个性，那只能是有狭隘的"利己性"和"私性"。个性教育的深厚基础是人的全面发展，是以人的全面发展为基础的。因此，情商教育不仅是个人健康个性形成和发展的教育基础之一，而且是个性教育的重要条件和基本原则。

## 二、情商教育的总体目标

总体目标是制定具体目标的出发点和依据，也是情商教育理论的核心。情商教育的总体目标包括三个方面的内容：一是培养学生的社会性情感；二是提高学生情绪情感的自我调控能力；三是帮助学生对自我、对环境以及两者之间的关系产生积极的情感体验。这三个方面集中指向整个教育目标的完成和健全人格的培养，这是情商教育的最后终极目标。

### (一) 发展人的社会性情感，培养学生良好的社会性情感品质，这是情商教育的首要目标

人的社会性情感主要包括道德感、理智感和美感，其他的一些情感可以看作是这些情感的具体化和综合化。发展人的社会性情感就是要发展学生个体的道德感、理智感和美感。凡是社会性情感都有它的基础和源泉，例如，学生在日常生活中的道德体验就是道德感的基础和源泉；青少年天生的求知欲与好奇心就是理智感的基础和源泉；美国哲学家、教育家杜威所说的"艺术的本能"就是美感的基础和源泉。但是，我们必须看到，这些基础非常薄弱，只要有一点很小的力量就可以把它们摧毁；这些源泉也不是常新的，只要有一点杂物就可以堵塞它们。那些不当的教育就是摧毁它们的力量和堵塞它们的杂物。它们需要得到保护、培养和发展，只有这样才能在现有基础上建立起符合社会发展需要的道德感、理智感和美感。换句话说，正确的道德感、理智感和美感不是自然而然地形成的，而是通过合适的教育而来

的。教育在其中起着至关重要的作用。情商教育就是针对现实教育的弊端而提出的，旨在最大可能地培养和发展人的社会性情感的教育。

### (二) 提高学生的情绪情感的自我调控能力是情商教育的重要目标

青少年时期往往是情绪情感波动起伏比较大的时期，有的心理学家形象地称之为"暴风雨时期"，意思是说情绪情感来得快去得也快，但强度也很大，弄不好就会给青少年的成长造成不良的影响，甚至使人遗憾终身。我们在学校教育教学的实际工作中，也经常看到学生在各方面的发展中带有很大的情绪性和情感色彩。例如，当他们要崇拜起一个人时可能崇拜得五体投地，不允许别人说自己心中的偶像的一点坏话；当他们要恨一个人时也可能恨得咬牙切齿，并表示一辈子不愿与之说话。如果一次考试没考好，就会在一段比较长的时期打不起精神，有的人还会将这种消极情绪一直持续到下一次考试。只有当新的考试取得了好的成绩时才会"扬眉吐气"。有的学生偏科主要是因为与不同学科教师之间的情感交流不同，个别学生有时动用暴力往往是为了一点鸡毛蒜皮的事。总之，那些在各方面发展中有问题的学生大都同他们的情感品质和情感调控能力有关。积极关注青少年学生的情感生活，为他们提供必要的处理情感问题的知识与技能，培养他们积极的情绪和情感，为其在各方面的发展创造良好的心境，这是情商教育的重要任务之一。

### (三) 帮助青少年学生对自我、环境及其关系产生积极的情感体验，是情商教育的又一基本目标

青少年学生情感生活的一个重要特征是容易受暗示，他人的一个眼神、一声嘉许会强烈地影响到他们的内心世界。社会的精神生活氛围如果都是积极向上的话，这种易受暗示性就会为青少年的情感生活带来良好影响。但社会问题本身是复杂的，是良莠并存的，既有催人奋进的积极鼓励，也有让人灰心丧气的消极影响。这两种截然不同的评价，既存在于每一个人的身边，当然也存在于青少年身边。由于青少年学生心理的不成熟性，难免在接受一些积极影响的同时，必然也会受到消极东西的影响。当他们一旦对社会、对自身有了消极的情绪和情感体验，就会极大地影响他们的成长。这点在我们

现实教育中经常可以看到。例如，有的学生世俗得使人可怕，当考试不及格时，就带上礼物去找老师，在其内心就根本没有什么不好意思的感觉。要是问他为什么这样做，他会大言不惭地说，"社会上不都是这样做的吗？"我们如果对有如此情感体验的学生不采取有效措施使他们产生新的情感体验，那就无法对他们进行道德教育、理想教育和艰苦奋斗的教育。怎样才能使他们产生新的情感体验，光靠教师的努力是不够的，关键是要使他们形成自己的情感"免疫力"。"唯理智教育倾向"忽视了这一点，情商教育强调这一点。这是情商教育的又一基本目标。

上述情商教育的三个总体目标与基础教育的目标是一致的，它不是要在基础教育教学活动之外去实现，也不是要培养单纯的"情感人"，其最终是要培养适应社会主义现代化建设需要的全面发展的人。

### 三、情商教育的理论依据

前面我们分析了情商教育的本质和总体目标，那么情商教育的理论依据是什么？明确了这个问题，才能使情商教育在现代教育中占有一席之地，逐渐实施与深化，并不断走向科学化。我们从马克思主义哲学、脑科学、情绪生理学、心理学和现代教育学等科学中能够找到情商教育的理论依据。

#### (一) 马克思主义关于人的学说是情商教育的哲学基础

马克思主义认为，人的本质在于人的社会性。从人与动物相区别的层次上说，人的本质在于社会劳动；从人与人相区别的层次上说，人的本质在于社会关系，或者说，人的本质在其现实性上是一切社会关系的总和。人的社会性是人的根本属性。所谓"社会关系的总和"是指以社会生产关系为基础的社会经济关系、政治关系和思想关系等的有机整体。这些社会关系是在包括生产活动在内的人的自由的自觉活动中形成和发展的。因而，人的本质的形成、体现和发展的现实基础在于人的自由的自觉的活动。"人类的特性恰恰就是自由的自觉的活动"。这种"自由的自觉的活动"的根源在于人的自觉能动性。人的自觉能动性的发展和人的本质的实现，二者之间存在着密切的内在联系，人的本质是随着人的自觉能动性的发展而发展的。因此，马克思主义承认人的价值，注重人的个性发展，强调人的尊严与人的全面而自由的发展，肯定人的主体地位。情商教育在其本质上是与马克思主义这些关于人的观点是相一致的。所以，马克思主义关于人的学说为情商教育的确立与实施提供了哲学基础。

### (二) 人的大脑机能理论是情商教育的脑科学基础

人的大脑机能理论成果显示，抽象思维如果没有形象思维相伴随，并与协调发展，抽象思维能力不仅得不到提高，而且还会严重制约创造力的发展。国外有关人的大脑机能理论探明了人脑两半球的功能分工：人脑左半球同人们的抽象思维、象征性关系以及细节性的逻辑思维有关，具有观察、分析、连续、计算的功能；而人脑右半球同形象思维、知觉和空间有关，具有音乐、绘画、综合、整体和几何空间的鉴别功能。左半球是串行的、继时的信息处理，是收敛性的因果式的思维方式；右半球是并行的、空间的信息处理，是发散性的因果式的思维方式。左右两半球的功能是不对称的。一般说来，语言的高级过程被左半球控制，非语言刺激的高级过程被右半球所控制。据有关研究发现，大脑胼胝体是连接大脑左右半球的横行神经纤维束，起着联结左右半球全部皮质的作用。大脑胼胝体含有两亿条神经纤维，每一条纤维平均冲动频率若按20赫兹计算，那么大脑左右半球的总通讯量达到每秒40亿次冲动。尽管大脑两半球对事物做出反应的方式不同，但由于大脑胼胝体的联结纤维的作用，左右半球能够相互协调、相互配合、相互补充。人们进行创造性思维是大脑左右两半球协调活动的整合功能的结果。脑科学研究还表明，大脑在完成一个特定任务时，只有一个半球产生优势兴奋中心。如果只有抽象的、概念式的教育，而缺乏生动形象的情感教育，那就必然会影响儿童右脑半球的激活与兴奋，久而久之，就会压抑，甚至损伤儿童创造才能的发挥。"情景教学"是情商教育的一个模式。情景教学由于本身有形真、情切、意远、理蕴的特点，能巧妙地把儿童的认知情景活动结合起来，使之达到平衡。协调大脑左右半球的功能，有效地训练儿童的感知，培养他们的直觉思维能力，发展他们的创造力。从教育的长远目标是提高学生的悟性、培养创造性人才来说，情景教学对儿童右脑的发展显示出了它的价值。

### (三) 情绪生理学理论是情商教育的生理学基础

情绪生理学的研究成果显示：脊髓、延髓、网状结构不仅为大脑提供兴奋，而且还能够控制感觉系统的信息传送，提高大脑皮层的加工效率。人的丘脑和下丘脑以及边缘系统是调节情绪反应的重要器官。当大脑皮层下部位输入的神经冲动经过边缘系统的整合，并用大脑皮质活动联系起来时，才是情绪产生的完整机制。就是说，大脑皮层整合并完成情绪体验，下丘脑促成情绪表现，当人的情绪体验是积极的、愉悦的时候，脑垂体就会使内分泌系统积极活动，肾上腺加速分泌，血糖增加，新陈代谢过程加快，增强整个神经系统的兴奋过程。由此使大脑皮层形成优势兴奋中心，使神经联系容易建立，并激活旧的神经联系，人的情绪处于积极状态，反应灵活，学习和工作效率高。一个人如果长期从事反复单调的工作和学习，那就会对工作和学习本身从心理感到厌恶，振奋不起精神，激发不起兴趣，缺乏强烈动机。久而久之，还会使人产生对学习和工作的焦虑和负担，从而失去对学习和工作的情绪控制力，大大降低学习和工作效率。

由此可见，实施情商教育有利于师生以愉快的心情投入到教学中，改变教师教学的惰性和学生单调枯燥的学习活动状况，消除心理产生的负情绪，提高教学的质量与效率。

### (四) 情绪心理学理论是情商教育的心理学基础

情绪心理过程主要包括认知过程和情意过程，认知过程是对信息的选择和加工过程。由于情绪、情感体验所构成的稳定的心理背景和一时的心理状态，都对正在进行的信息加工起着组织和协调的作用，因而人的情绪和情感起着促进或阻碍人的认知过程。在良好的情绪状态下，人的认识过程所表现出来的特征是：思维敏捷，解决问题迅速，即良好的情绪能促进人的认知过程；当人的心境忧郁、消极、沉闷时，则思维凝阻，反应迟缓，不能创造性地解决问题，即不好的情绪阻碍人的认知过程。情绪是人们在社会生活的人际交往中不可或缺的重要因素，它具有情感迁移功能。学校是社会的一个缩影，在学校教育中，教师和学生之间存在着各种交往方式。情绪通过表情的传递，使人与人之间相互了解，产生共鸣，建立起人与人之间相互信任的人际关系。因此，情感交流使人们相互都受到感染，如爱与恨、快乐与悲伤、期望与失望、羡慕与妒忌等情绪感染。这些情绪或与语言一起、或单独作用调节着人际行为。我们对学生情感能力的培养应着重于培养其移情、情绪辨认以及情绪体验和情感调控能力。"情商教育"就是要引导学生由低层次的快感体验向高层次的审美、快乐和创造体验发展；引导学生形成正确的班级舆论与风气，通过各种方式培养沉重的情感认知能力。有实验证明：凡长期生活在愉悦的心理氛围中的儿童，个性开朗、活泼、聪明、大方、能干；而长期在压抑、恐惧中成长的儿童，个性往往孤僻、胆小、自卑、冷漠。这说明人的心理活动能否处于积极、健康的状态是决定个人心理品质的重要因素。因此，实施情商教育是实现人的认知与情感二者和谐统一的有效途径。

### (五) 现代教育学理论是情商教育的教育学基础

现代教育学的基本原理、教学基本原理与原则为情商教育提供了广泛的教育学理论基础。

1. 教育要适应青少年身心发展的规律

众所周知，在相同的环境和教育条件下，学生的各自发展特点和成就，主要取决于他们各自的态度，因此，学生个体主观能动性的发挥是其身心发展的动力，教育要适应青少年身心发展的规律，即是教育要适应产生这种发展动力的规律。这条规律至少有三个方面的内容：一是教育要适应青少年身心发展的顺序性，循序渐进地促进学生身心发展；二是教育要适应青少年身心发展的阶段性，对不同学段的学生，应在教学内容和方法上有所不同；三是教育要适应青少年发展的个体差异性，做到因材施教。这就给情商教育的实施指明了方向，它要求情商教育在具体实施过程中，就小学而言，对低年级儿童要重游戏，注重愉快教育，引导学生的兴趣，培养学生的学习习惯和情感的基本评价意识；在中高年级要重视学生班集体的正确舆论与风气建设，为学生创设成功的表现机会，培养正确的情绪、情感观念。

2. 全面发展的教育目的

受教育者的全面发展，包括生理和心理两方面的发展。这是现代教育学的一个基本原理。受教育者的生理发展是指受教育者身体的发育、机能的成熟和体质、体力的增强；受教育者的心理发展主要是指受教育者德、智、美等方面的发展。而德的发展包括道德品质、思想观点、政治态度等的发展；智的发展主要指知识掌握和能力的发展；美的发展主要是指培养受教育者的欣赏美、评价美、创造美的能力和高尚情操及对美的追求。由此可见，人的发展是多种要素、多层次的全面发展。用一句话概括全面发展就是受教育者在德、智、体、美等诸方面都得到发展，即个性的全面发展。然而，培养受教育者的独立个性就是德、智、体、美等因素在受教育者个体身上的特殊组合，它不是统一化的、模式化的、排斥个体自由的发展，而是受教育者个性的全面发展。因此，培养受教育者的独立个性就是使受教育者的个性自由发展，增强受教育者的主体意识，形成受教育者的开拓进取精神和创造才能，提高受教育者的个人价值。这说明"情商教育"目标与全面发展目的是完全一致的，情商教育是全面发展教育的一个组成部分。

3.教学的科学规律和原理

在教学过程中，掌握间接经验与直接经验的关系，掌握知识与发展智力的关系，教学的教育性原理，认知与非认知因素的关系和师生主体性关系的原理等，这些教学基本原理与原则都是"情商教育"的理论基础。例如，教学过程中的认知与非认知关系的理论，一般认为认知过程是首要的，因为只有认知活动才能使学生认知事物，获得知识。但是认知过程又必须依赖于非认知因素的激励与调节，因为学生是具有能动性的人，他们已有的非认知因素作为一种内驱力对认知过程既有促进作用，也有阻碍作用。教师在教学过程中，调动学生的主动性，提高他们的学习兴趣，是促进学生认知的一个有效教学因素。学生不是被动的接收器，而是学习的主体。他们学习的主动性越强、积极性越高，求知欲、自信心、探索和创造的欲望也就越强，学习效果就越好。发挥学生学习主动性、积极性，直接影响并决定着他们的学习效果和身心发展的水平。现行教育实践中出现的"愉快教育""情境教育"的理论与实验，是情商教育的具体实验模式。它之所以在实践中能取得令人可喜的成果，就是因为这些实践模式重视非认知因素对学生的影响，能最大限度地发挥学生的学习主动性和积极性。

# 第三章  国内外情商教育简介

情商理论的提出,并不是心理学家和教育学家的凭空杜撰,而是有着坚实的实践基础。尽管情商这一概念的提出时间不长,但国内外一批优秀的教育工作者在这一领域进行了长期的、有益的探索,促进了情商理论的发展。情商理论的构建尽管还在襁褓之中,却表现出强大的生命力,由此所引起的冲击波强烈的震撼着教育领域。

## 第一节  国外情商教育透视

### 一、美国的情商教育

美国,情商教育发源地。情商教育可追溯到20世纪60年代的以感情促教育运动。其情绪教育更多得是为了防范青少年犯罪而开设的,当时的理论观点认为,需动之以情,才能晓之以理;概念性的理论如果从心理和动机激发的角度让儿童即刻亲自体验,就能更深刻地掌握。自戈尔曼的《情绪智力》出版后,各个学校都纷纷开设情绪教育课程。这些课程都是以情商理论为核心,着重培养孩子的正确的情绪反应、体察他人的感受、人际沟通、自我意识与自我激励认知观念的技巧等等。下面着重介绍两个方面的内容:

(一) 美国的情商训练课程

1. 自我课程班的课程内容

自我科学是情绪教育的先驱,其主题是情绪——你自己的以及在人际关系中涌现出来的情绪,开办20余年来,已成为情感智商教育的典范。请看美国纽瓦学习中心自我科学班的一堂课的情形:

下面要为你介绍一种奇特的点名方式,15名小学五年级的学生盘坐在地上,围成一圈。老师喊到名字时,学生不是传统地空喊一声"到",而是报出一个代表着自己感受的数字。1分意味着情绪低落,10分则表示情绪昂扬。

这天大家的心情都不错。

"杰西卡!""10分,今天是周末,心情特佳。"

"帕特利克!""9分,很激动,还有点紧张。"

"妮可!""10分,觉得平静而快乐。"

……

该课程设计者凯伦·麦考指出:"孩子的学习行为与其情绪感觉息息相关,情商对学习效果的影响绝不亚于数学或阅读课程的教导。"其课程主要内容具体如下:

(1) 自我意识

自我观察、认识自己的情绪、积累情绪词汇,了解思维,情绪及行动间的相互关系。

(2) 决策能力

检查行为,了解行动的结果,反思自己是理智决策还是冲动行事,进而抵制不适当的性或毒品等的诱惑。

(3) 情绪管理

倾听内在的自我对话,留意是否有自我贬抑的消极信息。了解感觉后面的真正原因(如生气可能是受到情感伤害而起);找出纾解恐惧、焦虑、愤怒和悲伤的方法。

(4) 减轻压力

学习运动、想象、放松等方法。

(5) 移情

了解别人的感受,设身处地为他人着想;体谅他人对事情的不同看法和感受。

(6) 交流

学习沟通感情,既善于倾听又善于提问;能区别他人言行与自己对其言行反应或判断之间的差别,能清楚表达自己的意见而不是指责他人。

(7) 开诚布公

了解坦诚和建立亲密的人际关系的重要性，懂得选择适当的时机吐露个人隐私。

(8) 领悟力

学习辨认情感及情感反应的模式；学习识别他人的同样反应模式。

(9) 接纳自己

以自己为荣，培养自豪感，认知自己的优缺点，培养自我解嘲的能力。

(10) 责任心

敢于承担责任，能认识到自己决定和行动的后果，接受自己的情绪和心态。做事有贯彻始终的毅力。

(11) 自信心

学习不卑不亢地表达自己的关心和情感。

(12) 合群

学习怎么与人合作，知道何时担起领导表现及怎样领导别人，懂得服从领导。

(13) 冲突的解决

学习与同伴、父母及老师进行合理的争辩，学会互惠互利的协商技巧。

2. 格兰特基金会"青少年干预教育的主要内容

格兰德集团的评估发现成功的干预计划必须具备下列要点：

(1) 情绪技巧的教育

主要包括：①识别自身情绪；②恰如其分地表达情绪；③评估情绪的强度；④控制情绪；⑤延迟满足；⑥克制冲动；⑦减轻压力；⑧分析情绪与行动的差异。

(2) 认知技能的教育

①自我对话——遇到问题或挑战之时首先进行自我"内心对话"。②辨析社会信息——如认知个人的行为不能免于社会影响，因而站在更广阔的社会角度来审视自己的行为。③循序渐进地解决问题——如采取下述步骤：克制冲动、设立目标、考虑可选择的行动方案，预测行动方案的可能结果。④理解他人的立场和观点。⑤了解社会所承认或反对的行为准则。⑥抱有积极的人生态度。

(3) 行为技能教育

①非语言表达——学习通过眼神、面部表情、语气、手势等进行交流。

②语言表达——学会清楚表达自己的要求、对批评做出适当反应、抵制消极影响、善于倾听他人意见、帮助他人、交结益友等。

3. 情绪与社会能力的学习效果

(1) 儿童发展计划

创办单位：加利福尼亚州奥克兰发展研究中心。评估范围为加利福尼亚北部幼儿园至小学六年级儿童，实施结果由独立的第三方与其他对照学校比较。

成效评估：①更有责任心；②更有自信心；③人缘较好；性格较开朗；④更合群，更乐于助人；⑤较理解他人；⑥较能体贴关心别人；⑦较善于运用社交技巧解决人际问题；⑧性格较平和；⑨显得较民主；⑩较善于解决冲突。

(2) 康庄大道计划

创办单位：华盛顿大学康庄大道计划。评估范围为西雅图小学1~5年级学生，由教师针对一般学生、聋哑学生、特殊教育学生组评分。

成效评估：①提高了社会认知技能；②提高了情感、觉察和理解能力；③较有自制力；④处理认知问题时比较善于计划；⑤做事较冷静；⑥处理冲突时比较有效率；⑦同学间相处较为融洽。

特殊需求的学生：在校期间多种行为得到改善：①较能承受挫折；②较善自我表达；③做事较能按部就班；④较能与人和睦相处；⑤较能与人分享苦乐、分担责任；⑥比较合群；⑦比较自制。

情绪理解能力的改善：①认知能力较好；②表达能力较好；③难过与沮丧的情况减少；④焦虑与退缩的情况减少。

(3) 西雅图社会发展计划

创办单位：华盛顿大学社会发展研究小组。评估范围为西雅图地区中小学生，由独立小组根据客观标准与其他学校做比较。

成效评估：①对家庭和学校有感情；②男生的攻击性行为和女生的自暴自弃行为减少；③差生受停学处分和退学处分的人数下降；④较少吸毒和犯罪；⑤考试成绩提高。

(4) 耶鲁——纽哈芬社会能力改善计划

创办单位：芝加哥伊利诺大学。评估范围为纽哈芬公立学校 5~8 年级学生，由独立人士、学生、老师比较对照组评分。

成效评估：①增强了解决问题的能力；②改进了与同龄伙伴的关系；③比较善于控制冲动；④行为得到改善；⑤犯罪减少；⑥比较善于解决冲突。

(5) 创意冲突解决计划

创办单位：纽约市全国创意冲突解决计划中心。以纽约市幼儿园至 12 年级学生为范围，由老师比较计划参与前后的情况。

成效评估：①在校的打架斗殴减少；②较少在校讲粗话脏话；③较关心他人和集体；④较主动与他人合作；⑤较有同情心；⑥沟通能力较好。

(6) 社会知觉与问题解决能力计划

创办单位：罗杰斯大学。以新泽西州幼儿园至小学六年级学生为范围，参考师生评分与学校记录。

成效评估：①能较敏感地觉察他人的情绪；②能较清楚地意识到自己行为的后果；③能较好地"判断"人际关系和采取相应行动；④自我评价较高；⑤较合群；⑥较乐意帮助他人；⑦较少反社会、自伤或违反秩序的行为，且成功可延续至中学时期；⑧提高了学习能力；⑨增强了在校内外的自制能力、社会知觉能力与决策能力。

## (二) 隐性情绪教育

学校里各种的课程已经使教师们应接不暇，现又要为情感教育开设新课程，势必会使教师们不堪重负，为此，戈尔曼提出了一种隐性情绪教育。这种情绪教育不用单独开课，也无须打破既有的教育格局和体系，而是完全渗透到学生在学校生活的方方面面。具体说：

1. 情绪教育融入学校生活

一是将情绪教育纳入现有的课程中去，如语文、数学、英语、体育、音乐等规范课程之中。如美国心理学家艾瑞克·谢普斯等人创立的儿童发展计划就是根据现在教学使用的课本，事先拟订一套情绪教材，纳入既有的课程之中。比如，在低年级的阅读课上有一篇课文讲述青蛙与蟾蜍的寓言故事：青蛙急于同正在冬眠的蟾蜍玩游戏，于是恶作剧地让它早点醒过来。同学们在教师引导下以此为素材讨论什么是友谊、被人捉弄的感受，进而扩大到讨论其他的相关问题，如自我意识、关注朋友的需求，被捉弄的滋味，如何与朋友分享心事等。年级越高，设计的问题和讨论的范围越复杂，教师可以启发学生讨论诸如移情，从他人的角度思考问题及关怀他人等。

二是帮助教师训导调皮捣蛋的学生。"儿童发展计划"认为，儿童犯错误的时候正是教育儿童学习情感和社会技能的最佳时机。如果在学生违纪时，教师提供处理方式的指导性意见，不但有助于培养学生控制情绪、表达感受与化解冲突的能力，而且也可以让学生了解，除了惩罚以外还有更好的管束方式。比如说春游时，教师看到几个一年级学生争先恐后要抢先上车，这时便可建议他们抽签或猜拳决定先后。这种现场教育可让学生明白：遇到这类芝麻小事时完全可以用一种公正的方式予以解决，更有甚者，他们可以得到更深刻的启示：任何争端都可以通过协商解决。在小学低年级，孩子互不相让的争执是司空见惯的，甚至是有些人终生都难以遏止的恶习。如果孩子能从小接受正确的观念就会受益匪浅，这比一般的教师一句命令式的"不准争吵！"显然要有意义得多。

2. 多样化的情绪教育方式

儿童在每个成长过程中都怀有不同的心事，成功的情绪教育必须针对其发展阶段设计，并随着孩子心智的成熟以不同的方式重复同样的题材，使之既符合儿童的理解力又具有挑战性，并保证产生最大的成效。下面介绍两种特殊的情绪教育方式。

一是西雅图约翰·缪尔小学采取的匿名信方式。那就是在教室中特别设立一个信箱，老师鼓励孩子们将遇到的难题、自己的不满或痛苦等都写出来，以匿名的方式投入信箱，供全班讨论并设法找出解决的办法。例如，一个三年级的孩子在信箱里投了张纸条写道："兰兰和楚楚不跟我玩了。"讨论时不会指出纸条是谁写的。但老师特别强调这是所有孩子都有可能碰到的问题，因此都需要学习如何处理它们。通过这种方式，儿童讨论诸如遭到排斥是什么滋味，自己遇到这种困境该怎么办等问题，可使孩子们尝试崭新的解决方法，改变了过去认为分歧必然导致冲突的错误观念。

学校拘泥不化的课程设计往往跟不上孩童生活的脚步，匿名信箱的设立，正好可以使课程内容更加活泼有弹性。同时，也给该班级的危机或有关问题提供了一个灵活的解决方式。其结果是提高了青少年的情商水平,成功抵御他们所面临的种种压力和骚乱。

二是芝加哥特洛普学校的红绿灯指示标语。这是特洛普学校为五年级学生开设的人生技能课程中,强调学习解读面部表情的训练方式。例如,在训练克制冲动时,老师会出示一张显著的红绿灯指示标语:

红灯:(1)停下,镇定,心平气和,三思而后行。

黄灯:(2)说出问题所在及你的感受。

(3)制定一个建设性的目标。

(4)想出多种解决问题的方案。

(5)考虑上述方案可能产生的后果。

绿灯:(6)选择最佳方案,付诸行动。

实际上,在很多情况下都可以采用红绿灯的观念。比如,当孩子受到别的同伴的挖苦,想要大打出手,或是受到嘲弄而怒不可遏或失声痛哭时,都可以遵循红绿灯的方式,提供一套可具体操作的更有分寸的处理方式。这不单是控制了情绪,更指示了有效行动的途径。纵使激情难抑,也要先想后干,一旦孩子养成了这种驾驭反复无常的情绪冲动的能力和习惯,将来面对青春期及成人后无数可能引发冲动的事件,就会从中收获不少。

总之,美国的情商教育模式在世界上有着广泛的影响。巴西、以色列、荷兰及尼日利亚等国家和地区都有由美国情商教育模式发展而来并与本国、本地区的实际情况相适应的教育咨询。

## 二、其他国家的情商教育

### (一)英国的情商教育

英国有两项典型的情感教育实验,即夏山快乐教育和体谅教育。

1. 夏山快乐教育

夏山学校是当代英国著名的教育家尼尔于1924年创办的。尼尔认为,许多学校只重视知识的学习,忽视了情感教育。事实上,情绪、情感对人的影响远比智力大,没有比情感更重要的了。尼尔办学的指导思想是:尊重生命、尊重个体。他认为生命的意义在于寻找乐趣,追求幸福。教育是为人生做准备的，不能只把教育看作考试、学问与班级。现在的许多学校给学生传授了大量的知识，但却不能使学生没有压抑，不能使家庭有更多的爱，也不能使成年人没有精神病。尼尔坚信儿童们只有在自由的环境中成长并得到爱，他们长大以后才会懂得爱，教育只有培养会爱的人才能改革社会。因此，夏山学校强调，教育的目的是适应儿童，而不是让儿童来适应学校。成功的标准是工作愉快和生活积极。学校的最终目标是使儿童学会如何生活，而不只是传播知识。唯有如此，儿童才能过上愉快、幸福而有意义的生活。

在夏山学校，儿童的学习是以个人的经验为基础，采用弹性课程表、混合编组的教学组织形式。夏山学校除了强调知识学习外，还强调情境学习。学生有自己决定学习课程的机会，有安排与完成自己学习任务的责任。学生只上半天课，下午大都自由活动，周一至周五晚上常举办晚会、话剧、讲演、电影欣赏等活动，星期六晚上全校举行学生自治会。学校以儿童"全人"的均衡发展为教育评估的基本指导思想，注重学生学习过程的评价，强调学生自我比较，教师从活动记录、工作成品、个别计划、教学实录和学习箱等多方面来评估儿童的学习，比标准化的测试更客观和准确。可以说，夏山快乐教育代表着21世纪人类的教育精神。

2. 体谅教育

体谅教育是20世纪60年代在英国学校兴起的一种以培养道德情感为主的道德教育方式。体谅教育的代表人物是彼得·麦克费尔。体谅教育的宗旨是使个人摆脱不良品行。体谅道德教育的核心是多关心、少评价，认为道德教育不应仅仅分析规则和禁令。麦克费尔认为，道德靠理解和领会，而不是靠灌输和传授。他反对太理性的道德教育方式，主张卓有成效的教育就是学会关心。关心的方式是愉快的方式，它会促进学生接受教育。

麦克费尔及其同事自行编著了一套名为《生命线》的丛书，以此为依据对学生进行体谅教育。《生命线》为学生设计出循序渐进的复杂的社会背景，共分为三个部分：第一部分，设身处地为别人着想，有三个单元：敏感性、后果和观点。第二部分，证明规则，有五个单元：规则与个性、你的期望、你认为我是谁、为了谁的利益、为什么我应该做。第三部分，你做了什么。这套教材设计灵活，循序渐进，满足了青少年需要，在全世界产生了广泛的影响。美国著名教育家理查得·喻什评价体谅教育是在美国最具影响力的六种道德教育模式之一。

### (二) 荷兰的情商教育

荷兰的情感教育由各学校自己拟定教育方案。在荷兰，学校自身拥有很大的指导、咨询其他非教学性活动的自主权。每所学校的校长与教学人员能够决定怎样安排完成教学以外的时间。情感教育主要是通过激励学校来实施，这一做法在荷兰中小学相当普遍。所谓激励学校就是指给学生提供的一个安全空间，在那里，他们作为人而被人尊敬，自己的智力、社交与情感方面也能够得到充分的激励和尊重。

### (三) 丹麦的情商教育

丹麦的普通学校推行级任教师制度，即在不进行能力分组的前提下，学生在10年或10年的大部分时间里，每一个班级都可能会由同一个教师负责，学生可以期望得到级任教师的额外帮助。级任教师所承担的任务与心理治疗非常相似。然而一般而言，这些级任教师没有接受解决这类问题的训练，只是凭借自己的良知来解决这些问题。

以级任教师实施情感教育，这是丹麦情感教育的显著特征。

### (四) 西班牙的情商教育

自20世纪80年代开始，西班牙才开始重视情感教育。新的西班牙教育体制基本法表述了其教育目标：为男女儿童、男女青年提供全面的训练，以便他们能够塑造他们自己的个性，并发展道德和伦理的价值观。教育的目的必须是培养对多元社会的批判力、宽容性与理解力。在对个别化的训练中要使学生在个人、家庭、社会和职业的各个领域里的知识、技能与道德价值观得到全面发展。由教育目标出发，西班牙的教育重视两方面的教育的功能：一是教学活动，通过它可以传授给学生知识；二是教育有助于学生的发展和个人的成长发育。即教育一方面可能使学生逐渐获得文化修养和掌握科学知识；另一方面，学生可以作为一个人而发展，综合各种价值、态度与志趣，直到他达到个人成熟，能使他作为一个自由的，具有责任感的个人与社会融为一体。情感教育的内容就包含在第二方面的任务，这也是教师辅导学生工作的任务。

总之，作为一个辐射教育过程全域、全程的教育意识与操作，情感教育对学生德、智、体全面发展有着极为重要的作用。自20世纪中叶以来，不少国家在新的科技革命浪潮和人文主义思潮的挑战下改革教育，涌现出一大批主张对学生加强情感教育的教育实验典型。例如，苏霍姆林斯基为代表的"和谐教育"学派，批判了以学习上的表现作为压倒一切的唯一表现领域，以及用学习上的分数作为衡量人的价值的唯一尺度的流行观点和实践，把人的天资、才能、创造性、积极性与多方面的(学习、劳动、道德、审美、体育等)表现和谐地结合起来，以启动自尊心、自豪感作为情感教育，乃至整个个性教育的契机。此外，还有不少国家的学者十分重视学生水平交往(即同伴交往)的情感教育功能，一方面在此基础上形成全新的教学策略——合作学习，建构以借助教学沟通水平交往为特征的课堂教学新模式；另一方面，对人的情感交往的技能技巧加以总结和训练，希望通过交往的实践提高人际间的亲情度以及个人调控情绪的能力等等，不一而足。

正如情商教育本身是个国际性的现象一样，它存在的问题也带有普遍性。据贝斯特等人的研究表明，情商教育存在的共同问题主要有：

(1) 情商教育理论与实践还存在相当的差距，现实往往不能达到理想的要求。

(2) 情商教育的地位在现实的学校教育中还较低，还没有引起行政机关、学校、教师的足够重视。

所以，要使情商教育得到有力的支持，需要大大加强情商教育，提高情商教育在各国的地位。当然，各个国家可以有不同的表现形式。

## 第二节　国内情商教育概况

"情商"这一概念虽然在20世纪90年代中期才引进我国。但从20世纪80年代开始在国际大环境与国内教育改革背景下，我国一批优秀的教育工作者对情感教育进行了理论与实践上的探索，闯出了一些有特色的路子，有的已取得了相当范围的社会认可与影响力。这里我们将介绍几种突出的，比较典型的情感教育模式。

## 一、愉快教学

愉快教学强调减轻学生的学习负担，充分发挥学生的内在潜能，使学生愉快地学习。一般认为，愉快教学表现为具有递进关系的三个层次：

第一，学生对学习的趋近倾向行为，了解和掌握知识的愿望与心向。

第二，积极主动参与学习的行为，较强的求知欲和浓厚的学习兴趣。

第三，迷恋学习的倾向行为，以学为乐，孜孜以求。

### （一）愉快教学的起因

我国愉快教学的兴起，是一些学校对自身教学实践的深刻反思的基础上进行的。在我国中小学教育中，长期以来由于家庭、学校、社会等诸多方面的原因，造成了许多中小学生苦学而厌学的状况。其原因归纳起来有以下几个方面：

1. 片面追求升学率

自从1977年恢复高考制度以来，片面追求升学率之风在我国中小学愈演愈烈，从而使我国教育目标所倡导的全面发展的教育逐渐扭曲为"应试"教育。激烈的考试竞争，使广大中小学生只能整天在题海中挣扎，书包越背越重，睡眠常常不足。广大教师虽然觉得应该减轻学生过重的学习负担，但苦于无法摆脱"升学率"这根无形的指挥棒的束缚。

2. 家长过高的期望值

许多家长望子成龙、望女成凤心切，都希望自己的子女在升学应试的竞争中取胜，一心希望自己的孩子各科成绩都考高分，考进重点中学，考上大学。因此，家长们常常在学校布置的家庭作业之外又给孩子们增加额外的作业，开"小灶"。凡此种种，使学生本来已重的负担又雪上加霜。

3. 教师素质偏低，教学方法欠妥

长期以来，我国中小教师任职资格是：中师毕业教小学，师专毕业教初中，师院毕业教高中。由于相当一部分教师素质较低，讲课时教学方法单一，表情生硬，语言干瘪，照本宣科，内容单调，采取"填鸭式"教学，强迫学生死记硬背。这些不合教学规律的做法使学生对学习产生苦闷、畏难情绪，扼杀了学生学习的积极性和主动性，因而也使学生丧失了克服学习困难的决心和勇气。可见，教师素质低与教法不当是造成学生厌学的重要原因。

4.忽视情感教育，师生关系紧张

长期以来，由于受应试教育的负面影响，在教育目标中一般都比较重视教学过程中的认知功能，而忽视情感功能对教学过程中师生情绪的调控，忽视学生的情感教育，使得师生之间关系不融洽。尤其当学生考试屡遭失败，缺乏自信心，形成严重的心理挫折时，不但得不到教师鼓励和指点，反而受到教师的批评、奚落、谴责和白眼，这导致师生之间的关系紧张。这种紧张的师生关系使学生从厌恶教师到厌恶教师所教的课，形成教师与学生之间的对立情绪，致使学生厌学。

上述原因让学生觉得在校园里没有欢乐可言，对学习也提不起兴趣，视学习为一种负担，在心理上形成一种压力，在学习过程中产生厌恶反感情绪。学生这种消极的心态，严重挫伤了学生的学习积极性，直接影响着教学效果。如果这种消极心态持续蔓延，必将导致学生的心理负荷过重，影响学生身心健康，使他们得不到全面和谐的发展。许多学生因承受不了沉重的学习负担从厌学走上了辍学的道路。正是基于这样的背景，上海一师附小、北京一师附小、南京琅琊路小学、无锡师范附小、成都龙江路小学、广州八旗二马路小学、沈阳铁路五小七所学校率先拉开了愉快教学改革实践浪潮的序幕，以寻求减轻学生沉重的课业负担，使学生得到全面的、生动活泼的发展的有效方法。

**（二）愉快教学的基本策略**

1.创设审美教学环境

教学也是一种展示美的活动。愉快教学对教学活动的审美性提出了更高的要求。

（1）讲究教学艺术

教学既是一门科学，也是一门艺术。要提高教学艺术，要求教师掌握教学规律，具备渊博的知识、丰富的语言、广泛的审美情趣，较强的语言表达能力和组织能力，能根据学生的心理变化，适时调整教学，使整个教学自始至终处于一种愉快、舒适的气氛和环境之中。

(2) 挖掘教学内容的审美价值

各科教学内容都蕴含丰富的审美因素，具有重要的审美价值。美妙的歌曲、动人的画面、脍炙人口的课文、简洁的数学公式、对称的几何图形，都能给学生以美的感受。可见生活中处处都有美，对人们而言，不是缺少美，而是缺少发现。关键是要引导学生善于从教学的静态和动态中去发现美、感受美。

(3) 构建"审美教学场"

"审美教学场"是一种能给学生以美的感染和体验，从而使学生产生学习需求和创造欲望的教学情境。根据斯卡特金关于教学过程结构因素的分析，教学过程三因素是教学内容、教师的教和学生的学，这些因素相互影响、相互作用就构成了教学。"审美教学场"也就是教学内容美，教师的教学美和学生的学习美相互作用、相互影响、相互激励所构成的。师生在教学中互为审美主客体，教师通过教学把教师自身的美、教学内容的美，以及教师通过教学手段所体现的教学美作用于学生。学生通过学习将自身的美，以及在获得知识，培养能力的过程中所体现的学习美作用于教师，教师也受到鼓舞和鼓励。师生审美活动的相互作用就会产生一种使师生情绪高涨、思想活跃、轻松、愉快的教学氛围，也正是在这种氛围中，愉快教学得以实现。

2. 提供时空资源

教学活动总是在一定的时间和空间里进行的，愉快教学离不开充足的时间和空间资源。

(1) 合理分配教学时间和空间

坚持课内和课外、校内和校外相结合的原则。教学中，要给学生更多的独立学习的机会和空间，每堂课都要给学生留下一定的独立思考的余地，让他们在课堂上自由地发表自己的见解。

课外活动同课堂教学是相辅相成缺一不可的。但长期以来，课外校外活动还没真正成为学校教育的一个组成部分，教师通常的做法是把大量的作业留到课后，造成学生课外负担过重，很少有独立学习和探索的时间。课外活动与课堂教学组成高效率的教学体系。较合理的办法是动静搭配，科学地调节学生的精神状态。

(2) 培养学生自主活动的能力

让学生学会学习，现代教学理论强调"让学生学会学习""教是为了不教"，愉快教学就是顺应这一趋势，让学生在愉快的教学情境中学会学习。

3. 提高教师的素质

教师素质的优劣直接影响教学效果。愉快教学对教师的整体素质提出了更高的要求。

(1) 乐教的情趣

"知之深，则爱之切"。教师要充分认识到自己的行动，坚信自己的工作光荣、崇高、伟大，进而对教学倾注自己的全部感情，对学生充满爱。许多优秀教师的成功，除了他们扎实的基础知识外，更重要的是对教书育人工作执着的爱，

及由此焕发出来的热情和献身精神。

(2) 会教的本领

愉快教学要求教师既要乐教，也要会教、善教。

①教学要有目的性。教学目标要符合学生的实际，既不能过高也不能过低。目标过高会挫伤学生的自尊心，增加失败的体验；目标过低则会使学生失去学习的兴趣，产生松懈、懒惰情绪。

②教学要有预见性。每一门课，每个章节，每一堂课，都必须经周密的思考，对整个教学过程有基本的估价，不能临阵磨枪。

③教学要有创造性。教学并非机械地、千篇一律地演习教材，而是一种创造性活动，要不断探索新的教学方法和途径，以教师创造性地教，引导学生创造性地学。

④教学要突出学生主体，学生在教学中的主体作用是客观存在的，教学并不只是传经布道。要让学生主动地参与教学，不"授人以鱼"而"授人以渔"。

4. 建立融洽的人际关系

和谐的人际关系可以造成健康向上的教学气氛，启迪智慧、激励创造，从而使师生在愉快的心境中完成教学任务。

(1) 建立民主平等的师生关系

现代教学理论研究表明：师生间的人际关系是整个学校教学过程中全

部人际关系中最主要、最基本的部分。师生在教学中是民主平等的，不是领导和被领导的关系。民主平等的师生关系主要表现为师生心理的积极互感和让学生以主体的身份参与教学活动。

(2) 缩短师生的心理距离

师生在年龄、阅历、认知、情感上的差距，容易成为师生交往的障碍，阻碍着师生情感的交流、心灵的感应。学生思想单纯，富于冒险精神，充满幻想，情感不稳定，而教师相对老成、稳重、冷静。要缩短心理距离，师生双方应采取宽容、理解的态度，消除心理防卫。特别是教师要从多方面去关心学生，进行角色置换，站在学生的角度设身处地地去体验、理解学生的各种感受，尊重学生，与学生尽量保持情感体验上的一致，这样，师生之间容易沟通思想、情感，学生易于接受教师的教育。

(3) 加强教学文化建设

和谐的师生关系，健全的规章制度，优美的教学环境，友善的文明行为，团结奋进的班集体，正确的舆论等等，构成一种教学文化，它能推动学生积极参与活动，使学生的学习走向受教学文化的导向、控制与调节。因此，加强教学文化建设，是融洽人际关系、实现愉快教学的重要内容。

5. 培养学生健康的学习心理

(1) 乐学的情趣

众所周知，学习活动有时是枯燥乏味的，长期单调的智力活动会降低大脑皮层的感受性和兴奋性，从而影响学习效果。兴趣、动机、情感则可以使学习充满感情色彩，成为一种精神享受。

孔子说："学需立志"，才能"乐在其中矣"。"知之者不如好之者，好之者不如乐之者。"有明确的目的，强烈的动机，才可潜心学习，置各种困难艰辛于不顾，自得其乐，坚持学习。兴趣、情感是愉快教学不竭的源泉，是精神学习的直接动力。上海一师附小提出："学海无涯乐作舟，书山有路勤为径"，把学习兴趣作为愉快教学的基础。

(2) "苦学"的意志

学生在学习过程中往往会遇到各种困难，只有凭借学习意志的巨大力量才能保证学习的顺利进行，体验战胜困难后取得成功的喜悦和快乐。因此，教师要引导学生在动机的驱使下，在强烈的情趣激发下，振奋精神去克服学习困难。知难而进,迎难而上,通过自己长期而艰苦的努力学习达到目的后获得的成就感、愉悦感是无法比拟的,同时,这些情感体验又促使学生去克服新的困难,成为学习的新动力。

## 二、和谐教育

### (一) 和谐教育的含义

和谐教育是从确信智力正常的学生具有完成学业任务的潜力出发,从创设和谐的情境入手,协调各种教育力量,以教学为中心,使学生达到全面和谐发展目标的教育。

1. 确立正确的学生观

正确的学生观是和谐教育的前提。它包含两个内容:

(1) 确信学生的学习潜力

确信学生的学习潜力,对一般学生来说,教师不难做到。对于差生,教师有时却会认为他们不是学习的材料,甚至认为他们是"朽木不可雕"。

一般来说,智力低下者是指智商在69分以下的人,在整个人群中,理论分布不到3%。在没有学校收容这些"笨"孩子的情况下,一个50个人的班,平均可能有1到2名这类学生,其他的学生都是可以完成一般学业,达到合格水平的。因此,确信学生具有学习潜力的观点,对学习基础较差学生相对集中的学校,具有特别重要的意义。学习基础较差学生中的大多数,首先不是智力低下问题,而是情商水平低下,如缺乏学习兴趣,注意力不稳定,意志力薄弱,或幼年、童年时代未能有机会处于良好的教育环境,未能受到严格的正规的学习训练。因此,一旦教育环境有所改善,与学习有关的情商因素得到有效的培养,智力得到积极的训练,这类学生取得学业进步,成为合格毕业生是可以实现的。

(2) 尊重学生人格,承认学生在学习活动中的主体地位

学生不是储存声音的录音机,也不是接受知识的容器,而是有血有肉、有情有义的人。他们是学习活动的主人,而不是仆人、奴隶。教师是帮助学生学习的人,教师不应高高在上地命令他们应该做什么,什么时候做什么,以及不许做什么等。教师应引导他们,促使他们当好学习活动的主人。因为

一切学习活动都要在学习者将教学要求内化为自己的需要以后才能实现。

2. 创设和谐的情境

创设和谐的情境是和谐教育的必要条件。它为学生进行积极主动学习创造真善美的氛围，和谐的情境包括和谐的物质环境和和谐的人际关系。

和谐的物质环境包括美观、整洁、健康、充满朝气的校园、校舍、教室及其他教育教学活动场所。人际关系在这里是指教育情境中有关的人际关系，如师生关系，家长与孩子的关系，教育群体的内部关系等。人际关系的和谐表现为相互理解、支持，彼此团结、合作，配合默契、协调。这种和谐的物质环境和人际关系，成为弥漫在学校、家庭中的一种校风、家风，它不仅可以减少学生学习障碍，而且可以产生积极的熏陶作用，以利于形成良好的人格。

3. 以教学为中心

这是和谐教育的关键。学生的主要任务是学习，学业成绩的合格与否是评价学生的基本指标，是学生能否毕业的必要条件。教师从学生的基本职责与学生某些行为之间的不和谐出发，从学生的学习基础与教材要求的不和谐出发，通过教学活动使之实现和谐。和谐教学关系的标准为：学生方面表现为，在想学、爱学的前提下，会学、能学、学懂、学会；教师方面表现为，在愿教、乐教的前提下，会教、能教、善教，教学相长。

4. 促使学生全面和谐的发展

促使学生全面和谐的发展是和谐教育的最终目标。

学生的全面和谐发展具有两层意思：首先是使学生在德智体诸方面都得到生动、活泼、主动的发展，而不是偏废某些方面的发展。其次是使学生在全面发展的基础上具有特长，而不是平均发展。因此，全面和谐发展的学生，是具有适应市场经济广泛需要的学生，既可经短期培训上岗，也可根据需要继续深造。

(二) 和谐教育的原则

和谐的教育应遵循以下教学原则：

1. 教学背景性原则

(1) 情感背景

学生对学习、对所学课程、对教师的情感关系以及与父母、与同学的情感关系，构成学生在学习活动中的心境。学习活动需要愉悦、宁静、追求探索的心境，这种心境有利于实现知识的内化。

教师对教育工作、对所教课程、对学生的情感关系，以及由其他人际关系(与家庭成员，与学校领导、同事)形成的情感关系，构成课堂教学时的心境。教师需要宁静、愉悦、渴望使学生掌握知识的心境，教师通过自我情感的调控，使学生在适宜的情感背景中学习，防止消极情感对学习的干扰作用。

(2) 理智背景

学生对当前所需学习的内容应有所准备，这包括有关知识、技能、学习方法、思维定向等方面。教师是本学科的专家，教师在学生学习活动的开始，就需引导学生进入有关学习内容的理智范围，以便使学生顺利地从已知过渡到未知。要知道学习困难的学生面对新知识，经常由于找不到自己已有的旧知识而如坠云里雾中，以致变成听天书。这种新旧知识之间鸿沟是一种不协调的因素。

2. 教学趣味性原则

学习困难的学生，长期以来对学习没有兴趣，以至没有学习愿望。这与完成学生的基本职责很不协调。教师需使教学具有趣味性，在教学中对学生产生吸引力。

(1) 兴趣

课堂教学中，使学习困难学生感兴趣的，最初可能仅是某种教学方法、某一具体内容，教师从这些入手，使学生对自己的教学活动的兴趣得到积累，逐渐形成对自己所教学科的兴趣，使其感受到学科知识的魅力，并逐渐迁移为对学习的兴趣。教师要通过精心设计课堂教学，运用最恰当的方法、手段吸引学习困难学生学习。

(2) 教师的人格

教师除了运用自己对学生的真诚的爱吸引学生以外，还要重视自身的人格魅力。教师平等友善的态度、博学睿智的内涵、诙谐幽默的谈吐，对学生具有极强的吸引力。这种吸引力使学生愿意亲近教师、听从教师的教诲，学习教师所教的学科。

3. 教学实效性原则

教学计划、教学大纲和教科书规定了各年级学生在学习的内容及最终应达到的标准。但是，这与学习困难的学生已有知识之间的落差太大，形成严重的不和谐，因此，在学习困难学生相对集中的班级，教师只能依据统一要求，结合学生知识与智力的实际水平进行调整。如降低起点，减少坡度，分散难点，重复出现，使教学的知识结构适应学生的认知结构。

4.教学及时反馈原则

让学生及时了解自己的学习效果，对所有的学生都适用，但是对学习困难的学生尤为重要。这是因为学习困难的学生，一般缺乏较为长远的学习目标，学习动机并不强烈、认知结构并不合理。因此，教师应让学生及时了解自己的学习效果，以产生激励效应，增强学习积极性，及时纠正知识理解中的偏差。

(三) 和谐教育的教学方法

除了一般的教学方法外，在学习困难学生相对集中的班级，应注意运用以下方法：

1.学习内容引入法

针对学习困难学生现实的学习愿望与学习习惯，教师应在课堂教学的一开头就抓住学生的注意，激发他们探索教材内容的动机。学习内容有多种引入方法，如日常实例引入法、问题或悬念引入法，实验操作引入法、纠错引入法、故事引入法等。

2.引导表现法

学习困难的学生普遍存在自卑心理，这与青少年有较强的自我表现愿望不协调，有些学生因此而采用不利于集体的方式进行自我表现。教师在了解学生特点的基础上，在课堂教学中，应创设机遇让学生得到成功的自我表现，使其感受到胜利完成任务后的喜悦，以及由此获得的集体认可。

3.学科优势突出法

任何学科都有自己独有的特点及其他学科所不及的优势。作为学习本学科的专家，教师应通过突出本学科的优势来体现自己对所任学科的热爱，更应利用本学科的优势来吸引学生，引导学生学好自己所教的学科。

4.形象呈现法

不少学习困难的学生抽象逻辑思维发展有一定障碍。课堂教学中的形象教学，不仅有助于学生对抽象知识的理解，还有利于激发学习兴趣。当然，形象呈现要注意选择恰当的时机。

5. 分层训练法

一个教学班，学生程度参差不齐。教师应让学习困难的学生得到更多的、难易适中的练习机会，因此可以规定不同要求的练习，并予以指导。

上述原则和方法之所以在实践工作中有效，是因为它针对了学习困难学生的特点。学习长期困难的学生在两个系统上出现角色偏差，这就是行为动力与认知系统的角色偏差。学习的长期失败使这些学生形成偏差的自我概念："我不是学习的料""我不是好学生""我没有希望"……。由此形成的偏差的行为动力系统，使其行为模式，行为效果都偏离一般学生的角色模式。

由于认知系统偏差，他们的知识结构有的有不少漏洞，有的组织不合理，有的缺乏应有的认知技能，使他们在与一般学生一起学习时感到新旧知识难以衔接，思维阻塞，难以完成一般学生所能完成的任务。这种结果又加大了行为动力系统的偏差。

长此以往的恶性循环使他们不能再像一般学生那样学习和生活。正因为如此，对于学习困难学生相对集中的班级教学，需要有独特的教学原则与教学方法。

## 三、情境教学

### (一) 情境教学的提出

如前所述，由于片面追求升学率，在现实的学校教育中，"为考而教""为考而学"的偏向，也殃及小学语文教学，"教师教得苦，学生学得苦"的现象普遍存在。在不少地区，语文教学成为"注入式＋谈话法＋单项训练"。这样传统的灌输式教学，使内涵极为丰富的小学语文教学被支离破碎的分析讲解，没完没了的重复性抄写、名目繁多的习题以及不求甚解的机械背诵所替代，并充斥着儿童的生活。尽管儿童疲于奔命，阅读和写作的实际能力还不能令人满意。如此种种，偏离了语文教学的根本任务，造成了小学语文教学"呆板、烦琐、片面、低效"的弊端，压抑了儿童的发展，延误了儿童发展的最佳期，甚至扼杀了儿童的天赋与创造性。

为克服上述弊端，南通师范附小特级教师李吉林根据他多年对小学语文教学的探索改革，于20世纪80年代中期提出了情境教学。情境教学的出现，一方面是对传统的灌输式教学的冲击；另一方面它又吸收了传统教学的精华，现代教育理论的精髓，使情境教学成为具有民族特色，以情景交融为主的新的小学语文教学体系。

情境教学以促进儿童整体发展为主要目标，讲究调动学生的积极情绪，强调兴趣的培养，以形成主动发展的动因，提倡把学生经常带到大自然中去，通过观察，不断积累丰富的表象，让学生在实际感受中逐步认识世界，为学好语文、发展智力打下基础。教学实践表明，在小学语文教学中，运用情境教学，儿童身心愉快，美感丰富，有效地发展了儿童的认识能力，语文基本功扎实，没有过重的学习负担，在国家规定的课时内，获得尽可能大的发展效果。随着教学改革的深入，情境教学已日益显示出它的勃勃生机。

### (二) 情境教学的特点

#### 1. 形真

儿童往往是通过形象去认识世界的。要加深对课文语言的理解，首先必须具有鲜明的形象性，使学生如入其境，产生真切感。但这并不意味着所有的情境都必须是生活真实形象的再现。情境教学以音乐渲染的形象，以扮演显示的形象，以图画再现的形象。以"神似"显示"形真"，形象才有典型意见。比如李吉林老师教《狐假虎威》这课时，让学生戴一个狐狸头饰表示是"狐狸"，戴一个老虎头饰就算"老虎"，在孩子的眼里如同真的一般。可见，"形真"，并不是实体的复现，而是以简化的形体、暗示的手法、获得与实体在结构上对应的形象，从而给学生以真切之感。

#### 2. 情深

情境教学正是抓住促进儿童发展的动因——情感，展开一系列教学活动的。教学成为儿童主观所需，成为他情感所驱使的主动发展过程。情境教学通过再现语文教材中有关形象，引导学生对美丑、善恶、真假等种种不同事物给予肯定或否定的评价，体会到自己所表现的爱与憎、喜与恶的情感。通过语文教学，来培养学生健康向上的情感是可以实现的。教师要善于将自己对教材的感受及情感体验传导给学生。

### 3. 意远

"情境教学"取"情境"而不取"情景",其原因就在于情境要具有一定的深度与广度。情境教学是把教材内容与生活情境联系,如此由近及远,由表及里,以今及昔以至未来……教学实验效果表明,深远的意境,往往促使学生更深地理解教材。学生的联想及想象力也在其中得到较好的发展。

### 4. 理寓其中

情境教学所创设的鲜明的形象,所伴随抒发的真挚的情感,以及所开拓的深远的意境,这三者融成一个整体,它们命脉便是其内涵的理念。情境教学所蕴含的理念,即是课文的中心。情境教学的"理寓其中",正是从教材中心出发由教材内容决定情境教学的形式。因此,教学过程中,创设一个或一组情境都是围绕着教材中心展现的。这样富有内涵并具有内在联系的情境,才有意义。通过其形式——情境的画面、色彩、音响及教师语言描绘等的感受,这不仅是对事物现象感性的认识,而且是对事物本质及其相互关系的认识。

### (三) 情境教学的创设手段

在儿童阅读和作文时,要进入特定的情境或实体,或模拟,或语言,或想象,或推理,需教师凭借一定的手段创设。创设的手段大致有六种:①生活展现情境;②实物演示情境;③图画再现情境;④音乐渲染情境;⑤表演体会情境;⑥语言描绘情境。在情境教学中,直观手段必须与语言描绘相结合,才能把学生带入情境。通过教师语言描述,有可能产生新的联想,展开想象。由此可知情感教学运用的形式是由它们教学对象及教学内容所决定的。

他山之石,可以攻玉。国内外情商教育简介一方面向我们展示了情商教育的丰富性和多样性,另一方面也说明了情商教育正在国际范围内被实践着、发展着。从中我们可以吸取许多有益的东西,用以革新自己的教育行为。情商的理论至少使人们看到现代教育的一个巨大误区:忽视情绪的培养,忽视健康人格的培养。因此,重视情商教育,把它作为一种基本的素质教育,是我们广大教育工作者义不容辞的职责。

# 第四章 情商与成功

翻开人类成功史的长卷，浏览各位成功者的业绩，人们对古今中外各个成大事者，充满仰慕之情。在钦佩和仰慕的同时，那些渴望成功的人们，经常冥思苦想他们成功的奥秘。

早期，人们常把那些伟大的成功者的成就归之于神助或天赋；后来又认为是由于他们有超凡的头脑，智商高。于是，在西方，智商测验风行一时。一个人智商高就一定能获得成功吗事实上远非这样。现代成功心理学的研究表明，一个人的成功，20%依赖于智力因素即"智商"；80%则依赖于非智力因素，即智力因素以外的一切心理因素。其中，最关键的是"情绪智力因素"即"情商"，它由情感、意志、动机、兴趣、性格等五个基本心理因素组成，并与人们取得成功的关系十分密切。

大凡成功者，都有非凡的心理素质，尤其是超凡的情商，包括崇高的目标、远大的理想、高尚的志趣、积极的心态、坚忍不拔的意志、独特的性格。

自从"情商"概念及其理论提出之后，"成功"问题才得到了较为合理的解释。如果说智商分数更多的是被用来预测一个人的学业成就，那么情商分数则被认为是用于预测一个人能否取得职业成功或生活成功的更有效的东西，它更好地反映了个体的社会适应性。

## 第一节 情感与成功

情感是人们每时每刻都在体验着的基本的心理过程之一，也是一种对智力活动有着显著影响的非智力因素。在日常生活中，我们总是常常被情感的巨大力量所震撼。实际上，古往今来，情感促进成功的例子不胜枚举。情感，帮助人们战胜挫折，开阔心胸，迎接挑战，升华灵魂；情感，让我们在接受别人的同时，也被别人所接受；情感，指示着我们前进的方向，推进着我们胜利的征程。总之，情感与成功息息相关，不可分离。

## 一、情感规律与成功

情感是客观事物是否符合人的需要而产生的态度体验，其表现形式多种多样。情感活动虽然形式多样、变化多端，但并非神秘莫测、不可捉摸。经过长期的努力探索，心理学工作者已初步揭示出了情感活动的一些重要规律。

### (一) 情感与认识相互促进和干扰

1. 情感与认识相互促进

一方面，情感是在认识的基础上产生和发展，没有对某种事物的一定的认识，就不可能对它有什么情感。随着认识过程的加深，情感也将随之产生相应的变更。也就是说，认识越丰富、越深刻，则情感亦会越深刻、越丰富。即使对同一事物不同的认识，亦会产生不同的情感。如人们在野外遇到老虎和在动物园里看到老虎时，其所产生的情感体验肯定是不同的。另一方面，在认识基础上产生和发展的情感也会反转来推动与加深人们的认识。心理学实验表明，良好的情绪或情感状态，能够促进工作记忆、推理操作和问题的解决，即情感不仅能够激励人的认识活动，同时亦能提高其活动的效率。

古往今来，任何一个科学家在科学领域方面的高深造诣，往往都源于他对科学、对人类、对祖国的热烈情感。

2. 情感与认识相互干扰

一方面，不正确的或肤浅的认识，可以引起不正确的或浅薄的情感；另一方面，不良的情绪和情感也会影响人们对事物的认识，这种消极影响会在认识活动的各个方面表现出来。从生理心理学的角度看，愉快的情绪可以使大脑皮层处于"觉醒状态"，保持大脑活动的高效率；而不愉快的情绪则可以引起心率加快、紊乱，使人垂头丧气，注意力难以集中，从而干扰认识过程，降低智力活动的水平。

这一规律科学地告诉了人们，如何通过提高自己的认识水平，来形成良好的情绪或情感，并学会用理智来控制情感。此外，它也告诉人们，如何通过保持良好的心境，培养积极的情感，克服消极的情感等措施，来激发认识的积极性、获得良好的认识效率与效果，从而在认识的深度、广度及新颖度方面有所进展与突破。

对于青年学生来说，要培养积极的情感，首先要确立正确的人生观、世界观、价值观；要勤奋学习，增加对自然、对人类自身的科学认识，以便形成积极的情感。在此基础上，进一步促进他们投入认识自然、改造自然的宏伟事业中，并力求发挥自身的潜能，取得最佳的成效，赢得最大的成功。

## （二）情感的质与量依存于需要和期望

### 1.情感的性质依存于人的需要

情绪与情感作为一种主观体验，它反映着客观事物与主体需要之间的关系。也就是说，不是所有的事物都能引起人们的情感，那些与人们的需要毫无关系的事物，人们对它是不会产生情感的。一般而言，凡是与人们的需要相符合，能使人们得到满足的事物，人们就会对它产生肯定的积极的情感，如满意、愉快、喜爱等等；反之，凡是与人们的需要不相符合，不能使人们得到满足的事物，人们就会对它产生否定的消极的情感，如不满意、哀伤、厌恶等等。

### 2.情感的数量（规模、程度、水平）依存于人的期望

期望是在推动人们行为的内在力量需求基础上所产生的、对自己或他人的行为结果的一种心理准备状态。当客观事物与人的需要发生关系时，不论是否能满足，如果事先心理上有所准备，那么其所引起的情感的波动就会小些；反之，如果事先心理上毫无准备，那么情感的波动就会大些。比如，亲密友人的突然来访，往往会激起我们意外的惊喜；随意购买的彩票忽然得知中了头奖，其引发的情感冲击力也将相当大。可见，情感的数量依人们有无心理准备为转移，人的期望值不同，其情感的强度也就各不一样。

能否把握以上两个方面的内涵，并能较好地利用，对一个人能否战胜困难、排除挫折、尽早成才或成功，是至关重要的。所以，青年学生如果要

成才，要成为一个对社会有贡献的人，在不忽略必要的物质需要的基础上，更要重视精神需要，并能够把高层次的社会性需要作为主导需要来培养自己的高尚情感，而不拘泥生理上的满足，即使在恶劣的情况下也能够不断进取。只有这样，才能充分发挥自身的潜能，实现成功的梦想！

### (三) 情感可自行扩散

这条规律的基本含义是：在一定的条件下，人的情感可以自行传播或弥漫到主体和其他客体上去。它包含四层意思：

1. 情感的向内扩散

即情感向主体自身弥漫，使一个人的整个心理和行为笼罩上一层厚厚的情绪色彩。如在快乐的心境主导下的个体，总是朝气蓬勃，喜气洋洋，即使看到以往不喜欢的人和物，也觉得有些可爱了；而在忧伤的心境下，即使对自己本来最喜欢的食物或活动，也都提不起兴致来。

2. 情感的向外扩散

情感传播到主体以外的人或物上，使其也具有与主体情感相同的或与之相联系的情感。

3. 情感的时间扩散

即情感的扩散可以绵延一定的时间而不消失。如演讲者充满激情的演说，会使听众的心中激起长久的、强烈的反响；洪水肆虐，人民军队抗洪抢险的英勇行为，使全国人民久久为之感动；全国各地纷纷向灾区捐献财物，以表达自己对受灾同胞的爱心。

4. 情感的空间扩散

情感可以弥漫到许多方面。如一个对祖国充满强烈之爱的人，他不仅会爱祖国的山山水水、一草一木，而且更爱那些勤劳的人民，爱五千年悠久的文明史，爱它的古朴、它的进步、它的未来。

这四种扩散往往交织在一起，构成一条总规律。以情感人，往往会收到很多意想不到的结果。这也是对情感扩散规律恰当利用的最好例证。

由于人的情感总有积极与消极之分，所以情感的扩散也不例外。在日常生活、学习和工作中，切记要避免消极情感的消极扩散。如果把家庭矛盾所引起的烦恼带到学习和工作中，让不良的心境长久地维持，毋庸置疑，正常的学业和事业将会遭受相当大的影响和阻碍，已有的成就和优势也可能会丧失。一个人如果经常出现这种毁灭性的情感轰炸，那么成功将永远是一个美丽而难圆的梦。

## 二、情感品质与成功

作为一种信号手段，情感可以改善人际关系，增进人际交往；更为关键的是，它可以调节人的认识与行为，帮助并促进人们在为自己的理想奋斗的过程中，取得更大的成功。由于各种影响因素作用程度的不同，也就表现出不同的情感品质。情感的品质包括情感的倾向性、情感的深刻性、情感的多样性、情感的稳定性。情感的品质上的差异，在很大程度上，是造成人们在学习、事业、工作及生活各个领域所取得成功千差万别的重要原因。

### (一) 情感的倾向性与成功

事实证明，若一个人对某一项事业、活动有深厚情感的话，他就会矢志不渝，不畏劳苦，执着追求。在拼搏、探索的过程中，他会获得积极的、愉悦的情感体验，这一体验所激发的强大的动力，会促使他愈战愈勇，并最终取得辉煌的成功。

著名桥梁专家茅以升，是雄伟的杭州钱塘江大桥的设计者和修建的指挥者。他精通祖国的桥梁史，并为之而自豪。然而在他年轻时，中国建桥的大权却被帝国主义把持着，很多桥梁都是外国人建的。为此，他非常气愤。他决心发愤读书，一定要在桥梁事业上为中国人争一口气。1933年茅以升担起了建造钱塘江大桥的重任。由于钱塘江水流汹涌，波涛险恶，情况十分复杂。洋人讥笑说："在钱塘江上架桥谈何容易！这是一件办不到的事情。"然而，茅以升以他惊人的胆略，下决心一定要办到！他查阅资料，实地勘察，比较了十几个方案，最后拿出了钱塘江大桥的设计书。施工中，他依靠工人，亲自指挥，克服了重重困难，终于建成了当时我国最大的现代化桥梁。

### (二) 情感的深刻性与成功

一般说来，涉及事物内部本质的情感具有深刻性，而由事物表面现象所引起的情感则缺乏深刻性。如一个具有高度艺术修养的人，在欣赏音乐和舞蹈表演时，所产生的美感就是一种深刻的情感；而一个缺乏艺术修养的人，所获得的快感就是肤浅的。

情感的深刻性往往与倾向性有关。倾向性强的情感一般是很深刻的；偶然性的情感往往很肤浅。如青年学生对歌星、影星的喜爱和迷恋，常常是通过偶然听了一首歌、看了一部电影而产生的。时间久了，年龄大了，阅历深了，这种情感也就逐渐地消失了。一个人对某项事业的情感越深刻，就越能推动他为这项事业而努力奋斗。

### (三) 情感的多样性与成功

情感丰富多彩的人，不仅具有与个人需要（物质的和精神的）相联系的各种情感，同时还具有与社会需要相联系的各种情感。情感的多样性，是青年学生乐于学习多门学科，获得广博知识的基础。具有这种品质的人，既懂得如何使自己的生活丰富多彩，使自己的生命更有意义，也懂得在为他人增添欢乐，为社会谋求福利的同时，自己也会体验到由衷的幸福与愉悦的情感。因而，他们能体验到真正的快乐，很容易忘情地投入到任何一项永恒的、伟大的，但也是十分艰辛的事业中去。

### (四) 情感的稳定性与成功

情感的稳定性品质具有两方面的含义：第一，情感维持时间越长，就表明情感越稳定；第二，情感稳定水平越高，则情感的稳定性品质越佳。

情感越稳定，它所蕴藏的意志力量就越大。而一个人要取得事业上的成功，必须经常地保持热烈的情感、愉快的心境。这可以激励人们付出巨大的代价以获得心理需要的满足。而那种情绪变化无常的人，则很难有一股持久的热情，很难为事业付出自己最大的力量，因此也不可能取得什么成就。

## 第二节　意志与成功

生活中的经历地告诉我们：一个人仅仅具备天资、勤勉、进取心是不够的。当我们在生活、学习和工作中遇到困难和障碍时,如果想要成功,想要有所作为,我们就不能知难而退,要有经受得挫折和磨难的意志。在新的世纪,只有培养、锻炼出坚强的意志品质,我们才能适应竞争性越来越强的社会环境,才能抓住机遇、发挥自身潜力,才能品味成功的喜悦。

## 一、意志规律与成功

从心理学意义上讲,一个人的天赋仅仅是为成功提供了可能性,而现实的成就则取决于个体现实的主观努力。这其中就要求个体具备一定的意志力。意志作为一种心理活动,同样遵循着一定的客观规律。对于成功而言,有哪些意志规律可以依赖和利用呢

### (一) 意志与行动不可分割

通常我们将有意志参与的行动,称为意志行动。意志与行动不可分割,没有意志也就没有意志行动。意志行动必须包含意志因素,它是人的意志的一种外部表现。意志对成功的作用也必须通过行动来实现。只有主观的意志,而未将其体现在一定的行动中,成功将如海市蜃楼,可望而不可即。也就是说,要有所成就,除了具备坚强的意志,同样也要有体现意志的行动。

这条规律告诉我们,在日常生活中,必须通过具体的学习、工作来培养自己的意志,必须通过攻克难关、迎战困难来锻炼自己的意志。作为还未完全踏入社会之前的青年学生,更要多参加一些社会实践活动;同时在平时的学习过程中,也可创设一些情境,多一些行动,来磨炼自己的意志力,为日后的成功奠定良好的心理素质。

### (二) 意志与认识、情感相互制约

1. 意志与认识相互制约

一方面,人的意志总是在认识的指引下展开的,也就是说,如果能明确意志活动的目的,了解所需克服的困难的性质,可以促使意志行动获取更好的效果;另一方面,意志又可以支配、调节认识活动。在很多情况下,认识活动是一种复杂而艰苦的脑力劳动,它往往需要人们有坚强的意志参与,才能更好地达到认识的目的。

此外，认识对意志的产生、维持和发展也有着不可估量的作用。"知己知彼，百战不殆"，早已成为一句至理名言，如果没有确立正确的目标，对困难没有一定的了解，只是一味地蛮干，终究是要碰壁的；没有认识，也将无从更有效地下决心、树信心、立恒心，成功也将遥遥无期。

2.意志与情感相互制约

一方面，意志的产生离不开情感的激励。那些高尚的、稳定的、强烈的情感，特别是道德感、理智感和审美感，将对一个人的意志活动产生强大的推动力；而那些低级的、动摇的、萎靡的情感，则是个体意志活动的障碍。另一方面，意志产生之后又会反过来调节和控制情感。一般而言，一个人的意志越坚强，越有利于积极情感的维持和消极情感的克服，从而使自己成为情感的主人。

许多实例证明，情感是活动的源泉，它能赋予人的意志行动以无比巨大的力量。反过来，意志坚强的人能够用理智战胜情感，在艰难困苦的逆境中仍能奋发图强，干出一番事业。居里夫人就是一个能用意志的力量战胜情感的典范。

### (三) 意志的强度与克服困难的多少、大小成正比

在一定的条件下，意志越坚强，就越能克服更多更大的困难；同样，克服的困难越多越大，则意志越会锻炼得更坚强。只有敢于在困难中认识人生、驾驭人生者，才能把握成功的真谛。在人生的道路上，无论求学还是工作，都会遇到困难和干扰，或家境清寒，或环境恶劣，或身体残疾、或遭受挫折，是屈服命运、自甘沉沦，还是奋起抗争、自强不息这一切都取决于一个人的意志水平。常言道："逆境是意志的磨刀石。"而磨砺越多，意志越坚，成就就越大。所以，青年学生在日常学习活动中，要经常给自己设置一些难题，在不断地克服困难、战胜困难过程中磨炼自己，使自己的意志日益坚强起来。

## 二、意志品质与成功

意志品质包括意志的自觉性、意志的坚持性、意志的果断性、意志的自制性。坚强的意志品质是克服困难、完成各种实践活动的重要条件，也是

影响成功的因素之一。中国古代有"愚公移山""精卫填海""夸父逐日"三则著名的寓言故事,它们之所以能够流传至今,在于它们阐释了一个永恒的真理:意志能够帮助人们战胜一切险阻,事业成功,并创造出奇迹。愚公、精卫、夸父均可谓势单力薄,可是他们相信只要下定决心,保持对成功的信心,加上恒心,决不气馁,就定能实现自己的目标。

### (一) 意志的自觉性与成功

一个具有自觉性的个体,在追求目标的过程中,不会轻易接受外界影响,改弦易辙,见异思迁;也不会刚愎自用,拒绝一切有益的意见。因为他对自己行动的目的、意义、后果及方法、步骤,都有清楚的了解与认识,对可能出现的情况也有充分的估计,就能够积极主动地对待将要进行的意志活动。

古时"苏秦刺股"这个典故,说的就是战国时期的苏秦为了发奋读书,日夜苦读,深夜疲倦时用锥子刺大腿,以制止打瞌睡。这种行为表现了其在求知的意志活动中的自觉性,使其最终成为一代名相。

对于青年学子来说,自觉性品质的培养是相当关键和重要的。没有自觉性,意志层次就将局限在较低水平,就不能够适应日新月异的时代,也不能够充分调动个体的潜能,无法使意志本身的威力得到充分展现。一旦遇到较大的困难或新的机遇与挑战时,缺乏自觉性的个体就会退缩,而不能抓住时机,终有一天要被社会所淘汰。

### (二) 意志的坚持性与成功

一个具有坚持性品质的人,一方面善于克服和抵制不符合行动目的的主客观诱因的干扰,做到目标专一,始终不渝,直到实现目标;另一方面能在行动中做到锲而不舍,百折不挠,不会因失败而气馁,也不会被困难所吓倒。

意志的坚持性是人们取得事业成功的保证。古今中外任何一项成就,都不是一朝一夕、轻而易举地获取的,而通常却是几年、十几年,甚至几十年的坚持不懈努力的结果。马克思读过1500多种书籍,做了数十本读书笔记和摘录,花了40年时间写出科学巨著《资本论》。达尔文写《物种起源》,

从1831年环球考察，到1836年动笔，历经28年，于1859年才大功告成。

由此可见，对事业长久专一的追求是成功的关键。耐心与持久是一个人成才必备的基本素质，是建造成功这座金字塔的基石。

### (三) 意志的果断性与成功

一个具有果断性品质的人能全面、迅速、深刻地考虑行动的目的和达到目的的计划和方法，在需要行动时能够当机立断，而不是患得患失，优柔寡断；在不需要立即行动或是情况有所变化时，能够稳重从事或改变已经执行的决定。

钟涛，现任深圳市江凯进出口公司总经理。1979年他从浙江温州高中毕业，顶替父亲在银行任职员。1986年，他果断地砸碎了自己的"铁饭碗"，离开银行做生意，到1990年，他已差不多是十万富翁了。这时他又果断地闯深圳，重新给"国家"打工，成为深圳市食品贸易集团的一员。在许多人热衷于与西方做生意时，他却选择了非洲市场。仅仅两年半时间，他硬是把只有两个人的深圳江华集团轻纺科发展成为一家拥有100来人的专业外贸公司，创汇额从零到4000万美元，并使江华集团重新跻身于全国500家最大的进出口企业行列。

大学生选择专业和职业时，也需要意志的果断性品质，一个具有意志果断性的学生，在选择学习方向，确定学习追求的关键时刻，能够根据自己的特点，并考虑国家和社会的需要，果断地做出选择。

### (四) 意志的自制性与成功

自制性品质对促进一个人事业的成功是十分必要的。一个有自制力的人，能够约束自己的情感，掌握自己的心境，控制自己的行为，从而变得更加坚强，更能有效地对待挫折和失败，也就更能达到成功的彼岸。古今中外，凡有志之士，都非常注意自我修养，增强自制力，以控制自己的情绪和言行。

林则徐自幼好强，脾气急躁，遇事容易发怒，以致常常把好事办坏。他的父亲曾多次提醒他，并在给他的家信中专门讲了一个"急性判官"误事的故事。林则徐读完家书，感触很深，深知父亲的用心良苦，亲笔书写"制怒"二字，制成横匾，挂在自己书房里。以后无论走到哪里，那块横匾都带到哪里。就是后来当了官，仍经常同人讲起"急性判官"误事的故事，有效地控制了自己的暴躁脾气。

## 第三节　动机与成功

　　世界上的一切事物都是在某种动力的推动下发生和发展的。推动人们进行某种活动的动力，在心理学上被称之为动机。从某种意义上来说，动机在情商结构中处于核心地位。这是因为：第一，动机是情商的基础和前提。一个人有了活动的动力，并且有所活动，才有可能对某种事物或活动发生兴趣，诱发情绪情感，然后才有所谓毅力和性格。第二，情商只有转化成为动机，才能对人的各种行为起到直接的推动作用。一个人为理想而奋斗，这就是他从事活动、承担工作的强大动机，甚至可以说，理想就是动机。远大而高尚的动机，将主宰人的一生，成为人们进行活动的取之不尽、用之不竭的力量源泉；它既是人们成功的起点，也是人们成功的归宿。

### 一、动机规律与成功

　　人的动机的产生、形成与发展是有一定的规律可循的，一个人为了使动机有利于成功，也就必须了解它、遵循它、利用它。那么，人的动机活动到底有哪些规律可循呢？动机规律与人们的成功又有哪些关系呢？

#### (一) 外因性动机与内因性动机辩证统一

　　这一规律具体表现在两个方面：一是两种动机可以轮流交替。即在活动的这一阶段是外因性动机起作用，而在另一个阶段起作用的则是内因性动机。二是两种动机可以相互转化。即在一定的条件下，外因性动机会转化为内因性动机，内因性动机也会转化为外因性动机。

　　根据动机的这一规律，在实际工作和活动中，要想取得成功，我们应当做到：

1. 在没有活动动机时，人们可以创设外部条件，采用某种诱因，以激发相应的外因性动机。

2. 有了外因性动机之后，还应当培养心理因素，利用某种驱力，以引起相应的内因性动机。

3. 即便有了稳固的内因性动机，还必须采取一定措施，激发并利用适当的外因性动机。

4. 以内因性动机为主，适当辅以外因性动机，使二者相辅相成，相得益彰。

### (二) 近景性动机与远景性动机有机结合

这一规律告诉我们：任何人都应当有远景性动机即奋斗目标，但为了它的实现，又必须把它化为若干有连续性的近景性动机，一步一步地付诸行动。在人们的生活、学习与工作中，近景性动机与远景性动机应当紧密结合、共同作用。只有这样，才能发挥动机对活动成功的作用。古今中外的成功者都莫不如此。

### (三) 主导性动机与辅助性动机相互协调

人们在生活、学习与工作中，常常会同时存在几种动机，但其中只有一种是主导性动机，其余的都是辅助性动机。当主导性动机与辅助性动机之间的关系比较一致时，成功会得到加强；如果彼此冲突，成功将会被减弱。

### (四) 在一定范围内，动机强度与成功概率成正比

研究与事实表明，只有中等强度的动机，才会对活动的成功概率产生较佳作用。而所谓"中等强度"不是固定的，它往往因人、因事而有所不同。就是说，能力水平高、性格坚强独立的人，其动机强度的增强，有利于成功率的提高；反之，能力低、性格软弱的人，过强的动机则会降低成功的可能性。活动任务比较困难复杂，其成功的可能性会随着动机强度的增强而降低；反之，活动任务比较容易简单，其成功概率则会由于动机强度的增强而提高。可见，动机的"中等强度"确实难以规定一个具体的范围与标准。动机的这一规律是由耶尔克斯与多德逊二人所揭示与证实的，所以又把它称为

耶尔克斯——多德逊定律。

## 二、动机品质与成功

如前所述，动机活动是有规律的。人们的活动遵循动机规律就有利于成功；否则，就会阻碍成功甚至是失败。除此之外，动机对成功影响的大小、好坏，还有赖于动机的品质。动机的品质包括动机的正确性、动机的长远性、动机的稳固性、动机的有效性。

### (一) 动机的正确性与成功

一般地说，正确的动机会引向活动的成功，而错误的动机则往往是步入歧途的第一步。古今中外由正确动机出发而取得重大成功者，大有人在。由错误动机出发而身败名裂甚至走上犯罪道路者，不乏其人。

蔡和森的学习动机十分正确，和毛泽东一样，有理想有志向，要"改造中国和世界"。因此，在当时的湖南长沙，盛传着"毛蔡"之名。1918年，蔡和森为寻求救国的真理，奔赴法国勤工俭学。在那里，由于正确的学习动机的激励与引导，他如饥似渴地学习。为了能直接阅读外文书报，他刻苦攻读法文，他坐在简陋的中学宿舍里，顶着严重的哮喘宿疾，翻着字典顽强地反复掂量着每一个字每一句话的分量。由于他的刻苦勤奋，仅仅用了四个月时间，就能阅读马克思著作法文译本，在四五个月内，翻译了上百种马列主义著作。为马列主义在中国的传播做出了杰出的贡献。

### (二) 动机的长远性与成功

一般地说，长远性动机有利于取得较大的成功，如立志做科学家的长远性动机，经过一个人的长期努力，最终成了科学家；而短暂性动机则只能使人们取得较小的成功。如果一个人一辈子只有短暂性动机，那么，他的一生就可能平平庸庸，不会有什么惊人的成就。正因为如此，古人就十分强调："立志当存高远"，要有"鸿鹄之志"，勿怀"燕雀之想"。

中国科学院院士、著名医学家钟惠澜，出身于南洋一个贫苦的华侨家庭，十三岁时，才到学校读书。身在异国他乡，他从小就经受许多苦难，又看到中华民族的灾难深重，心里想的，总是希望祖国能够强大起来，自己也能学好本领，报效祖国。十六岁那年，他设法回国读书，1929年在北京协和医学院毕业。从那时到现在，他已经在医学界工作了数十个年头，为祖国的医疗卫生事业和医学科学的发展做出了突出的贡献。

显然，钟惠澜在医学事业上的成就，是在其长远性动机——"学好本领，报效祖国"的激励与支配下取得的。

### (三) 动机的稳固性与成功

一般地说，凡是具有重大社会意义和指向远大目标的动机，都具有相当的稳固性，为时较长，深刻难变；反之，凡是具有较小社会意义和指向短期目标的动机，都具有不稳固性，为时短暂，随生随灭。大量的事实告诉我们，稳固的动机有助于人们实现远大的目标，从而取得较大的成功；不稳固的动机只能帮助人们实现短期的目标，亦即取得较小的成功。许多在事业上的伟大成功者，都莫不具有稳固的动机。中国科学院院士、地质学家涂光炽便是一位典范。

涂光炽从小就爱好地学，喜欢在课外看一些地理报道、游记、探险故事，喜欢翻阅各种地图。入中学后，他又进一步产生了将来在地质上要有所作为，要做出贡献的想法。

在当时看来，搞地质是十分辛苦的工作，无非是翻山越岭、了解自然、寻求规律、找出矿来。有些亲戚朋友也劝他不要学地质，但他不改初衷，最终还是选择了地质作为大学专业，也是终身职业。在秘密参加共产党后，他非但没有丢掉以地质工作为终身职业的思想，反而更加坚定了他以地质专业为革命做出贡献的愿望。在这一稳固动机的驱使下，涂光炽最终成为伟大的地质学家。

### (四) 动机的有效性与成功

一般地说，凡是正确的、长远的、稳固的动机，具有较高的有效性；反之，凡是错的、短暂的、不稳固的动机，则具有较低的有效性。实践证明，有效的动机会引向活动的成功，无效的动机则对活动的成功有阻碍作用。数学家张广厚以自己的成功证明了这一点。

张广厚在读小学的时候，对数学并无兴趣，而是喜欢听一些历史故事和阅读名人的传记。中华人民共和国成立后进入中学学习,由于数学成绩的不佳使他受到了挫折。面对挫折,他没有气馁,而是决心要和数学较较劲。在经过一番刻苦用功之后,他的数学成绩不仅大有进步,而且他对数学发生了浓厚的兴趣,竟结下了不解之缘。

1953年,张广厚升入高中后,他对数学的喜爱也到了着迷的程度。这时他已下定决心献身于祖国的数学事业。高中毕业时,张广厚面临着两条路的选择:一条路是忠实于自己的理想,进大学数学系深造;另一条路是留母校教书或去唐山团市委工作。但是,理想的鼓舞使他毅然地选择了前一条路。1956年,他考取了北京大学数学力学系,初步实现了自己的溯源。在这以后的征途上,不管遇到多少困难和挫折,都不仅没有使他动摇,而是更坚定了他的意志,忠实于自己的理想,最后终于成为著名的数学家。

## 第四节 兴趣与成功

心理学研究表明,兴趣是创造力得以发挥的前提,是获取成功的心理动力。一个人对某种事物发生兴趣,就会积极地从事这方面的活动,从而获取更多的知识与经验,拓宽眼界,促进思维,发掘自身潜力,全力以赴,创建奇功。

### 一、兴趣规律与成功

人们的每个成功,大到开创新纪元,改写历史,小到日常琐事的完满解决,都包含一定的规律。作为成功的必要前提,兴趣的产生、发展虽因人、因事而异,但仍遵循一定的基本规律。

#### (一)直接兴趣与间接兴趣相互转化

直接兴趣与间接兴趣密切联系,二者不可分离。只有直接兴趣,难以持久;只有间接兴趣,容易疲惫,在适当的情形下需要相互转化。一般经历直接兴趣——间接兴趣——直接兴趣的循环交替和转化过程。比如,在学习中，那些新颖的、直观的、与学生的已有知识经验相符的事物，会引起他们的直接兴趣，从而节省精力，提高学习效果。但是，学习过程本身是漫长的，非一蹴而就，当他们一旦遇到困难，感觉乏味，直接兴趣就会逐渐消失，这时就需要间接兴趣积极参与，也即增强学生对掌握某种科学知识的必要性与重要性的认识。间接兴趣的产生会激励学生继续克服困难，排除障碍。而在掌握了一定的知识后，原来认为枯燥乏味的东西会逐渐变得津津有味。这样，间接兴趣又转化为直接兴趣了。

总之，在生活、学习和工作中，任何人想取得成功，既要具有直接兴趣，又要拥有间接兴趣，并通过其间不断的转化，使自己的兴趣水平始终维持在较高的层次上，从而不断地激发出灵感和创造力，实现人生理想。

### (二) 广阔兴趣与中心兴趣彼此结合

许多思想家、科学家的成功告诉我们，他们之所以在某一科学领域内有巨大成就，既离不开他们对该门学科的中心兴趣，同时也不可或缺地依赖于他们对各种相关或非相关学科的广泛兴趣。中心兴趣与广阔兴趣对一个人的成功都是必不可少的。广阔的兴趣只有在与某一中心兴趣相结合时，才能体现其优异性。在此基础上，二者相互促进，相得益彰。一方面，广阔兴趣可促使人们多方面地摄取知识，打下宽厚的基础，并不断提供新鲜血液，使中心兴趣更富有生命力；另一方面，广阔兴趣只有以中心兴趣为出发点，才有方向，有价值，以避免在知识的海洋中蜻蜓点水，浮光掠影。只有真正的遵循了这条兴趣规律，我们才能够有所作为。

### (三) 好奇心、求知欲、兴趣依次发展

好奇心是人们对新奇事物积极探求的一种心理倾向，是求知欲赖以产生和形成的内部基础。事实证明，好奇心能造就科学家。好奇心的不断产生，推动了科学的不断发展与创造的不断升级。

求知欲是人们积极探求知识的一种欲望，是好奇心发展为兴趣的中介，是兴趣赖以产生和形成的内部基础。有了多方面的求知欲望，才会有广阔而浓厚的学习兴趣。

心理学研究表明，好奇心是不稳定的，只有将它及时升华，使朦胧阶

段的好奇心向求知欲望转化，使主体产生探究新知识或扩大、加深已有知识的认识倾向，多次反复后，这种积极的倾向就会逐渐转化为个体内在的求知欲。在此种欲望的推动与鞭策下，好奇心日益增强，并在求知过程中对所追求的东西产生浓厚的兴趣。知识的增长，眼界的拓宽，会帮助人们最初的疑问得到解决，甚至可能导致具有重大意义的发明或发现，从而迈向成功的殿堂。

## 二、兴趣品质与成功

兴趣的品质包括兴趣的倾向性、兴趣的广阔性、兴趣的固定性、兴趣的积极性，不同品质的兴趣，其在孕育与推动成功的过程中，所发挥的作用与影响是不相同的。

### （一）兴趣的倾向性与成功

根据心理学的调查研究，人们兴趣的倾向性差异不是天生就有的，而是在后天的环境、教育等影响下形成的。个体兴趣的指向不同，从某种意义上也就决定了其能否获取成功以及成功的具体范畴与区域。要想成功，个性的兴趣必须指向有意义、有价值的对象。

兴趣不仅因人而异，而且一个人的兴趣在一生的不同时期内也可能有所不同。对每个人来说，都要慎重地思索，选择什么样的兴趣才能实现自身价值。

成龙自小喜爱武术，为习武能忍人所不能忍，勤学苦练，终成为国际武打明星。

成龙6岁入学，父母期盼他早日成才，但成龙对读书不感兴趣，经常带领一帮小伙伴上树、爬墙、做游戏、打斗，结果期末考试时两门功课不及格，学校勒令他留级。但成龙重读一年级依旧是精力充沛、自由散漫，在学校呆不住。成龙的父亲觉得应该给成龙一点苦头吃，好让他自觉学习。于是，在一个寒冷的冬日，成龙的父亲带着他来到了于占元办的中国戏剧学校，一进校门，成龙亲眼目睹了几个倒立着的孩子因气力不支倒地，而被于占元用鞭子抽打的情景。成龙的父亲正想趁热打铁地教育成龙要认真读书，却不料小成龙反抱住了父亲的腿恳求道："父亲，我也要练武，剃光头，你答应我!"

从此,成龙一心想习武,坚决不肯去学校,父亲的打骂,母亲的规劝,他回答的只有一句话:"我要学武功,不怕困难。"除了读书外,他什么都有兴趣。僵持了一段时间后,成龙的父亲终于同意成龙去于占元师傅的戏班旁听跟读。

1972年,成龙在《金瓶双艳》中扮演武打演员郓哥,崭露头角。1979年,成龙加入嘉禾公司,自编、自导、自演的第一部影片《师弟出马》引起轰动,票房结算达1100万港元。从此,成龙一炮走红,佳作不断,《龙少爷》《警察故事》《城市猎人》《红番区》等影片不仅带来了令人咋舌的利润,而且为成龙赢得了超级功夫影帝的美誉。

### (二) 兴趣的广阔性与成功

大量事实表明,许多科学家、超常儿童的兴趣都是相当广阔的。兴趣愈广泛,知识就愈丰富,事业的成功率就愈大。目前,交叉学科,边缘学科的出现如雨后春笋,向那些敢想敢干的人们提出了挑战。但是这也意味着,开拓这片处女地的学者们,必须具有相关学科的广博知识,如果没有这个重要的基础,就将无法深入探索、钻研,也将没有能力抓住可能的成功。

物理学家钱三强很喜欢古典文学,他早年报考大学时,夺得了文科第一名的桂冠,同时收到了五所大学的录取通知书;他还喜欢唱歌、画图、打乒乓球和篮球。数学家苏步青爱好写诗、填词、读古典文学、欣赏音乐、戏曲和舞蹈。化学家杨石先爱读诗词、养花和逛书店。物理学家爱因斯坦、海森堡、玻恩和普朗克等都酷爱音乐,并且有很高的造诣。就是居里夫人,有些人把她宣传成苦行僧式的科学家,其实她是一位爱好旅行、游泳和骑自行车的女士。费米喜欢爬山、跑步、做文字游戏。生物学家达尔文酷爱音乐、喜读散文。巴甫洛夫喜欢读小说,爱好划船、游泳、集邮、画图和种花。

### (三) 兴趣的固定性与成功

固定性水平高的兴趣,对成功获取的可能性也就越大。主体对某种事物或活动能够长期保持浓厚的兴趣,才能对所感兴趣的问题进行长期不懈的探索与研究,乃至达到着迷的程度,并克服障碍,获得深刻而独到的认识,最终走向成功。

1867年7月的一天，诺贝尔的实验室发生了大爆炸，房顶飞上了天，实验仪器被炸得无影无踪，五个助手当场丧命，自己的亲弟弟也惨死于现场，父亲因此得了半身不遂症。这场大爆炸引起了周围群众的强烈抗议，他们向瑞典政府告状，不准他再在市内搞实验。从废墟中爬出来的诺贝尔，试制炸药的决心并未动摇。市内不准搞，他就把实验室改在斯德哥尔摩市郊马拉湖上的一只平底船上继续进行炸药研究。他几乎牺牲了所有的休息时间，夜以继日地专心工作，从不顾及生命安危。经过无数次试验之后，人们终于听到了成功的炸药爆炸声。为后人造福不浅的炸药就此宣告诞生了。

### (四) 兴趣的积极性与成功

积极的兴趣在一个人事业发展中起着重大的作用。古今中外不少思想家、科学家所取得的重大成果，就与其兴趣的高度积极性息息相关。一个人的兴趣越集中，越固定，就会越积极，从而获得越大的成功，发挥最大的潜能。在辉煌的科学史上，为兴趣献身、为科学献身的例子不胜枚举。

英国动物学家珍妮·古道尔，怀着急于探索黑猩猩王国的秘密的激动心情，从伦敦来到非洲的热带森林，历尽艰辛、危难，却不言放弃。通过长达十一年的详细观察和逼真记录，获得了大量珍贵的科学资料，写成了具有较高学术价值的《黑猩猩在召唤》，填补了人类近亲——黑猩猩这一生物领域研究的空白。

可见，兴趣的积极效能往往能使人产生强烈的探索热情、惊人的勇气、忘我的精神以及坚忍不拔的毅力。

## 第五节　性格与成功

心理学认为，人与人之间的内在区别以个性为标志，在个性中起核心作用的则是性格。性格也是情商结构中的核心成分，它决定着个体活动的方向和性质。它不仅是区别一个人与众不同的明显的和主要的差异所在，而且从某种程度上是影响个体能否获得成功的关键要素。古往今来，凡是在学习、科研和事业上有所创造、有所建树的人，都具有顽强而独立的性格。一个过分依赖别人、懦弱的人终究成不了大器。

由此可见，对于青年人来说，只有培养锻炼出良好的性格特征，才能把握成功。可是，性格的产生、形成和发展有些什么规律对于成功而言哪些性格品质更为重要

## 一、性格规律与成功

一个人所具有的性格特征在很大程度上决定了他一生所适合从事的职业，以及他在这一职业上的成就如何。从心理学角度看，成功既要遵循智力发展变化的规律，也要遵循非智力因素发展变化的规律。

那么，性格形成与发展有哪些规律呢？性格规律与成功又有什么联系呢？

### (一) 性格与智能相互促进、彼此制约

这一规律具体表现为：

1.智力因素在其发展过程中所形成的一些稳定特点，都可以构成或直接转化为性格的理智特征，并能促进其他种种性格特征的发展。同样，个体所拥有的各种能力水平也影响某些性格品质的形成。

2.性格能够补偿智力和能力上的某些弱点；良好的性格促进个体顺利参加并完成智力和能力的活动，并使之坚持下去，最终必然会促进个体智力和能力的发展。

这就告诉我们：如果要加大成功的概率，我们在发展智能时，就必须重视培养自己良好的性格品质；而在培养性格时，也要重视发展提高自己的智能水平。只有二者协调并进、共同发展，才会相得益彰。

### (二) 性格的稳定性与可变性相互结合

这一规律包括两方面的内容：一方面，性格作为一种连续性的心理特征，一经形成，就具有相对的稳定性；另一方面，性格作为社会、环境、教育、个人经验等诸方面因素影响下的合成物，又会因社会、环境、教育、个

人经验的不断变化而变化。总之，人的性格是稳定性和可变性的统一。

了解性格的稳定性与可变性相结合这一规律，对于广大的青年学生来说，至关重要。一方面要看到性格的稳定性，从而认识到培养良好性格的重要性，以便他们在学习、工作中发挥更大的作用，同时制止不良性格特征的滋长；另一方面，也要看到性格的可塑性，从而积极主动地通过各种途径来完善和培养自己优良的性格。

## 二、性格品质与成功

综观古今中外名人的成长过程，人们发现，他们事业上的成就与其特殊的性格不无关系。从某种意义上说，正是这种特殊性格帮助他们取得骄人的成功。而这种特殊性格主要表现为性格品质。它包括性格的完备性、性格的整体性、性格的坚定性、性格的独立性。

### (一) 性格的完备性与成功

如果一个人兴趣广泛，情绪饱满，精力充沛，活动积极，那么，我们就可以说他的性格具有完备性；反之，如果一个人兴趣狭隘，情感平淡，精力疲乏，活动消极，那么，我们就可以说他的性格缺乏完备性。

目前，培养学生具有完备性的性格，已被许多国家的教育部门视为一项重要的教育内容和任务。对于广大青少年来说，个体的性格自我修养也应注重完备性这一品质特征。

### (二) 性格的整体性与成功

性格具有整体性的个体，对现实的各方面都将协调一致，其认识与意向亦无矛盾，表现为表里相符，言行统一。一个性格具有完整性的人，我们可以说他是健康的人。健康的心理导致健康的行为，人的生活才能过得幸福、愉快，人的生命才能发出绚丽的光辉。

性格的整体性对个体的生活与事业而言，是相当关键的。我们的时代、国家和民族需要表里如一、胸襟宽广、光明磊落的人，那种"言语的巨人，行动的矮子"的两面派，最终将难以得到社会的认可。没有高尚、完整的性格，也就不会有令人艳羡的惊人成就，同样也就不会得到他人的信任与敬重。

盛唐之所以"盛",他的构建者唐太宗功不可没,他是中国最杰出的封建帝王之一,为中国开创了长达130年的黄金时代。

那么,唐太宗为何能取得如此辉煌的成就呢?归根结底,还是取决于他完备性的性格品质。他把儒、道、兵、法各家之长用得恰到好处,把中国谋略文化中的慈、忍、变、残用得炉火纯青。各家思想,各种方法皆融为己用,且备兼众长。仁慈时,对下属像父母对待子女一般;忍耐时,总是一忍再忍,即使有性命之忧,也不为所动;残忍时,即使亲兄弟也毫不留情;权变时,虚心听取下属意见,绝不肆意行事。正因为唐太宗有了这些性格特征,所以,在他的麾下聚集了一大批文臣武将,出现了人才济济一堂的盛大局面,也使得他的功绩独步千古,事业如日中天。

### (三) 性格的坚定性与成功

具有坚定性格的人,首先,表现在不怕挫折和失败,能够经受数十、数百乃至成千上万次失败的打击;其次,表现在不屈地和厄运抗争。一个人在面临不幸时的刚毅程度,是衡量其性格坚定性的重要尺码。悲观绝望、自暴自弃,只能走向堕落与毁灭;怨天尤人、诅咒命运,终究无济于事。

1992年,巴塞罗那奥运会上,李小双完美无缺地完成了当时世界上最高难度的"团身后空翻三周",成为当之无愧的男子自由体操奥运会金牌得主。然而,这枚金牌却是来之不易,是李小双靠着他那"能吃苦、不服输"的坚定性格,突破层层难关,用泪水和毅力换来的。

在李小双还未满7岁时,他就和双胞胎哥哥李大双一同进了县体操队。小双训练十分刻苦,再苦再累,从不掉泪。尽管先天条件不足,但他凭着一股决不服输的劲头,一路过关斩将,终于从县队到省队,再到国家队。

在第十一届亚运会上,李小双夺得团体和自由体操两枚金牌。然而,命运再次考验了李小双。1991年开始,李小双出了一系列的事故,身体多次受伤,在测试"三周"新动作时,用力过火,摔成轻微脑震荡。接着,在世锦赛上发挥失常,被挤出决赛圈。小双决不会向挫折和困境认输,他练得反而更勤更苦了。整整两年的殚精竭虑的艰苦磨炼过去了,李小双在巴塞罗那奥运会上终于以惊人的一跳取得了最终的胜利。

李小双的成功启示我们："不管你的先天条件多么不足，无论命运将你击倒几次，你都不应服输，你应笑着爬起来，继续前进！只要你不倒下，你就一定会赢！

### (四) 性格的独立性与成功

心理研究告诉我们，具有独立性品质的人，很明显地表现出这么一些特点：①善于独立思考。即喜欢开动脑筋，独辟蹊径，能够自觉主动地发现问题与独立地解决问题。②善于怀疑。不拘成见，对事物总是采取怀疑的态度。③善于批判。即能够对现成的东西采取科学的扬弃态度。"取其精华，去其糟粕"。④善于创新。即具有创新意识。他们重视书本，但并不迷信书本；尊重权威，但不迷信权威。而能在掌握已有的经验基础上，标新立异，自圆其说。

在任何方面，优异的成绩都与独立性水平息息相关。古往今来，大凡取得突出成就的科学家、学者，都得益于他们拥有独立的性格。实际上，在整个科学史上，每一个做出具有划时代贡献的人，都是打破前人固守的思维方式与知识结构，大破大立，在独立探索与钻研之后，构建了新的学术框架与内容。

爱因斯坦是人类历史上最伟大的科学家也是有史以来最杰出的知识分子，从20世纪初叶他创立相对论以来，还没有哪位科学家的成就能够与之媲美。他站在人类科学巅峰上默默无闻的耕耘，人们可以从不同的层面理解解说爱因斯坦，但他本人却认为自己是个"孤独的旅行者"。如果从这个性格层面去了解爱因斯坦，也许会对这位伟大的科学家有新的认识。

爱因斯坦生于乌尔姆，长在慕尼黑。在那里度过了14年的时光，这是他一生中充满幸福、安宁、温暖的一段时光。虽然双亲为了自己的小本生意惨淡经营，但慕尼黑的人文环境、自然环境却启迪了爱因斯坦幼小的心灵。城市的喧闹和嘈杂与大自然的静谧形成鲜明的对比，后者深深吸引着年幼的爱因斯坦，使他陶醉，使他沉思，并逐步养成了独自思考、独自研究的模式。也是在慕尼黑，爱因斯坦养成了与自己年龄极不相称的孤独。从这时候，不管是在什么环境下，爱因斯坦都以孤独相伴，从不刻意随波逐流。在瑞士苏黎世工业大学读书期间，他把读书视为生命的第一需要，克服各种困难，终于以优异成绩拿到了毕业文凭。此后，几经波折，他在伯尔尼专利局找到了一份工作，8 小时以外的全部时间，爱因斯坦都沉醉在他的物理学研究里。他没有名师指点，缺少最基本的图书资料，与他终日相伴的只有那份孤独——孤军奋战的勇气和实践。孤独铸就了爱因斯坦独立的个性，正是在这样的个性驱动下，爱因斯坦才始终如一，不断探索，孜孜以求，终于获得了 1905 年诺贝尔物理学奖。

# 第五章 情商设计

情商在现代人的工作和生活中具有极其重要的意义，一个人的情商越高，他的工作效率和生活质量就会越高。因此，研究情商设计问题很有必要。本章主要论述在日常工作和生活中具有普遍意义的管理情商和人际情商问题。

## 第一节 管理情商

### 一、管理情商概述

(一) 管理情商的概念

管理既是一门科学，又是一门艺术，艺术并不是每个人都能自发掌握的。研究表明：情商理论能很好地应用于管理工作中，因为情商理论和管理科学有着共同的研究对象——人。管理情商就是指管理者的心理素质及在管理过程中利用被管理者和自身情绪的能力。这是现代管理成功的核心因素。

(二) 成功管理者的心理素质

1. 自信与勇气

成功的管理者都应具备勇往直前、坚忍不拔、百折不挠的自信与勇气。被管理者不会愿意接受一个缺乏自信和勇气的管理者的指挥。

2. 自制力

连自己的行为都不能控制的人永远不能管理别人。一个成功的管理者必须具备高度的自制力。

### 3. 果断
一个犹豫不决的人，往往会错失良机，不可能成功地管理别人。

### 4. 性格
没有懒散粗心的人能成为成功的管理者，管理者需要受到尊重。人们只会尊重那些具备良好性格的管理者。

### 5. 同情与理解
成功的管理者必须同情、关心和爱护被管理者，必须理解和懂得他们的需求和困难。

### 6. 责任心
成功的管理者必须具备强烈的责任心。既要对自己的行为高度负责，也必须愿为被管理者的缺点和错误承担责任。

### 7. 合作的精神
成功的管理者必须懂得和运用合作力量的原则，能劝导被管理者也这样做。现代社会需要合作，现代管理更需要合作。

## (三) 善用情绪是现代管理取得成功的关键

### 1. 管理者应善于研究被管理者的情绪
管理者面对的是人，人是有情感的动物，而且，心理学家研究表明情绪在人的行为中起决定作用，也就是说，情绪的好坏，关系到人的行为的正常与否。因此，管理者要善于利用被管理者的情绪，才能使组织内部团结一致，发挥出团体的力量。

### 2. 善用微笑
管理者的微笑可以调动被管理者的积极性，微笑能给人以美的享受。人人都希望看到别人的笑脸，这是人们的共同心理需要。在管理工作中，微笑是一种艺术，具有许多特殊的功能。

(1) 微笑可以增强被管理者的信心

在管理中，信心可以稳定人心，维系队伍，是管理成功的重要精神因素。管理者的信心不仅是管理者行动的力量源泉，而且还可以传递给被管理者，形成一种感召力。管理者的信心可以用行动来体现，可以用语言来表述，也可以用微笑来显示。微笑往往具有很大的感染力。管理者只有对事业充满信心,脸上常露出乐观的情绪,才能使被管理者精神振作。在极端困难的情况下,微笑可以使人们产生藐视困难,争取胜利的信心。因此,管理者必须经常用微笑来鼓舞、鼓励被管理者。被管理者将从管理者的微笑中获得力量,增强信心,从而更加坚定地去完成自己承担的任务。

(2) 微笑可以表示管理者的宽宏大度,有利于解决矛盾

管理者在处理各种关系中难免会遇到矛盾,这时,你无须发怒,也不必"以其人之道还治其人之身",疾言厉色,大动肝火。此时,除了有针对性做好工作外,微笑也是一种武器,它表明你具有宽阔的胸襟、镇静的气质和自制的能力,不计较他人一时的失礼,从而使对方终于克制自己,恢复理智。这样,矛盾与对抗情绪便由激化导向平缓。当被管理者讲怪话、发牢骚时,你的微笑可能成为他们不满情绪的消蚀剂。

(3) 微笑是一种赞扬和鼓励被管理者的重要方式

微笑可以传达一种喜悦的信息。管理者的微笑可以表达对被管理者工作的赞许。当见到被管理者工作做出了成绩,管理者脸上如果顿时露出满意的微笑,被管理者就能从管理者满意的微笑中,受到鼓舞,得到鼓励,获得力量,从而迸发出更大的工作热情。

(4) 微笑是平易近人、平等待人的需要

平等是人们自尊、自爱的基本要求,也是自由地进行社交活动不可缺少的权利。平等,要求管理者懂得尊重人,尊重被管理者的人格。只有尊重别人的人才能受到别人的尊重,尊重人是多方面的,可以通过多种多样的方式,和蔼的态度,亲切的微笑都是对人尊重的表示。管理者要平易近人,平等待人,与人为善,与人为友。管理者脸上经常挂着微笑,就给人以亲近感和平等感,被管理者就愿意接受管理者,对管理者就无话不谈,管理者就能从被管理者那里汲取无穷的智慧和力量。在谦恭的管理者面前,被管理者从来就不吝啬,他们将把自己一切美好的想法奉献给你。

(5) 微笑能使被管理者消除紧张和对抗情绪

管理者的微笑能给被管理者以安全感。如果管理者满面春风,笑容可掬,被管理者的心情就会特别轻松,办起事来信心百倍,干劲十足。

3. 运用"情绪指数"调动积极性

人的情绪是不断变化的,人的情绪的高低用情绪指数来表示,其公

式为：

情绪指数＝实现值／期望值

当期望值小于实现值时，情绪指数大于 1；由于内心欲望得到满足，人的情绪就呈现兴奋状态。而且，情绪指数越大，人的情绪就越兴奋，相反，当情绪指数小于 1，期望值大于实现值时，由于内心欲望没有得到满足，情绪就会呈压抑状态。而且，情绪指数越小，情绪就越低落。人的情绪不仅受实现值的影响，而且受期望值的制约。同样加一级工资，有人欢天喜地，有人却怨气冲天，其原因就是各人的原先期望值不同。为使人们保持兴奋、高昂、健康的情绪，其办法有以下几种：

（1）确定合适的期望值。确定工作、生活目标时，这个目标应当是经过努力可以实现的。

（2）运用"层次期望"。所谓"层次期望"，就是把期望分成若干层次。一般分为基本期望和争取期望。这样便使期望更具有灵活性和主动性。如："从最坏处准备，向最好处努力"就包含了"层次期望"的道理。

（3）努力寻找心理上的"合理化"。所谓"合理化"就是寻找影响情绪的"合理原因"，以补偿和减轻心理上的损伤。

（4）缩小冲突双方的情绪差距。这种方法，习惯上叫作"冷处理"，但"冷处理"不是不处理。具体方法是：在双方情绪指数差距较大时，高的要让低的，心情好的要让心情不好的，在双方情绪指数都较低时，要注意寻找能使双方情绪指数提高的事情，以增加共同语言；如果双方的情绪比较对立，则以暂时脱离接触为宜，待一方或双方冷静下来，自我克制以后再解决。操之过急，常会导致失败。

（5）要学会硬着头皮听气话。被管理者心情不畅，常常发火。作为管理者要硬着头皮听气话、"歪话"，不仅不计较被管理者的态度，还要想方设法促使他们将情绪稳定下来。所谓"气话能消气"，就是气话说过以后，情绪就可以慢慢好起来。这也是心理上的一种平衡，所以，与其压火，不如发泄，先让其一吐为快，然后再化解矛盾。然而，要做到这一点，首先管理者自身的情绪应该是积极的。只有管理者始终保持乐观的情绪，才能感染被管理者的情绪，做好他们的思想工作，调动他们的积极性。

4.注意感情投资

一个管理者要想得到被管理者的理解、尊重、信任、支持,首先应懂得怎样理解、尊重、信任、关心、爱护和支持被管理者。有投入才会有产出,有耕耘才会有收获,不行东风,哪得春雨因此,作为一名管理者,要高度重视向被管理者进行感情投资。管理者对被管理者若能平等相待,以诚相见,感情相通,心心相印,从思想上理解他们,从人格上尊重他们,从政治上帮助他们,从生活上关心和爱护他们,从工作上信任支持他们,使他们的心理需要得到满足,他们便会焕发出高昂的热情和无穷的力量,就会努力做好本职工作,管理者向被管理者进行感情投资时应注意:

(1)有"投资"就必然有收获,但这种收获只能是被管理者与管理者的心贴得更紧了,对工作更加支持和热爱了,这是进行"感情投资"的唯一收获。如果要求人家感恩戴德,从私人利益方面报答,那就错了。

(2)感情"投资",必须是自觉、一贯的、一视同仁的,而不应当是消极的、偶尔的。

(3)对"投资"后的反映,要有一个正确的认识,有时能立竿见影,有时则需要较长的时期才能结出果实。但应当坚信,"人非草木,孰能无情""精诚所至,金石为开"。只要功夫下到了,误解消除了,总会有破颜一笑那一天的。

## 二、团体情商与管理

戈尔曼在《情商智力》一书中提到,管理中有许多情感处理失当的问题,比如,被管理者士气低落,牢骚怨言多,管理者刚愎自用等。这是管理中一个整体低情商的表现,它会使工作效率降低,进度落后,人为或意外失误增加,员工流失等。团体情商的低下会影响企业发展,严重时甚至可能影响企业的生存。企业管理中的团体情商尽管是个新概念,但是有识之士早就认识到了它的存在。哈佛商学院心理学家夏沙那·鲁伯夫说:"企业界在20世纪经历了剧烈的变化,情感层面也产生了相应的改变。曾经有很长一段时间,受企业管理阶层重用的人必善于操纵他人。但是到了20世纪80年代,在国际化与信息科技化的双重压力下,这一严谨的管理结构已经逐渐瓦解。娴熟的人际关系技巧是企业的未来。"领导不等于压制,而是说服别人为一个目标共同努力的艺术。对于个人来说,最重要的是认清自己对目前工作的真正感受,以及如何让自己对工作更满意。

高团体情商的企业可化不满为建设性的批评,创造一个和谐的工作环境,形成高效率的合作网。在一个高情商的企业里,职员总是有机会、有渠道向他们的上司提出自己的看法,哪怕这种看法并不是正确的。这样可以有效地缓解员工的不满情绪,引导大家达成共识,从而提高劳动生产效率。同时由于集思广益,可有效地使企业避免犯重大的决策错误。允许企业内部有不同的思想,尽量地使之统一;即使统一不了,也要保障异己者有发言权,在具体的工作中要协调一致,为着统一的目标而努力。一群人集合起来共同努力,必然各自贡献不同的才华。团体的表现也许无法超出这些个别才华的总和,但如果内部工作不协调,团体的表现就会大打折扣。美国耶鲁大学心理学家罗伯特·斯登伯格和研究生温蒂·威廉姆斯曾做过这样一个研究。他们伪称一种销售前景看好的新式代用管即将上市,请几组人各设计一套广告。结果发现,如果团体有一些低情商的人,整个团体的进度就可能停滞。比如,有一组的个别人特别热衷于表现自己,喜欢控制或主宰别人,另有个别人又缺乏热情,结果这一组的设计工作进度非常缓慢。研究发现,影响团体表现最重要的因素在于成员是否能营造和谐的气氛,让每个人的才华都发挥出来。特别有才华的个人在和谐的团体中能有上乘的表现,但是在人际摩擦较多的团体中,只能留下有志难伸的遗憾。在一个低情商的团体中,如果有严重的情感障碍(如恐惧、愤怒、恶性竞争、不平等待遇等),各成员的才能不可能得到最有成效的发挥。成员的能量都消耗在内耗之中了。

在分工日益细致的现代社会中,每个人的才能和精力都是十分有限的。每一项成功的事件,都必然要汇合众多人的劳动和智慧。因此要在一个团体中取得成功,最重要的一点是能否有益地利用群体的智能,而能否有益地利用群体的智能,这就取决于团体情商的高低。

### 三、情商激励与管理

激励是指激发员工的工作动机,从而提高工作效率。美国著名心理学家迈约(Mayo)通过试验发现:人不单单对工作环境和经济报酬有欲望;个人社会心理的需求、理想、情感等因素对工作效率的影响更显著。因此在管理中应特别重视个体的动机对于工作效率的作用。那么如何有效地激发员工的动机呢？单纯的经济奖赏并不一定能有效地调动员工的工作积极性，而适当的情商激励会比经济奖赏更为重要。一个成功的管理者往往能够恰当运用情商激励的方式来鼓舞员工的士气，从而提高工作效率，圆满地完成工作。在情商激励中，有两种最简单，最容易影响员工士气与情绪的方式：

## （一）批评

作为一个管理者，有时需要严厉，甚至要对人进行批评，但并不是所有的批评都能激励员工的士气与情绪，为了使批评富有成效，管理者在使用批评时必须要注意：

1.批评不要令人心碎

"这事全给你办砸了，难道你就不会用脑子再好好想想""全世界最傻的人也不会这样子。算了，我看你别再干了，我另找他人，免得误事。这类带有人身攻击性质、外带轻蔑、讽刺与厌恶口气的批评给职工带来的往往是毁灭性的感受。自然引发的是自我防卫、敌意、愤怒，冷战与逃避责任。从情商的角度来看，管理者这种全然不顾员工感受、以偏概全式的定论不仅对问题不会有任何建设性的帮助，而且会对员工的情绪——工作动力与信心带来巨大的打击。批评，尤其是毁灭性的带有人性攻击的批评是无效的，反会使被批评者掩饰错误，努力寻找理由来证明他的言行并没有错。这种批评是危险的，因为它会伤害人的自尊心并引发人的愤恨。有一位心理学家对此做过实际调查，发现受过攻击性批评的员工多半会自我防卫，找借口来逃避责任；或是冷战，避免与管理者有任何接触；或是愤怒，与管理者发生正面冲突。然而，建设性的批评却会得到截然不同的效果。心理学家在伦斯勒工技学院做过这样一个实验：一个人设计一种新型洗发水的广告，由另一个加以批评。试验分两组进行，研究人员让批评者给予两种批评，一种是温和、具体而且带有建设性质，另一种则带有攻击性。结果可想而知，受到攻击性批评的人会感到愤怒、充满敌意，而且拒绝与批评者未来进行任何的合作，很多人甚至不想与批评者再进行接触。被批评者士气遭到严重挫折，不但不愿再努力，而且自信心严重受损。而另一组，受批评者在自信心与士气上不但丝毫未损，反而热情有所提高。他们乐意与批评者进行合作，他们之间建立了信任与理解。

2. 批评要私下面对面传达

批评的目的是为了取得良好的效果，并不是使被批评者自我退缩。即使批评的动机完全正确，而且也只是希望被批评者能够改正，也不能忽略他的接受方式，因为不论指责如何正确无误，只要有第三者在场，便容易招致被批评者的怨恨。因为被批评者会觉得自尊心受损，脸面尽失。而书面或其他远距离方式的批评，不但不够直接，而且会让被批评者没有回答与澄清的机会。

3. 进行批评前，先肯定被批评者的成绩

因为肯定、赞扬能够制造良好的气氛，可以使被批评者情绪安稳平静下来，知道自己并没有受到攻击；反之，若一开始便劈头盖脸地训斥，被批评者便会很自然地产生一种反射性地防卫以保卫自己，一旦产生了这种防卫心理，即使批评再正确，也很难被听进去了。

4. 批评要具体、有针对性、就事论事

如果只告诉你做得不好，而不说明错在哪儿，往往收效甚微。因为这种结论式的批评无法使他服气，使一个人承认自己错了绝不是件容易的事。因此在提出批评时，一定要言之有物，具体是哪一点做错了，绝对不要拐弯抹角，指桑骂槐。否则除了增加沟通障碍外，别无它益。

5. 批评时，应提出解决方案

在指出对方错误的同时，应该指出正确的解决方法，因为批评所做到的，并不只是指出对方的错误，而是要对方改正错误，避免再犯。作为员工，最大的不满之一是："我不知道该怎么做才好，上司总是不满意，他自己怎么不干脆告诉我们呢"当上司总是不能指出解决之道时，员工们就不会服气，这种不平便会在内心慢慢积蓄酝酿起来，直到有一天突然爆发，变得难以收拾。因此，在工做出现问题时，若能指出解决方案，让员工有所遵循，改正错误，就一定会有光明的前景。

6. 只批评一次

对于员工们所犯得某个错误只要批评一次就够了，第二次批评是不必要的，第三次便是啰嗦的了。因为批评的目的不是为了战胜员工的自我，而是更好的完成任务。有时管理者在批评员工时，总倾向于把以前的旧账翻出来再评论一遍，如此喋喋不休，不仅愚蠢，而且于事无补。

## (二) 赞美

洛克菲勒曾经说过:"要想充分发挥员工的才能,方法是赞美和鼓励,世间最足以毁灭一个人热情与雄心的,莫过于他上司的责备和批评,一个成功的领导者应当学会如何真诚地去赞许人,诱导他们去工作。我从不吝于说他人的好处。事实也证明,企业的任何一次成就都是在被嘉奖的气氛下取得的。"可以说真诚地赞许他人是洛克菲勒取得成功的秘诀之一。有一次,洛克菲勒的一个合作伙伴在南美做的一宗生意使公司蒙受了100万元的损失,洛克菲勒不但没有责备他,反而夸奖他能保住投资的60%已是很不容易的事。这令合作伙伴十分感动,决心在下一次的合作中,尽力使双方获得更大的利润以挽回上一次的损失。赞美为什么能产生如此大的效用新乔治州大学的心理学教授亨利·格达德曾经做过一个有趣的测试。他设计了一种测量疲劳程度的能量测定仪。当他对疲倦的孩子说一些赞美的话时,能量测定仪上的指数急速上升;相反,当他斥责孩子时,指数便会突然下降。由此可见,赞美效力的存在是毋庸置疑的。从情商的角度来讲,赞美可使他人处于一种积极与愉快的情绪状态。当然也并不是所有的赞美都能起到激励作用,为了提高赞美的激励作用,管理者对员工进行赞美时应注意:

1. 赞美要真诚有分寸

员工都是有分辨力的人,虚假、夸大的赞美往往会起到相反的效果,不仅无法保持管理者的威严,更无法起到激励的作用。

2. 赞美要具体,针对员工的特定行为与工作进行表扬

管理者应该说的是:"你今天的会议记录做得很好。""提交的报告很有创造性与建设性。"而不是"今天你的表现很好。"养成赞赏员工行为表现的习惯,可以避免管理者因为偏见或偏私的看法而引起的误差,也可以使员工明白自己什么做法是正确的。若能举出员工的一些特点来,会更起到激励的作用。

3. 赞美要公开化

这与要私下批评是恰好相反的,但道理却是同样的。

4. 赞美一定要及时

及时的反馈是强化人们行为的关键环节。

## 四、管理情商的根本——协调与沟通

管理是对集体中的人群进行"管理""人事管理"的根本就是协调和沟通。协调指的是把那些所有个人的努力拧成一股绳并指导他们去实现一项共同目标的活动。卡耐基说过:"组织的第一个原则就是协调。"他认为:协调是一个首要的法则,进行组织工作的必要性是这个法则的要求;协调或协调性原理,是进行组织工作的缘由。现代管理讲究集体的智慧,中国农村有一种古朴的劳动工具——夯,打夯者必须同心协力,行动一致。否则,你动我不动,必然乱套,从而使劳动不能顺利进行下去。管理也像打夯一样,在某一个问题上,集体成员必须取得一致的意见,行动协调一致。如果意见不一致,行动不协调,势必会造成各自为政的局面。好比寓言故事中的动物拉车一样,大家各自拉向不同的方向,即使拼尽九牛二虎之力,也无法使车行动一步。所以,善于协调各方面的关系,是管理艺术的一个重要方面,也是现代管理取得成功的重要保证。

善于沟通是现代管理成功的一项基本技巧。即使管理者拥有最好的脑子和伟大的思想,但如果不能把自己头脑里的观点、思想转移到别人头脑里,管理就不能成功。因为,不管管理者的观点有多么好,如果不把它传达给别人,它仅仅是管理者的观点,而且只能是管理者一个人的观点。要想使管理者的思想有价值,就必须把它们沟通给别人。现代管理十分重视意见的沟通,有人认为:"现代管理就是意见沟通的世界,意见沟通一旦终止,这个组织也就无形宣告寿终。"一个组织中意见的沟通,对于促进团结、正确决策、协调行动、保证集体活力,是非常重要的。因此,作为现代管理者的主要素质之一就是要具有善于沟通的能力,应该看到管理的任务远不限于发号施令,要在员工都了解情况的基础上建立相互友好的气氛。在这种气氛中,既可做到上情下达,也可以做到下情上达。每一位管理者都能轻而易举地把目标传达给下属。在现代管理中,管理者如果缺乏与员工的沟通,这样的管理将会变得毫无效力。只有在管理中进行有效的沟通,才能提高工作效率,管理也就等于迈向了成功之路。那么,如何才能进行有效的沟通呢?

首先,管理者应与员工产生感情的共鸣。感情共鸣对有效的沟通起着重要的作用。为此,管理者应尽量地从员工的观点看事物,弄清楚员工为什么这样想，如果不能为员工设身处地着想，管理者与员工就很难沟通。

其次，管理者应对员工的行为做出及时的反应。无论是奖励还是惩罚，都不能等到事过境迁之后才实行。应使员工感到你是时刻关注他的，从而提高生产积极性，更加忠诚地为实现管理的目标而努力工作。这也是促进管理目的实现的艺术手段之一。

此外，管理者在管理过程中还应掌握一些技巧，如让每个员工都了解自己的地位，定期和他们讨论他们的工作表现；如有某种改变应事先通知；让员工参与同他们切身利益相关的计划和决策；实地接触员工，了解他们的兴趣、习惯和敏感的事物；聆听员工的建议，相信他们也有好主意；尽可能委婉地让大家知道你的想法；解释"为什么"要做某事；告诉员工所担负职务的重要性，让他们有使命感；把握住每一个机会，表明你以员工为骄傲等等。

## 第二节 人际情商

### 一、人际情商概述

(一) 人际情商的概念

对于你来说，人是最重要的。在当今的世界上，无论你愿意与否，你都必须同人进行交往，为了使自己的努力获得最大的成功，我们需要同别人进行交往。在现实中，那最富足的商人，不一定就是工作最勤奋的商人；那最容易受聘的教授，不一定就是最有学问的教授；那最出名的姑娘，不一定就是最漂亮的姑娘。但所有这些成功的人，有一个共同的地方——他们都懂得如何有效地同别人进行交往。也许，任何事情的失败，常常都可以归结为失败者同别人交往的失败。而一个人能否有效地同别人进行交往，关键取决于个体人际情商的高低。

所谓人际情商，指的是个体在人际交往过程中把握、利用、控制他人和自身情绪的能力。

## (二) 人际情商的意义

从出生的那一天起，我们就被卷入了一个纷繁复杂的人际世界。如果说，生存的需要使人类的祖先紧密地团结在一起，那么可以说安全感的需要和人的依赖性使今天的我们同样不能离开别人而独活。即便是隐入深山的高人隐士，亦离不开一起舞文弄墨、弹奏对弈的知己，更何况真正的"大隐"决不躲避尘世，而是混迹于市井之间。一个人一生的成长、发展、成功、幸福，是同人际交往相联系的；一个人一生的愉快与烦恼、快乐与悲伤、爱与恨等，也同样是同人际交往分不开的。没有同别人的交往，也就没有人生的丰富多彩。甚至可以毫不夸张地说，没有人际交往，也就没有一切。因此有人说："人生的美好是人情的美好，人生的丰富是人际关系的丰富。"心理学家的大量研究和人们的生活实践都已经证明，对于任何一个人来说，正常的人际交往和良好的人际关系是其心理正常发展、生活具有幸福感和事业取得成功的必要前提。而一个人是否具备正常的人际交往和良好的人际关系，关键取决于他的人际情商。因此我们认为，人际情商是个体心理正常发展、生活具有幸福感和事业取得成功的原始前提，对每一个人来说具有非常重要的意义。

1. 人际情商的高低是影响个体心理发展的重要因素

心理学家发现，人际情商低的人缺乏与别人的积极交往，缺乏稳定的良好的人际关系，往往有明显的性格缺陷。在青少年心理咨询的实践中也发现，绝大多数青少年的心理危机，都是因为他们的人际情商低，缺乏正常的人际交往和良好的人际关系引起的。在大学里，那些人际情商低的学生常常显示出压抑、敏感、自我防卫的心态，而人际情商高的学生则表现出愉快、轻松、健康向上的心态，在行为上也以注重学习和成就、乐于与人交往和帮助别人为主。可见，人的心态和性格状况，直接受到人际情商的影响。

2. 较高的人际情商对于生活的幸福具有首要意义

在日常生活中，有些人认为，人的幸福是建立在金钱、名誉和地位的基础上的。实际上，对于人生的幸福来说，所有这些方面都远不如较高的人际情商重要。心理学家通过研究发现，几十年来，人们的金钱收入一直是呈上升趋势的，但是对生活感到幸福的人的比例并没有增加。调查发现，很多"大款"虽然收入很多，但他们对生活并不感到幸福，原因何在呢关键就在于这些大款的人际情商较低,难与别人建立良好的人际关系。西方一些心理学家的调查表明,当人们被问道"什么使你的生活富有意义"的时候,几乎所有的人都回答,亲密的人际关系是最首要的,其重要性远远超过了金钱、名誉和地位。

3. 人际情商是影响个体事业成功的最重要因素

长期以来,成功心理学家和行为科学家都十分关心个人成功因素的探讨。近年来,发现有一种因素对事业能否取得成功至关重要,这就是人际情商。我们许多人常常会问一些诸如此类的问题:"张三是一个如此出色的职员,为什么他总是最先被解雇呢?""李四是他们部门最辛苦的职员,为什么他仍然指望合同延期呢?"等等。这些问题的答案,存在于他们的人际情商之中。例如,拿张三来说,如果有什么事情稍不如意,他是一个抱怨老板的人,而他自己又享有差遣新来的职员的权力。在当地的一家夜总会里,他举着一瓶啤酒夸海口说:"老板算什么,谁也别想干涉我。"你看,他立即使别人对他存有戒心。李四又如何呢众所周知,李四是个十足的可怜虫,对于他们部门所发生的每一个错误,他总是忍气吞声地承担责任,从没有让别人理解自己日复一日地干着的那份辛苦的工作,也从不提及自己所妥善处理的一些工作中的小危机。他从不埋怨别人,也从不想让别人理解自己,无言而有效地在自己周围筑起了一座防护墙。心理学家曾对贝尔实验室的工作人员做过追踪研究,该实验室的科学家和工程师的学识和智商都很高,然而经过一段时间之后,一部分人已经成果斐然,另一部分人却黯然失色。分析表明,前部分人有较高的人际情商,他们既能在工作上兢兢业业、顽强拼搏,又能除干好本职工作外,还热衷于与外界沟通,进行积极的社会交往活动,建立广泛的交际网,而后一部分人人际情商较低,只知埋头苦干、蛮干,不善于人际交往。当遇到技术难题时,人际情商高、善于人际交往者不会独自苦干、蛮干,而是与不同领域的专家联系,解决问题可少费许多周折,并且他们信息来源多而快,思维敏捷灵活,并能形成智慧互补和叠加,解决问题效率高。而人际情商低、不善于人际交往者遇到技术难题时,只知埋头苦干,不想向人求助,殊不知,个人的力量是渺小的,很多问题需要集思广益才能解决。因此在当今时代,人际情商显得格外重要,人际情商越高,越有助于快出成果,多出成果,出大成果。

## 二、人际情商与成功

美国石油大王洛克菲勒深有体会地说:"待人处事的本领,是无价之宝,我愿意牺牲太阳下的任何东西去攫取它。"大量事实表明,成功者都具有很高的人际情商。

### (一) 享有良好的人际关系

美国巨型企业科内尔公司,在历届选拔公司的经理时,都必须经过严格考试,但不同凡响的是,考试内容既非经营战略,也非管理学、市场学,而只考一本莎士比亚的书,即从《哈姆雷特》《威尼斯商人》《李尔王》等名著中,任意挑选一本,要求通读之后写出读后感。进行这样的考试,目的是要告诉未来的经理:你的基本功是理解人、了解人,从而建立起良好的人际关系。人际关系是人与人之间相对稳定和有效的心理联系。成功的人际关系,意味着在给他人提供需要的同时,也得到他人善意的回报。当今社会,即使绝顶聪明的人,如果独来独往,也将一事无成。人不是神,资金再雄厚也有极限,生意场上,良好的人际关系能使你如虎添翼。俗话说:一个好汉三个帮。作为一种无形资本,良好的人际关系是一个人成功的重要因素。

### (二) 乐于与人分享自己的成就

乐于与人分享自己的成就,从某种意义上说,其价值超过了成就本身。它有两层含义:一是将财富回报了社会,惠及人类;二是在商业活动中让利于人,共同创富。独享自己的成就,只能得到一种快乐,与人分享自己的成就,就能获得更多源泉。它是一种高级的创造形式。世界上最大的速食公司——麦当劳公司的所有者克罗克,就是一个"乐意与人分享自己成就"而发展起来的典型。1955年3月2日,克罗克创办了麦当劳公司,作为麦当劳的代理人,克罗克的具体做法是:鼓励加盟店先赚取利润,然后再导致整个系统的成功。麦当劳的主要业务是服务消费者,但他必须巩固与加盟店主的联系,才能获得成功,否则将同归于尽。这就是眼前利益与长远利益的关系,急功近利与长远利益的不同之处。克罗克以这种"与他人分享自己成就"的方式,使麦当劳分店在美国本土发展到8854家,在全球各地更是难以计数。他以平均15小时一家的开店速度，使对手望尘莫及。这一速度震撼了商界，"麦当劳文化"现象同克罗克"与他人分享自己成就"的经营方式，对整个社会形成了深刻而久远的影响。"穷则独善其身，富则兼营天下。"克罗克深得其中奥妙。

### (三) 胸襟廓大，容人容物

胸襟廓大、能容人容物是现代人必备的素质。只有做好人，才能做好事情。嫉贤妒能，刚愎自用，唯我独尊，终究会毁掉自己。成功者一般胸怀宽广，都有极强的责任感，绝不会因处境的不利而推诿退缩，怨及旁人。实践也证明了这一点，推脱责任是一种不健康的心态。如果肯把埋怨别人的心情拿来检验一下自己，就可以从失败和差错中找到自己所应负的责任，哪怕只找出那么一点点，在理智上自己也就心平气和了。当一个人心平气和的时候才可能保持清醒的头脑，寻找失败中的成功因素，或采取克服差错的有效措施，以更加努力的工作方式得到回报。胸襟廓大，大度宽容能给人带来很多好处；给人以面子，既无损自己的体面，又能使人产生感激和敬重；不计较小事，既无妨自己的大事业，又会为你赢得更多的时间和精力；适度破财，既无损自己的经济实力，又能兼营天下，赢得卓越世誉。

### (四) 有良好的自律性

自律性就是自我约束能力。善为人者能自为，善治人者能自治。"其身正，不令则行。"只有身体力行，以身作则，才能建立起人人遵守的工作制度。自己做不到的事，就不能要求别人去做；要求别人去掉坏习，自己首先必须先行去掉。这种由个人素质和表率作用产生的影响力，对别人产生的心理影响和行为影响是自觉自愿、心悦诚服的。只有宽以待人、严于律己的人，才会使下属产生敬爱、钦佩的心理效应，从而对这样的领导都衷心拥戴并愿与之共谋大业。

### (五) 有了解他人智慧、驾驭人心的能力

"了解他人智慧"既指善于发现别人的长处，又指不要苛求于人。现代管理学主张对人进行功能分析，这里所指的"能"，是指能力的强弱、长短

处的综合,"功"就是看这些能力可否转化为工作成果。用公式可表示为:

功能＝A（优点、长处、成绩）＋B（缺点、短处、错误）

公式中的A为正值或零,B为负值或零,综合起来就可以看出一个人的功能。比如分析这样两个人,一个人的A＝0,B＝0,另一个人A＝3,B＝-2,结果是0＋0＜3－2,即后者功能大于前者,应当使用后者。这个结论说明,宁肯使用有缺点的能人,也不用"没有"缺点的平庸的"完人"。用人不同于治病,医生治病时专挑人的病症,专看身体的缺点,而用人者不能首先关注人的缺点,而应当首先找他的长处,看他适合干什么。善于用人之长是事业成功和兴旺的基础。汉高祖刘邦在总结自己取得天下的经验时说:"论运筹帷幄,决胜于千里,我不如张良;安民镇国,保证后方安定,我不如萧何;统兵百万,战必胜,攻必克,我不如韩信。但我能大胆放心地发挥他们的长处,所以,我胜利了。"

### (六) 富有人情味

公司尽可能地保障雇员实行"终身雇用",尽可能地保障雇员职业和生活的稳定性,雇员则以高度的忠心报答公司。老板怎样对待雇员,雇员就会怎样对待老板。适当的时候,哪怕老板替雇员端上一杯茶或点燃一支烟,雇员也会对老板产生一分感激。别人对待我们的方式,往往是由我们对待别人的方式决定的,因此若要改变他人待你的方式,首先必须改变你待人的行为和态度。社会学家发现,近几年在美国和西欧出现了另一种趋势;即过去权威性的领导风格已逐渐由具有人情味的女性领导风格所取代。据调查,无论是在解决矛盾、工作调动、建立关系等方面,还是在奖励和处分等问题上,女性领导风格的做法更容易被人理解和接受。女性领导风格要求领导者具备敏锐而细致的观察力,以便及时准确地把握员工的心理需求。如,当员工生病、出现家庭矛盾以及思想波动时,便能够及时捕捉到这些信息,并通过深入细致的富有人情味的处理方法使员工顺利渡过难关。只有热心关怀体恤员工,解决好他们的后顾之忧,才能使他们全身心地投入到工作中去。女性领导风格还要求领导者具备善于倾听他人意见的能力,以真诚之感,使员工真正发现自我价值,从而产生极大的工作热情和强烈的归属感。

### 三、提高人际情商的途径

(一) 人际相互作用

社会心理学家通过大量的研究发现,人际关系的基础是人与人之间的相互重视、相互支持。任何人都不会无缘无故地接纳我们、喜欢我们,别人喜欢我们往往是建立在我们喜欢他们、承认他们的价值的前提之下的。人际交往中喜欢与厌恶、接近与疏远都是相互的。喜欢和我们接近的人,我们才喜欢和他们接近;疏远我们的人,我们也倾向于疏远他们。只有那种真心接纳、喜欢我们的人,我们才会接纳喜欢他们,愿意同他们建立和维持良好的人际关系。人际交往就像一种回声,你送出去什么它就送回什么,你播种什么就收获什么,你给予什么就得到什么。别人有的事情,你也会有。不论你是谁,也不论你在做什么,如果你寻找最好的方法,以便在人生各方面得到最好的收获,那么你就应当在对待每一个人和每一种情况时,寻找良好的一面,并且把它当作自己的行为准则,奉行不悖。

(二) 乐于助人

有一则故事说,一个人被带去观赏天堂和地狱,以便比较之后,能聪明地选择他的归宿。他先去看了地狱,第一眼看去所有的人都坐在酒桌旁,桌上摆满了各种佳肴,包括肉、水果、蔬菜。然而,他发现没有一张笑脸,坐在桌子旁边的人很沉闷,无精打采,而且皮包骨头。原来这些人的双手被捆住了,每人的左臂捆着一把叉,右臂捆着一把刀,刀和叉都有四尺长的把手,使它无法使用。所以即使每样食物都在他们手边,结果还是吃不到,一直在挨饿,然后他又去天堂,景象完全一样——同样的食物、刀、叉与那些四尺长的把手。然而,天堂里的居民都在唱歌,欢笑。这位参观者困惑了,他怀疑为什么情况相同,结果都如此不同。最后,他终于看到答案了。在地狱里的每一个人都试图喂自己,可是一刀一叉,以及四尺长的把手根本不可能吃到东西。在天堂的每一个人都在喂对面的人,而且也被对面的人所喂,因为互相帮忙,结果帮助了自己。这个故事是说,如果你帮助其他人获得他们需要的事物,你也因此而得到想要的事物,而且你帮助的人也越多,你得到的也越多。

### (三) 把别人对你的嘲笑视为称赞

一个人从批评声浪中逃走是不好的。批评就好像一只狗，狗看见你怕它，便愈加追赶你，恐吓你。如果某种批评把你吓住了，你便日夜都痛苦不安。但是如果你回转头来对着狗，狗便不再吠叫了，反而摇着尾巴，让你来抚摸，只要你正面迎击对你的批评，到头来，它反而会为你所溶化所克服。我们之所以批评是因为批评乃是真的事实：愈真实则我们愈害羞而想逃避。然而批评之所以可贵，便是因为里面包含着真实的缘故。凡是有头脑的人总是时时警惕自己不是完美的人，他知道自己确有许多缺点。批评是揭发此种缺点的一种好方法，是我们所应当欢迎的。我们应当练习不可脸皮过薄，不可对一点小小快的批评就忧心忡忡，差不多全身要崩溃了。不过同时有一点很重要的，便是我们对于批评不可脸皮太厚，以致不知我们的言事行为有哪些地方是别人所不喜欢的。别人批评自己的弱点，那又何妨呢无论批评者的动机如何，我们总可以利用批评作为改正自己缺点的一种指南。的确，敌人的批评比朋友的批评还可贵些。尽管批评你的人或许存心不良，但是其批评的事实却可能是真的。他或许是想害你，但是如果他的批评能使你改正缺点，对你反而更有帮助。你如果因他的批评而自己丧气，那就让他诡计得逞了。

### (四) 让别人觉得与你交往值得

著名的社会心理学家霍曼斯提出，人际交往在本质上是一个社会交换的过程。人们都希望交换对于自己来说是值得的，希望在交换过程中得大于失或至少等于失。不值得的交换是没有理由的，不值得的人际交往更没有理由去维持，不然我们就无法保持自己的心理平衡。所以，人们的一切交往行动及一切人际关系的建立与维持，都是依据一定的价值尺度来衡量的。对自己值得的，或者得大于失的人际关系，人们就倾向于建立与保持；而对于自己不值得的，或者失大于得的人际关系，人们就会倾向于逃避、疏远或中止这种关系。正是交往的这种社会交换本质，要求我们在人际交往中必须注意，让别人觉得与我们的交往值得。无论怎样亲密的关系，都应该注意从物质、感情等各方面"投资",否则,原来亲密的关系也会转化为疏远的关系,使我们面临人际交往困难。在我们积极"投资"的同时,还要注意不要急于获得回报。心理学家提醒我们,不要害怕吃亏。"吃亏"是一种明智的、积极的交往方式,在这种交往方式中,由"吃亏"所带来的"福",其价值远远超过了所吃的亏。不怕吃亏的同时,我们还应注意,不要过多的付出。过多的付出,对于对方来说是一笔无法偿还的债,会给对方带来巨大的心理压力,使人觉得很累,导致心理失衡,这同样会损害已经形成的人际关系。这种例子屡见不鲜,我们常常会听人抱怨:"我对他那么好,付出了那么多,为什么他反倒开始不喜欢我了"殊不知,正是自己付出的太多,才损害了两个人的关系。

### (五) 维护别人的自尊心

人有脸,树有皮,每一个人都有自尊心,都希望别人的言行不伤及自己的自尊心。自尊心的高低是以自我价值感来衡量的。人的自我价值感主要来自人际交往过程中,来自他人对自己的反馈。因此,他人在人们的自我价值感确立方面具有特殊的意义。别人的肯定会增加人们的自我价值感,而别人的否定会直接威胁到人们自我价值感。因此,人们对来自人际关系世界的否定性信息特别敏感,别人的否定会激起强烈的自我价值保护的倾向,表现为逃避别人或者否定自己的人,以维护自己的自尊心。因此,心理学家强调,我们在同别人交往时,必须对他人的自我价值感起积极的支持作用,维护别人的自尊心。如果我们在人际交往中威胁了别人的自我价值感,那么就会激起对方强烈的自我价值保护动机,引起人们对我们的强烈拒绝和排斥情绪。此时,我们是无法同别人建立良好的人际关系的,就是已经建立起来的人际关系也可能遭到破坏。

### (六) 让别人觉得能够控制情境

人对一个新的情境,总是要有一个适应的过程。这个适应过程的本身,就是一个逐渐地对情境实现自我控制的过程。情境的不明确,或不能达到对情境的把握,会引起机体的强烈焦虑,并处于高度紧张的自我防卫状态,使人们倾向于逃避这样的情境。比如,我们新入学或新分配到某一个工作单位

第五章 情商设计

时，由于对周围的人和周围的环境都缺乏了解，因而机体会在相当长的一段时间内都处于高度紧张的自我防卫状态。直到我们熟悉了周围的环境，了解了经常发生联系的同学、同事，我们才真正比较放松，真正适应。在人际交往的过程中，如果要使别人从内心接纳我们，就必须保证别人在与我们相处时能够实现对情境的自我控制。也就是说，要让别人在一个平等、自由的气氛中与我们进行交往。如果交往的双方对情境的控制是不均衡的，一方必须受到另一方的限制，那么这种关系就注定不能深入，必定缺乏深刻的情感联系。如果你是一个领导，那么当你以权威的身份出现在别人面前时，无论你怎样强烈地希望了解他们的内心世界，他们都难以对你报以真正的信任，并暴露自己的内心深层的东西。这正是因为他们没有摆脱权威身份的束缚，做不到对情境的控制，使你与他们不可能保持真正平等的交往。

# 第六章 情商的培养

人的情商不是生来就有的,而是在先天素质的基础上,主要通过后天的学习、培养而形成的。由于影响人的情商形成和发展的主客观因素总是在不断发展变化。所以,人的情商的形成不是一时一事,也不是一朝一夕,更不是一蹴而就,而是一个长期的过程。随着人生经历的丰富和知识经验的不断累积,一个人的情商水平也在不断地发展和提高。

## 第一节 影响情商形成的因素

### 一、家庭因素

家庭是情感习得的启蒙学校。一个人在成长过程中的自我意识,情绪控制,以及人际沟通方面最初都是以父母为榜样加以模仿和学习的。一个小孩的情感和态度的养成很早就从父母处习得,并且在整个儿童期得到强化和巩固,进而逐步成型。父母和孩子的每一次交流都包含有情感的交流,孩子都可以从父母的表情、语气、姿势、眼神等细节处领会到其中暗含的情绪信息,无数次的交流和沟通便奠定了孩子情商(EQ)的核心和基础。家庭对一个人情商形成的影响具体来说有以下几个方面:

(一)家庭氛围

家庭氛围对培养高情商的人有着举足轻重的重要意义。一般而言,大多数人容易把家庭当成是情绪的宣泄场所。例如,如果一个人因工作上的失误被自己的上司训了一顿,其自尊心和自信心都受到挫折,当他回到家里以后,却不由自主地对其妻子大发雷霆,理由只不过是一些鸡毛蒜皮的小事,如书柜上的尘埃没有得到清除。这些成为导火索的鸡毛蒜皮的小事，他也许熟视无睹了半个月也未曾发火。这样的处事方式，很可能使家庭气氛无法融洽。久而久之，家庭就会笼罩着一种消极的情绪氛围。无论是丈夫、妻子、还是小孩，都会在这种家庭情绪氛围中感到紧张、压抑、谨慎，甚至变得神经质起来。在家里感到压抑和紧张的人，在同事间的交往也会给人一种紧张和压抑的感觉，这种感觉会堵塞本来富有效率的人际沟通网络。

家庭氛围对情商的五个部分都有微妙的，但却是重要的影响。儿童自我意识的形成最初是在家庭中进行的。自我意识的形成从本质上说是一种个体社会化的结果，也是个体社会化的过程。同时，儿童情商发展的其他许多部分与社会性发展都是相互重叠的概念。因此有学者认为情商不过是"社会性发展"概念的另一种表述而已。

自我激励的家庭支持是显而易见的。众所周知，"每一个成功男人的背后，都有一个伟大的女人在支持"。这句话可以换一种说法："每一个成功人士的背后，都有一个伟大的家庭在支持"。诚然，在现实生活中不难看到一些人取得成功，但其家庭却遭到破裂的事例。这只能说明在这些情况下，家庭已名存实亡。更多的成功人士，不管他们是男人，还是女人，在他的身后，往往有一个幸福、和谐的家庭。没有人否认家庭对塑造良好性格和情绪的方式控制的决定性意义。

特定的家庭氛围决定了家庭成员以什么样的方式和态度去进行人际沟通。研究表明：那些性格外向，人缘好的人，大凡都出自一个开放随和的家庭；而那些在人际交往上显得拘谨，退缩的人，则大多数出自一个气氛保守，封闭和压抑的家庭环境。

良好的家庭气氛不仅有助于使人具有适当的情绪反应方式，而且对家庭成员的一些高级社会性情感，如道德感、理智感、责任心等，以及生活目标的树立都有着积极的意义。事实证明：缺乏生活目标和信仰的父母，缺乏责任心和道德感的父母，很难使他们的子女成为一个坚忍不拔，能忍受挫折的杰出人才。因为没有信仰的家庭养育的子女更容易在遭受挫折时变得消沉、沮丧和颓废；没有恒定生活目标的父母也难以给孩子树立一个良好的榜样。

### (二) 家庭经济状况

中国有句俗语，"财大气粗"。诚然，一个家庭经济收入的改善并不意味着父母就是成功的家长。但家庭悬殊的经济地位，将使孩子面临父母不同的熏陶。对那些富裕家庭的子女来说，父母可能一心忙于事业和生意，除了给孩子提供优越的物质生活条件外，常常无暇顾及子女的心理健康和情商发展。由于大多数富裕家庭的崛起，归因于近些年来的改革开放和经济转型，仅仅在几年前还同现在那些稍嫌贫困的家庭处于同一收入水平。因此，一旦自己与周围家庭在经济上拉开差距后，获取成功后的踌躇满志往往溢于言表。孩子很容易从父母的表情、语气、动作和眼神那儿习得一种优越感，这种优越感使孩子在外面也容易不加掩饰地表现出来，在同伴面前，在同学面前，甚至在老师面前，莫不如此。其后果是：孩子滋长傲慢以后，将难以控制自己的情绪以及承受挫折情景，并且难以与周围的人进行有效和坦率的沟通。用傲慢把自己孤立在人群中的孩子，在他们成人以后，很难像自己的父母一样杰出优秀。

贫困家庭的父母，在与富裕家庭的比较中，往往容易产生自卑的心理。父母的自卑心理，会使孩子变得退缩和懦弱。贫或是富，这只能说明两个家庭在物质生活条件上的差异，可在对孩子的情商栽培上，却必须面对同样的情景。一个孩子，只有学会自尊，同情别人，才可能成为一个高情商的小孩。过早地在幼小的心灵里产生恃强凌弱的习惯，缺乏同理心，那么这将很难使他在成人后学会审时度势，从他人那里获得帮助。童年时正是孩子形成社会经验的关键时期，如果父母和家庭有正确引导，必然会导致孩子在成人后的不同情绪反应。

一个退缩的孩子是没有自尊的；同样，一个缺乏同情心的孩子也是没有自尊的。无论是富裕的父母，还是贫困的父母，有一点都是可以做到的，那就是教给孩子不卑不亢，自尊爱人。做父母的应该知道，父母的成功并不能遗传给子女；父母的落魄也并非注定孩子的命运。但是，父母在孩子童年时言传身教给孩子的行为模式和情绪反应模式，都可以给孩子的一生打下良好的基础。教给孩子做人，着意培养他们的情商，不要把自己的傲慢和退缩的种子栽培到孩子幼小的心灵里。无论家庭的经济地位怎样，孩子们的天性都是快乐的，富裕的孩子和贫困的孩子，他们本该同样地成长。

**(三) 家庭教育方式**

这里主要是指父母对待子女的教育方式，它与父母的职业，受教育程度及父母本身的情商水平息息相关。据有关研究表明：父母对待子女，无论是严厉惩罚还是同情谅解，是漠不关心或是关怀备至，都会给孩子的情感生活产生深远而持久的影响。父母的情感智商越高，对子女的帮助也越大。孩子十分擅长学习，他们极善于对家庭里的情感变化察言观色，那些能妥善处理夫妻情感关系的夫妇，帮助孩子处理情绪波动的效果也最明显。

在对孩子的情感发展十分不利的管教方法中，有三种最为常见。它们是：

1. 专制压制型

在孩子闹情绪时，其父母通常都是声色俱厉地批评指责，或予以惩罚。例如，当孩子一有生气的表现，他们就加以禁止，怒气冲天地要惩罚孩子。要是孩子稍做辩解，这些父母就怒气冲冲地吼道："你还敢顶嘴！"

2. 完全置之不理型

孩子的情绪苦恼，父母认为只不过是些鸡毛蒜皮的小事，或者是自找麻烦，采取置之不理，随它去的态度，而不是利用这个机会，增进同孩子的亲近感，或帮助孩子学会处理情感问题。

3. 过于放任自流型

这些父母注意到了孩子的情绪，但认为不管孩子怎样处理这些情绪都错不了，甚至感受到伤害也没关系。像那些忽略孩子情绪的父母一样，这些父母也很少主动教孩子如何正确处理这些情绪。尽管他们有时也安抚孩子的情绪，但用的办法是给小恩小惠，只要孩子别再伤心或生气就行了。

但是，对那些高情商，民主型的父母而言，一旦他们发现孩子情绪苦恼，便因势利导，言传身教，让孩子学会处理情感问题。他们认真对待孩子的情绪，努力了解孩子苦恼的原因，帮助孩子用积极的办法安抚自己的情绪。同那些处理情感问题能力较差的父母相比，他们同子女的关系较为密切，感情较深，摩擦较少。而且，他们的子女也能较好地处理自己的情感问题，遇到苦恼时，也能较好地自我宽慰，情绪低落的时候较少。同时，他们的子女人缘较好，社交能力较强；注意力较集中，学习效果较好。总之，父母培养孩子处理情感的技巧对他们的学习和人生都有很大的好处。

此外，家庭结构和家庭观念等也对人的情商发展有重要影响。随着我国计划生育政策的推行，中国现代家庭迎来了独生子女时代，传统的棒打式教育突变成过分溺爱。一方面将孩子放任成"无法无天"的"小皇帝"；另一方面，"望子成龙"心切，强迫孩子什么都学，孩子痛苦，父母也跟着受气。这样做对培养孩子的情商极为不利。事实上，中国的独生子女表现出来的懦弱、畏缩、自私、缺乏同情心，甚至焦虑、孤僻、任性等情绪障碍，已经达到触目惊心的地步。

## 二、学校因素

学校教育在人的发展过程中起主导作用。同样，对一个人的情商进行启蒙和熏陶来说，除了家庭奠定其基础之外，另一个重要的场所就是学校了。特别是现在越来越多的家庭对给孩子打下坚实的人生基础已无能为力，学校成了矫治孩子情感和社会技能缺陷的重要地方。当然，这并不能说学校就能独挑大梁，将其他社会机构都取而代之。但由于每个孩子达到学龄时都要上学念书，学校就给孩子提供了一个学习人生基本情绪技能的机会。学校给孩子们进行情绪教育时，实际上跨越了传统学校功能，承担起了社会的职责，弥补了家庭教育的不足。

### （一）学校的情绪教育

学校里孩子受到的情绪教育对孩子一生的发展来说是极为重要的。事实上，我国的学校教育对情绪教育没有引起足够的重视。父母们和教师们都一味地注重知识技能的传授，而根本忽视了对孩子情商能力的培养。如前所述，心理学家的研究已反复证明，学识、聪明在人生成功里面，充其量只占20%的比例，而其他的80%则依赖于孩子情商水平的高低。可是，在我国中小学教育里，教师往往把学生分为两类：一类是正常的学生，一类是差生。差生往往是调皮、爱说话、成绩差的，很少有发言的机会，教师只要求他们不要把其他孩子带坏了。可见，差生情商的发展在小学求学期间就受到抑制。这对他们是不公平的。老师所谓的区分正常学生和差生的做法，无异于赤裸裸的歧视。而在歧视中成长的孩子，不仅学习成绩不能提高，而且心理的发展容易扭曲。

一个人从出生，一直到青年期，其心理和情商能力都是不断持续发展的，纵使一些孩子在某些时候，某些方面表现得比别的孩子差，这也完全可以通过教育，特别是情商教育来扭转。武断地对幼小学生的前途下评语，这根本就是一种伤害。心理学的研究表明，孩子的发育是不均衡的，不同的孩子在不同方面的能力上，其发展速度是不同步的，有些在这方面发展得早，而有些则在另一方面发展得快。如果学校教育只是简单地从学习成绩上衡量学生的能力和可培养前途，那么，一些在学习上稍微发展得迟的孩子就会受到无理的扼杀。

一般来说，人们容易理解并接受孩子的在身体发育上面的个体差异。例如，一些孩子在小学就猛长个儿，长到一定时候就稳定了；另一些孩子直到中学还是个"矮个"，青春期以后才开始往高处长。同样的道理，孩子的智力、心理和情商的发展也是这么一个过程，一些显得调皮的孩子，可能在创造性方面表现得比别的孩子出色。一些考试成绩并不出色的孩子，可能具有潜在的高情商才能。那么，怎样才能做到既鼓励孩子在学习能力上的进步，又不致压制他在其他方面的发展也就是说，怎样才能做到既教书又育人呢？其根本出路就在于重视情绪教育上面。

## （二）教师的领导方式

领导方式是群体领导者行使权力与发挥其领导作用的行为方式。不同的领导方式，可以产生不同的社会气氛与不同的个人行为。

1939年勒温等人进行了领导方式的经典研究。他们训练三位成人分别以专断的领导方式，民主的领导方式和放任自流的领导方式与三组11岁儿童相处，要求每组儿童都经历三种不同的领导方式。

1. 专制型

在这种领导方式下，成人独自提出集体的目标，制定工作步骤，给成员分配任务，对儿童严加管理，群体的一切由成人决定，儿童没有自由，而成人自己又不参与集体所从事的活动。

2. 民主型

在这种领导方式下，成人对集体的有关活动交给儿童去讨论，由大家出主意，想办法，通过集体舆论来做出决定，提出可供选择的工作步骤，让集体自己分配工作，显示出集体精神。

3. 放任型

在这种领导方式下，成人只笼统说明目的，提供各种材料，但没有直接告诉应当做什么和怎样做，也不提供计划和建议，对解答问题不提供任何帮助，一切由儿童自己决定，自由活动。

研究结果表明：专制型领导方式会使学生产生较高水平的挫折，并对领导表示一定程度的反感；领导在场，纪律较好；领导不在场，纪律涣散，学习气氛低落，工作效率明显下降。民主型领导方式会使学生心情舒畅，关心集体，纪律较好，表现出较高的独立性，工作效率较高。尤其是领导不在场时，与其他两组相比，更为突出。放任型领导方式导致学生情绪不稳定，纪律松弛，在集体内产生较多的攻击行为，工作效率极低。进一步的研究表明：专制型与民主型领导方式对学生的学习成绩的影响不是很大，但对学生的社会行为，对学习成人的价值观都有深远的影响。喜欢用惩罚手段的教师，往往会增加学生的焦虑，学生因害怕暴露自己的短处而退缩不前，导致集体计划、协作及自我定向出现低效，甚至无效。另外，专制型领导控制下的学生更有攻击性，而且攻击的矛头常指向集体中的弱者。总之，教师的领导方式对学生情商的形成有极大的影响。

(三) 教师的情商水平

要想给学生以良好的情绪示范，培养学生高水平的情商，那么教师，特别是班主任的情商能力是最值得考察的。如果教师自身存在情绪障碍，那么由教师的情绪障碍所扭曲的性格和异常的情绪反应模式，会给学生制造沉重的心理压力，使其受到情绪困扰。这样的学生成人后，不可能是一个高情商的现代人。有的在学校受到教师情绪障碍影响的儿童，甚至在整个一生中都会在心灵里保留着灰暗的心境，童年的失败的蒙受羞辱的记忆会使他在面对人生挑战时失去勇气、自信和毅力。不同情绪障碍的教师对学生的影响程度是不一样的。患神经质，强迫情绪的教师，常常在课堂上抱怨自己头晕，身体不适，想不起问题，某些对情绪敏感的学生也会产生神经质的表现。对学生影响危害最大的是焦虑、敌意和偏执。

全民族基本素质的提高，不仅是知识水平的提高，更是心理、情商素质的提高。一个成熟的社会人才，他为社会发挥自己才能是整个一生，而不是中考或高考那一阵子。因此，考察一名教师，决不能只从"升学率"来评价；一名优秀的教师，必须同时是一名身心健康，情绪稳定，自信乐观的高情商的人。

## 三、社会因素

每一个都是在一定的文化背景和社会制度下成长起来的，社会特定的风俗习惯、道德标准以及经济文化发展的水平差异对一个人情商的形成和发展也会产生很大的影响。具体说：

### (一) 社会文化

社会文化对人的情商具有塑造功能，这表现在不同文化的民族有其固有的民族性格。例如，米德等人研究了新几内亚的三个民族的人格特征，显示了社会文化对人的情商的影响。研究表明：居住在山丘地带的阿拉比修族，崇尚男女平等的生活原则，成员之间互助友爱，团结协作。没有恃强凌弱和争强好胜，人与人之间一派亲和景象。居住在河川地带的孟都古姆族，生活以狩猎为主，男女间有权力与地位之争，对孩子处罚严厉。这个民族的成员表现出攻击性强、嫉妒心强，冷酷无情，争强好胜等人格特征。而居住在湖泊地带的张布里族，男女角色差异明显，女性是这个社会的主体，掌握着经济实权。男性则处于从属地位，其主要活动是艺术、工艺与祭祀活动，并承担养育责任。这种社会分工使女人表现出刚毅、支配、自主与快活的个性，而男人则有明显自卑感。

### (二) 社会的发展变化

现代社会的一个最大特点就是瞬息万变。我们的环境在变，工作岗位在变，工作任务在变，职务在变，社会角色在变，生活在变，朋友在变，心情在变……总之，周围一切都在变，而且变化就是无常，没有人喜欢永远生活在无常之中。也许有人认为,经历的变化越多,体验也越深,这是一笔财富。可体验被谋杀也许是一笔更大的财富,但却没人敢去体验被谋杀的滋味。因为,太多的变化使人落下了对变化的恐惧。但在当今时代,即使你不想变,变化也会始终跟着你。每一次变化,都需要你去重新适应,某一个方面需从头开始。当然,大部分人变得力不从心,便开始用消极的态度来应付变化。

一切变化,都可以从最深层次的经济上找到原因。经济问题的冲击,对中青年人的影响尤为重要。目前,发展变化的中国,在创造了经济奇迹的同时,由于产业结构的调整和体制的改革,使得一大批行政、企事业单位人员下岗、分流、失业。据国外研究表明,失业与许许多多的心理问题有密不可分的关联。失业的人变得心理沮丧,显得很无助无奈,容易反弹,凡事难以心平气和,觉得自己怀才不遇。恨他人不公,有眼无珠,面对失业,开始了起伏的人生。总之,失业率增加,心理问题就会显著增加。

### (三) 信息技术革命的冲击

科学技术从来就是一把双刃剑,它可以为人类造福,也可能给人类带来苦恼和灾难。随着信息技术的发展,当今人类已进入"数字化生存"时代,已经开始在"网上"生活,世界已经变成一个地球村。人们只要坐在电脑前,用一个调制解调器,按一个键钮,就能随时知道世界各地的方方面面的事情。我们生活在这个"地球村"里,随时随地都有重大事情发生,有的影响重大,有的则很无聊,这些全都可以称作信息,只要你愿意,现代技术手段已经可以保证你随时获取你所需要的所有信息,这给我们的学习,工作和生活带来很大的方便。同时,面对以亿兆计算的信息,选择就成了最头痛的问题。选择不仅包括是否选择到一个真正需要的信息,还包括在众多的选择中进行取舍判断所需要付出的心力。不少人面对信息爆炸产生以下两个典型症状:

一是生怕在成千上万的信息中漏掉了最重要、最有利的信息,心中暗想:如果我漏掉了而被其他人看见了,对方可能因此而击败我。于是,强迫自己不停地去找,去读,以至精疲力竭。

二是总感到自己无力。过去,一个人表达自己的思想,至少有或大或小的一群人来听,而现在,人们都把自己的想法印成书,或者在互联网上散布，但他的声音会马上被铺天盖地的媒介所淹没，没有人会真正去注意其中的只言片语，因此也就不再具有实际意义。

信息爆炸的同时给人们带来了无穷无尽的信息垃圾，越来越多的人对这种强大的信息压力惴惴不安，从而容易引发明显的攻击行为，怪异的社会行为，社会紧张等复杂的危机现象。

总之，情商的形成不是单方面的，而是家庭、学校、社会诸多因素共同作用的结果。

## 第二节　情商培养的阶段和措施

### 一、情商培养的几个阶段

人的情商的形成，开始于幼儿期，形成于儿童期和少年期，成熟于青年期。青年期之后，人的情商水平仍然持续不断地提高。因此，一个人情商的培养并非一蹴而就，而是一个长期的、反复的、渐进的过程。情商的培养有以下几个阶段。

#### (一) 幼儿期：情商培养的奠基期

幼儿期（0~6岁左右）是一个人情商培养的开始阶段，或者叫准备阶段、奠基阶段。这个时期，孩子主要是学习语言，学习最基本的社会常识，模仿大人，主要是模仿父母的行为和动作，而且，儿童的模仿不分好坏，父母的优点和缺点被孩子一起学习和吸收，因此，人们常说：谁家的孩子像谁。父母是孩子的第一任老师。从这个意义上说，要想让孩子有高情商，做父母的首先要有高情商。否则，父母的情商水平低下，情绪不能自我控制，性格孤僻古怪，心胸狭窄，而要求孩子有良好个性，这既是很难的，也是不公道的。因此，幼儿期的家庭教育对一个人的情商形成是极其重要的。

#### (二) 儿童期：情商培养的黄金期

儿童期（6~12岁左右）是一个人开始上小学读书，接受正规的学校教育时期。这个时期的孩子，主要特征是好奇、好动。一个人的好奇心会产生求知欲，好动，会产生模仿、尝试和冒险。因此，学校和家长对这个时期的孩子必须给以正确科学的引导教育。

### （三）少年期：情商的培养关键期

少年期（12～18岁左右）是一个人成长、发育的关键时期。这个时期人的独立性开始提高，依赖性开始下降，世界观、人生观、价值观开始形成，而且又是可塑性很大的时期，血气方刚，初生牛犊不怕虎，极易受外界的影响。因此，有些学者把这个时期叫作人生的"断乳期"，有的称之为"危险期"。因为这个时期的孩子还不成熟，情绪极不稳定，行为也往往缺乏理智。对此，学校、家庭、社会必须共同对其进行积极的疏导，开展易于接受的、生动活泼的、丰富多彩的正面教育。

### （四）青年期：情商的培养定型期

青年期（19岁～30岁左右），人的生理与心理都已发育成熟，世界观、人生观和价值观及其个性都已基本形成。并且，已走向社会，开始了独立的生活与工作，陆续成家立业。这个时期，需要广泛全面地学习与实践社会规范和人生中各种生存技巧与知识，学习处理各种人际关系，以更好地适应人群与社会。

### （五）成人期：情商培养的提高期

成人期（31岁以后），这个时期，人的社会知识和实践经验已相当丰富，但面对错综复杂的社会生活和并不一帆风顺的人生，仍然需要继续学习和接受教育，学习新知识、新经验和人际技巧，不断反复实践和自我提高，其情商的培养主要靠自省、自悟、自我感受与体验。

## 二、情商培养的具体措施

### （一）正确认识自我

在古希腊帕尔纳索斯山德尔斐神庙的一块石碑上刻着这样一句话："认

识你自己。"这句话说明了自我认识的重要性,后来也成为教育家们育人亘古不变的命题。然而,时至今日,我们不得不遗憾地说,人类距完全认识自己还有相当漫长的道路。在当今社会,许多人不能正确认识自我,没有积极的自我意识,因而也就无法实现自己的潜在能力和价值。美国学者詹姆斯根据其研究成果说:普通人只发展了他蕴藏能力的1/10。与应当取得的成就相比较,我们只利用了我们身心资源的很少的一部分……那么,如何正确认识自我呢

1. 找到自己的闪光点

积极的自我意识的获得必须以正确评价和分析自己为前提。一个人如果能找到自己的优点和缺点,并不断强化自己的优点,正视并不断改进自己的缺点,那么,他在学习或工作中就会产生自信心,这将使他不会踌躇或是等待。他事先就会知道他的努力将会带来什么结果,因为成功就一定需要好好利用自己的优点。因此,他的学习或工作效率将比其他人高,成就也胜过其他人;其他人则必须摸索前进,因为他们无法确定自己的闪光点。

2. 正确地自我评估,以拓展自我

一个人往往认识别人容易,而正确认识自我很难。而如果不能正确地认识自己,也就不能控制和拓宽自己。因此,一个人必须经常检查反省自己,就像一个旁观者、陌生人一样来评估自己,尽可能客观、公平地进行自我检查和评估。为了正确认识自己,可采用以下5种方法。第一,利用心理方法,客观地测验你的能力。第二,留意朋友、同事、老板、顾客等对你的反应。第三,用心检视你的历史——追踪记录可显示许多说明自己能力的事。第四,把自己置于严格、新奇的环境中,然后从你的行为中去认识自我。第五,运用自己的想象力去开发潜在的自我。

3. 挑战自我

挑战自我、突破自我是一个人走向成功的必要条件。为了向他人与社会证明自己的价值,一个人必须以某种特殊的方式去证明与表现自己。为此,应该做到以下几点:第一,发自内心珍惜自己、爱护自己,这样才能将爱撒给别人。第二,你认为你行你就行,只要你不被自己的软弱的心智打败,没有任何人和任何事可以击败你。第三,你愈不想引人注目,就会愈使人印象深刻。第四,你向世人所呈现的,正是你的内在感受。

当一个人继续迈向高峰时，必须记住：每一级阶梯都供你足够的时间，但它不是供你休息之用，而是踏上更高一层。世界著名的大提琴演奏家帕柏罗卡沙成名之后，仍然每天练习6小时，有人问他为什么还要这么努力，他回答说："我认为我正在进步之中。""黎明之前总是最黑暗。"只要你努力工作，不断挑战自我，充分发挥自己的潜能，就一定会登上成功之巅。

### (二) 积极自我激励

心理学家指出，情绪影响智力水平的发挥。例如，学生在焦虑、愤怒、沮丧的情况下根本无法学习。事实上任何人在这种情况下都难有效地从事正常的工作和学习。由于我们在许多方面受情绪的影响，所以在成就事业、建立家庭时，需要我们通过自我激励，激发我们的热情，以达成自己的目的。自我激励包括以下几方面内容：

1. 乐观与自信

戈尔曼在《情绪智力》一书中指出："乐观是最大的动力。"高度乐观的人通常具有以下共同特质；能够自我激励，能寻求各种方法实现目标，面对困境时能自我安慰，能将艰巨的任务分解成容易解决的小部分。

从情商的角度来看，乐观是指面对挑战或挫折时不会满腹焦虑、意志消沉、当心失败，这种人在人生旅途上较少出现沮丧、焦虑或情绪不适应等问题。

乐观的心态能激励人走向成功。乐观的人认为失败是可变的，他们在失败时多半会积极地拟定下一步计划，不为挫折而消沉，结果反而能反败为胜。而悲观的人将失败归咎于性格上无力改变的永久特质，认为无力回天，不思解决之道，意志消沉。

自信在人生中有着惊人的作用。他有助于提高学业成绩，提高工作效率，能让人忍辱负重，锐意进取，以至在各行各业中捷足先登。

研究发现，自信心强的人有着共同特点，如能激励自己，相信自己有办法实现目标，即使身处逆境时也能重振信心，为实现目标能随机应变，发现目标不可能实现时就能及时重新修订目标。对于那些棘手的问题善于化整为零，各个击破。这种人即使面临重大挑战或挫折时，也不会被焦虑所压倒，更不会悲观沮丧。

## 2. 抑制冲动

抑制冲动是一个人最基本的心理能力，也是各种情感自制力的源泉，因为所有情绪本质上都是指向某种冲动。人们取得种种成就都有扎根于控制冲动的能力。

心理学家米歇尔的"软糖实验"表明：有些人即使在3~4岁时，就具有抗拒冲动延迟欲望满足的能力。他们懂得如果想实现自己的目标，就要把注意力从眼前暂时的诱惑上转移开，分散对诱惑的注意，转向其他活动。这种人长大以后，有较强的社会适应能力，有较强的自信心，人际关系较好，在压力情况下不容易崩溃、紧张、退缩或乱了方寸，能积极迎接挑战，面对困难也不轻易放弃，在追求目标时也和小时候一样能克制冲动，最终能获得成功。相反，那些缺乏控制能力的孩子，大约有1/3缺少上述优良的品质，出现心理问题的人相对较多。长大以后，表现出一些消极的特征，如自卑、害怕与人接触、办事优柔寡断，遇到压力容易退缩或惊慌失措，容易怀疑别人及感到不满足，容易嫉妒或羡慕别人，因易怒而常与人争斗，而且和小时候一样不易克制冲动，最终难以获得成功。

抑制冲动能力的关键在于把握情绪感受和行动的分寸，学会在行动之前先控制冲动以做出更恰当的情绪决策，并且确认选择的方案，考虑可能产生的后果。总之，抑制冲动有利于产生激励作用，以达成自己的目标。

## 3. 全神贯注

全神贯注或专注，也就是人们平常所说的"神驰"。神驰是一种忘我的状态，那种专注的程度使人无视眼前的一切，事后对当时的表现也忘得一干二净。然而，个人对当时所做的事又再现出强大的控制能力，其动力则完全来自行为本身的乐趣。

神驰境界的特色是在纯粹的乐趣中达到最高的效率，这种时刻绝不可能发生边缘系统席卷大脑组织的情绪失控。这种轻松高度的专注绝不同于厌烦或疲倦时的勉强专注，或是在焦虑与愤怒时的混乱。神驰的状态不存在一丝情绪杂质，这是全神贯注的必然结果。在神驰状态下，脑部皮质会根据形势，动员精确部位的活动。这时艰难的工作不但不费力，反而有刺激脑力耳目一新的效果。一句话，神驰状态仅需少量的活动即可达到最佳的效果。

如何进入神驰状态呢？一是对某一事物给予高度的关注。"全神贯注正是神驰状态的精髓"。这种方式本身可构成一种良性循环，要排除杂念专注于眼前的事物需要一往的努力与自制力，但只要跨出第一步，专注力本身就可以成为一种动力。一方面一切杂念不易侵入，一方面做起事来不费吹灰之力。二是从事自己很在行难度略超出能力的事。心理学家米哈力·齐赞米哈依指出："一个人面对难度略超出一般的挑战最能够贯注精神，也能比平常更加努力，太没有挑战的任务会使人厌烦，太大的挑战又使人焦虑，这两者之间的狭窄地带最容易使人达到神驰的境界。"但凡取得成功的人，自我激励是必不可少的。自我激励的目的是将情感导向积极的目的。

### （三）加强情绪的自我调控

1. 善于控制个人的情绪

保持情感健康的关键是抑制不愉快的情绪，进行自我安慰。人总是生活在某种情绪状态之下，应当善于调控个人的过激情绪，从而使自己的情感保持平衡。但控制不等于压抑。如果感情太平淡，生活就会枯燥无味，若情感失控，走上极端偏执，就成了病态。某一情绪过分强烈或长期耿耿于怀都是走极端，有害于人的平静生活。

当然，人不应只保持某一种情绪。永远快乐是不可能的。痛苦也往往能促使人们去追求富有创造性和精神乐趣的生活，痛苦能磨炼人的灵魂。在情绪问题上，应将积极情绪与消极情绪保持在适当的比例。保持情感的平衡，就能感到愉快和幸福。人的情感健康与智商无关，而取决于情商。

2. 合理宣泄、消除压抑

不愉快的消极情绪，虽然可用理智暂时约束压抑它，但不能彻底排除，这种心理能量的积聚，如果超过一定的负荷，就会破坏心理平衡，引起心理疾病，应采取适当的途径，合理宣泄，把不愉快的情绪释放出来，消除压抑感。

情绪宣泄的主要途径有：

（1）倾诉

在内心充满烦恼和忧郁时，可以向知心朋友或信任的老师、家长倾诉心声，也可以用写信的方式来倾诉心中的不快，写过后并不一定要寄出去，把它撕毁或付之一炬都行；记日记也是简便易行的方式。

(2) 哭泣

在悲痛欲绝时大哭一场，可使情绪平静。美国专家威费雷认为，眼泪能把有机体在应激反应过程中产生的某种毒素排除出去。从这个角度讲，遇到该哭的事情忍住不哭就意味着慢性中毒。很多人欣赏"男儿有泪不轻弹"，把眼泪当作软弱的表现，现在从心理学角度来考虑，就会发现这种观念是不可取的。美国精神病学家曾对331名18~75岁的人进行调查，结果表明女性平均每月哭3~5次，男性每月哭1~4次，他们都感到哭过以后心情好多了。

(3) 剧烈的活动

如较大运动量的体育活动、体力活动、激烈的快节奏的喊叫等，亦有助于释放紧张的情绪，消除烦恼和抑郁。

情绪的宣泄要注意时间、场合和方式，既不能影响他人的学习、工作和生活，也不能有损自己的身心健康，更不能触犯法律法规、危害社会。

3. 舒缓焦虑

焦虑是一种紧张、害怕、担忧、焦急混合交织的情绪体验，当人们在面临威胁或预料到某种不良后果时，便会产生这种体验。生活中的焦虑有一定的积极作用。通过深思熟虑，就可能找到问题的答案。一个人若长期为焦虑感困扰，就会忧心忡忡，茶饭不思，严重地会发展成为完全的神经失控，出现恐惧症、偏执、强迫行为及恐慌症。

缓解焦虑的办法：一是要充分运用自我意识，当焦虑一出现就能发现它，一旦意识到焦虑出现了，就做放松练习来缓解它。二是对焦虑采取批评的态度。这种自我注意与建设性的质疑相结合，就能遏制焦虑症的发展。

4. 摆脱抑郁

抑郁是一种持续时间较长的低落消沉的情绪体验。一个人若长期处于抑郁情绪状态，会对生活失去热情和信心，严重的会导致多种身心疾病，甚至产生自杀的念头和行为。抑郁和悲伤是人们最希望消除的情绪。人们摆脱抑郁的方法多种多样，其中有效办法有：①转移注意力；②增氧健身操；③享受生活；④设法取得一个小小的成功；⑤换个角度看问题；⑥乐于助人。

### (四) 提高社会适应能力

所谓社会适应是指两个方面：其一是指个体为适应社会环境而改变自己的行为习惯或态度的过程；其二是指个人与社会的环境关系的一种状态，即个人与社会环境之间的一种和谐协调、相互适宜的状态。社会适应是一个动态平衡的过程。

随着改革开放的深入、中国加入WTO，人们生产方式与生活方式及思维观念都发生了巨大变化，一些人心理上出现了不适应，并有许多负面的情绪表现，如彷徨、忧虑、恐惧、绝望等，如果这种变化过于激烈或持久，就会导致大脑功能的严重障碍，从而表现出心理或生理异常。那么，如何提高社会适应能力呢？应从以下几个方面做起：

1. 了解环境，接受并适应环境

要适应环境，首先必须了解环境，了解自己所处的环境发生了哪些变化，这些变化都有什么特点，从而审时度势，以针对变化了的环境做出自身的调整。

2. 严于律己，宽以待人

每个人都应该积极、主动、热情地投入到集体之中，使自己融于集体之中。否则，一个人离群索居、孤苦伶仃是很苦恼的。当与人发生摩擦时，应本着严于律己，宽以待人的原则，不要一时感情用事，也不要消极逃避。唐代文学家韩愈主张"责己重以周，责人轻以约"，意思是要求自己要严格的全面，对待别人要宽容，要求要少。

3. 培养自己良好的个性

一个人的性格、气质、思想、品德等个性特点影响人际关系的质量与社会适应程度。一个态度友好和善、性情忠厚、富有同情心、能体谅他人并善于交际、活泼、热情、善解人意的人，容易受到他人的欢迎；反之，性格孤僻、倔强固执、迟钝、刻板而又多疑的人，则难以与人接近，不易受人欢迎。为人谦和、虚心的人能获得别人的好感，而自高自大、目空一切的人则令人厌恶。一个具有高尚道德的人，能关心他人、助人为乐，就能很好地适应社会；相反，一个私心很重，处处为自己打算的人，则必然与别人格格不入，难以相处，当然也就很难适应社会。

# 第七章 驾驭情商，把握命运

当今世界是一个大变革的时代，既充满了机遇和挑战，也遍布着竞争与压力。是否具有较高的综合素质，能不能成为情商的主人，将决定一个人能否充分地发展自己，能否立足于社会，能否生活的幸福与成功。一个人如果不能驾驭自己的情商，即使知识再丰富、智商再高，也难以把握自己的命运。

## 第一节 激发内在的情商潜能

人的潜能是无限的，每个人都是一座价值连城的巨大金矿，可以说任何一个正常的人都能把自己造就为天才，任何一个平凡的人都可创出一番惊天动地的事业。而实际上真正功成名就者却为数甚少，这到底是什么原因呢主要是自身的内在潜能没有得到充分的发掘。因此，要想把握自己的命运，创出一番事业，就必须充分激发每一个人身上的内在潜能。

### 一、人人都拥有巨大的情商潜能

人的情商潜能主要是指人在情感、意志和个性方面的心理能量、大脑的潜力。一个人要完成某种工作，需要身体潜能、智力潜能和情商潜能的共同配合，而人的身体潜能毕竟是有限的，人的智力潜能也会受到某些限制，而人的情商潜能可以说巨大得不可想象，如果用"无限"来形容也不算过分。那么，人的情商潜能到底有多大表现在哪些方面呢

首先，人们拥有巨大的脑力潜能。人脑是"一块特别复杂的物质"，一块"以特殊方式组织起来的物质"，一块"发展到高度完善的物质"。脑的最高部位是大脑，人的大脑由左右两个半球组成，是中枢神经系统的最高、也

是最发达的部位。过去，人们把大脑的一个神经细胞比作一个电子管，把整个大脑看作是有140多亿个电子管的计算机。现在，人们发现人脑就是类似由140亿台微型计算机所组成的庞大的电子计算机信息处理系统。美国麻省理工学院的一份报告指出，一个正常人的大脑可储存100万亿比特的信息，相当于一般电子计算机储量的100万倍，如果全部用来贮备知识，人脑的记忆容量将是世界上最大的美国国会图书馆藏书的50倍，即相当于5亿本书籍的知识总量。俄罗斯学者伊·尹尔菲莫夫通过研究指出，人的头脑可以同时学习40种语言，可以默记一套大英百科全书所容纳的全部内容，还可以有余力去完成十所大学的课程。虽说这些研究成果还有待验证，但人脑的机能非常复杂，功能非常强大。人们以"脑海"来形容脑能量的博大精深的确是恰如其分的。可以说人的大脑是宇宙间最复杂、最精巧、最具有创造性的生物机器，是人的智慧之府，是人的创造之根，也是人的情商之源。

其次，人们拥有巨大的创造力潜能。创造力潜能是人人固有的基本特性，现实中有的人似乎天生没有创造力，原因在于这些人总是消极地适应社会环境，墨守成规，这就不知不觉地抑制、埋没或丧失了自己的创造性潜能。而另一些人则相反，他们总是主动地改造社会环境，不断求变创新，从而使自己的创造性潜能得到尽情地发挥。由此可见，自我实现的创造性主要体现在于心态和人格的积极向上，而不是其成就的大小。而成就就是积极心态和人格开发出来的潜在能力，所以，自我实现的创造力是投射在人的整个生活中的。

再者，人们拥有巨大的精神力量。人们在选择控制自己的情感和与人交流思想感情方面也有巨大的潜能可以开发出来。因为人的言谈举止、交际水平和心律、血压、消化器官运动以及脑电波都可以受到精神力量的控制和影响。一位有孕在身的妇女不幸患了不治之症，身离黄泉路不远，但想到自己身上的小生命，便产生了顽强地活下去的意念，一定要看到自己孩子的降临，这种积极的心态和振作的精神，最后终于创造了奇迹，她不仅顺利地生下了自己的孩子，而且不治之症也消失了。科学家们预言：将来会有一天，我们会发现人体有能力使自己再生。这不是指医学手段的新发展，在人体内更换各种器官，而是指精神力量的巨大作用。

既然人人都拥有巨大的潜能，理应个个都能成功，都会成为命运的主人，为什么许多人掌握不了自己的命运？这当然是由于心理态度与努力程度不同所决定的，也与所受的教育和所处的境遇有关。然而还有一个阻碍人们认识和开发自身潜能的重要原因，那就是人总是各有所长、各有所短。但人们长期以来却形成了用一个统一的标准去看待别人和衡量自己。用一元化的标准去衡量多元化的人，当然是难以实事求是的，必然会否认许多人的潜能，埋没许多人才。美国著名心理学家、哈佛大学教授霍华德·加德纳（Howard Gardner）于1983年提出了多元智能理论。他通过研究证明了人类思维和认识世界的方式是多元化的，在某些方面欠缺或较弱的人，可能在另一不为人们注意的方面具有惊人的潜力。他认为人类至少存在七种以上的思维方式，据此他把人的智能概括为七种，即语言智能、数学逻辑智能、音乐智能、身体运动智能、空间感知智能、人际关系智能和自我认识智能。每一种智能在人类认识世界和改造世界的过程中都发挥着巨大的作用，具有同等的重要性。因此，我们无论对于自己还是对于他人，应该深信是拥有潜能的，无论是哪个方面的才能都应该为之自豪和高兴，都要努力促进、尽力开发，绝不能因为缺乏某些才能而难过和自卑。人们要想获得成功，关键是要发挥自己的所长，而不是用其所短。只有具有正确的自我意识，一个人才会清楚自己内在的潜能，才会知道自己是个什么样的人，并知道自己可能会成为什么样的人。

## 二、正确认识自我的情商潜能

俗话说，"人贵有自知之明"，人最难的就是认识自己。自我意识是一个人对自己的认识、评价和期望，也就是对自己的心理体验。可以说认识别人难，认识自己更难；认识自己的外在形象难，认识自己的内心世界尤其难。因此，每一个渴望成功、努力追求自我完善的人，特别是涉世不深、需要为自己确定人生方向的年轻人，应该时时问一问自己："我是一个什么样的人我的情商怎么样有什么优缺点有哪些巨大的潜能我期望自己成为什么样的人要达到什么样的目标"

情商理论的创始人美国耶鲁大学教授彼得·沙洛维和新罕布什尔大学约翰·梅耶教授最早于1990年提出了"情感智慧""情感智力"的概念。1995年美国《纽约时报》专栏作家戈尔曼出版了世界性畅销书《情感智商》，从而形成一个与智商（IQ）相对应的"情商"（EQ）概念。它反映了一个人可以经后天培养而成的感受、理解、控制自己和他人情感的能力和水平的高低，是一种人类生活和生存的技巧。从而使人们摆脱过去只讲智商所造成的那种无可奈何的宿命论态度。情感智商潜能具体包括以下五个方面：①自我觉察潜能；②情绪自控潜能；③自我激励潜能；④认知他人情绪的潜能；⑤处理人际关系的潜能。高情商者之所以受人欢迎，能在社会环境里游刃有余，能不断地走向成功，就在于他们具有敏锐的自知和知人的情商潜能，并以此为基础从而相机行事，灵活地调整自己的言行。而低情商者对自己对他人的情绪无法加以及时有效的了解，因而在现实生活中很容易产生不快，处处碰壁，遭遇挫折和失败。

对自我情商潜能的意识有两种倾向，一种是正向的意识，相信自己的情商潜能，把自己在内心里塑造成一个踌躇满志、不断进取、敢于经受挫折和承受巨大压力的自我形象；经常接收到肯定和成功的鼓舞信息，感受到喜悦、自尊、快乐与卓越，那么你在现实生活中便会成为自己的主人，从而走向成功。另一种则是负向的意识，不相信自己的情商潜能，在内心里把自己看作一个垂头丧气、胆小怕事、难当大任的自我，经常接受的是否定和失败的负面信息，感受到的是沮丧、自卑、无奈与无能，那么你在现实中便会成为自己的奴隶，从而注定失败。哈利·爱默生·佛斯迪克博士说得好："生动地把自己想象成失败者，这就使你不能取胜；生动地把自己想象成胜利者，将带来无法估量的成功。"对情商潜能的自我意识是我们的生命走向成功或失败的方向盘、指南针，只有具备了正确的自我意识，在现实中才能找准自己的位置和方向，才能清除无谓的自卑对心灵的损害，也才能避免盲目的自满对生命的束缚。

客观而全面地认识自我是高情商的具体体现，应该怎样认识自己的情商潜能如何才能使心灵中理想的我与客观存在的现实的我接近一致如何使正向意识充分张扬负向意识不断减少呢？我们应该注意以下几个方面：首先，应该全面、完整地了解和分析自己的情商潜能。情商不仅仅指人的情绪和情感，它基本上涵盖了智力因素之外的各种心理成分。一个人只有全面地了解自己，才能在生活中轻松地把握自己的情绪，才能扬长避短，做到言行得体，进退自如，成为生活的强者。其次，应该积极、自信地肯定和评价自己独特的情商潜能。大凡成功者都有与众不同的特殊个性，都能对自己的情商潜能做出积极肯定的评价，都相信自己拥有丰富的潜能，始终面带微笑的杨澜也可以说是这一方面的典范，要做就做最好的，自己应该是最好的。从艺，她是中央电视台的金牌主持人；从商，而立之年就成为阳光影视公司总裁，成为中国大陆新一代的富豪。再次，应该主动、真诚地正视和弥补自己情商潜能的缺陷和不足。世界上不可能存在完人，但却存在改过迁善的圣人。一个人不怕有缺陷，怕的是不能正视和弥补自身的缺陷。伟大的人际关系学家——戴尔·卡耐基，他出生于密苏里州一个贫苦农民家庭，1904年他考入华伦斯堡的州立师范学院，困难的处境，穷苦的生活，使他有一种自卑心理。但他不是掩饰自己的不足，而是有针对性地进行弥补。他积极参与竞争，在大学参与演讲的竞争，毕业后尝试过推销员、演员、教师的竞争，这些竞争活动消除了他的自卑心理，形成了良好的心理品质，正如他的老朋友和老同事比尔·史托弗所说："他非常热情、友善，忠诚得几乎变成了缺点。他是一个具有坚强的信念、丰富的精力以及可以感染别人的热忱的人，他是一位真正的虔诚的人。"正是敢于正视不足，勇于弥补不足，使他掌握了自己的命运获得了巨大的成功。

## 三、努力激发自我的情商潜能

古今中外，杰出的政治家、军事家、科学家、理论家、文学家和艺术家都是靠自己充分开发潜能，最终才有所发明，有所创造。谁能教邓小平成为邓小平？谁能教爱因斯坦发现相对论？谁能使比尔·盖茨成为世界首富？谁能教巴尔扎克写出《人间喜剧》？他们都是靠自己深入地学习和创造，靠努力激发内在的情商潜能，这才是个人求得发展，走向成功的唯一途径。我们怎样才能激发自己的情商潜能呢？

### (一) 拥有积极的心态

积极的心态能发现潜能、激发潜能、拓展潜能和发挥潜能，使人获得成功。心态是我们命运的遥控器，消极的心态是失败、疾病与痛苦的源流，而积极的心态是成功、健康和快乐的保证。

1. 要满怀必胜的信心

心态是紧跟行动的,如果一个人从一开始就心存怯意,缺乏成功的信心,那他就永远成不了他想做的积极心态者。当年有人说要在加州橙谷建造一座有特色的游乐园,让世人在其中能重享儿时的欢乐,许多人不以为然,认为这是做梦;而满怀必胜信心的沃特·迪斯尼却真的把神话里的世界带到这个并不美丽的地方,让美梦成真。

2. 要清除心中的灰尘

要保持和发挥积极心态,就得赶快清扫心中的灰尘,不要让他们泯灭自己的灵气。人生的路上可能会出现多种多样的消极心态,如惧怕招人非议、惧怕失败、惧怕贫穷、惧怕疾病、惧怕失去爱情、惧怕老之将至等等。这些心灵的尘埃,如同一个巨大的包袱,它会压得人喘不过气来,它会拖住你事业的脚步,使你无法向前迈进。因此,对于这些消极的心态,一经发现,就要彻底清除,就像清除生活中的灰尘垃圾一样。现在湖南大学就读的我国著名跳水运动员熊倪在悉尼奥运会上的突出表现至今为人称道。当时跳水队首战失利,自己又是三朝元老,功已成名已就,一旦失利,半生心血和英名将付诸东流。熊倪没有惧怕,没有患得患失,而是清除了心灵中的灰尘,轻装上阵,终于取得了巨大的成功。

3. 要变不可能为可能

永远也不要消极地认为什么事情是不可能的。首先你要认为你能,然后去尝试,再尝试,最后你就发现你确实能。如果先就有"不可能"横在自己面前,那么你就不敢去尝试,怕字当头,缩手缩脚,可能你的确什么都不能。

## (二)树立坚定的信念

信念是人生的引导力量,它是人们行为的指针,决定人生的价值,指明人生的方向。积极高尚的信念是行动的强大的原动力,它能充分激发人的巨大潜能,使人去追求成功;消极卑下的信念则是事业的破坏力量,它会毁灭人的潜能,使人落入失败的深渊。潜能成功学的创始人安东尼·罗宾曾经说过:"影响我们人生的绝不是环境,而得看我们对这一切是抱持什么样的信念。"大凡事业的成功者,都抱有必胜的坚定信念,比尔·盖茨创立微软公司之初就发出宣言：我们要做到每一间屋，每张书桌，都用微软的电脑。正是由于这一必胜信念的支配，微软公司终于成为世界上最大的电脑公司，盖茨也一举成为世界首富。拥有必胜信念的人，就是身处逆境，也会拼力抗争，不断追求，就像贝多芬那样"扼住命运的咽喉"，得以造就壮丽的人生，决不会尚未决战心先怯，"出师未捷身先死，长使英雄泪满襟。"

### (三) 培养良好个性

首先，要勇于争强好胜。争第一，可使人培养并保持旺盛的积极的心态。一个连自己都不相信的人能指望别人相信吗鼓舞每个人心气的，恰恰都是自己，要相信自己的潜能，盖茨正是凭着"我要赢""只要我努力，我肯定会赢"的好战本性和一往无前的气势，令对手闻风丧胆，不断走向成功。其次，要敢冒敢闯。人生的价值就在于创造出自己独特的东西，要有独特的东西就必须敢冒风险、具有闯劲，不能等到有百分之百的把握才去行动，要有"走自己的路，让别人说去吧！"的勇气。敢冒敢闯是理智基础上的大胆决断，是自信前提下的果敢超越，是新目标面前的不断追求。而不是失去理智的一时冲动，不是毫无根据的捕风捉影，也不是黑灯瞎火的瞎忙乱闯。刘永好四兄弟大学毕业后都在机关、事业和企业单位有令人羡慕的工作，农村改革开放后，他们义无反顾地辞职回到农村老家，大胆地把一个天大的希望砸在自家门前的黄土地上，凭着闯劲使自身的潜能得以充分发挥，创立了希望集团，至今已拥有 10 多亿美元的财产，名列中国富豪榜的第二位。再次，要坚忍不拔。任何成功者都有不可能一帆风顺、心想事成，都有可能经受失败的煎熬。只有弱者在失败面前，只会徘徊踌躇，最终山穷水尽。而强者则依靠面对挫折的承受力和百折不挠的毅力，将自己的事业推向更高的境地。吴志剑，从 1985 年开始下海，屡次亏损，多次失败，但他深信："执着是对付失败的最佳武器。一个执着的人，失败无法将他击倒，他会一直冲下去，哪怕前面是另一个失败。"正是因为执着追求，吴志剑成功了，他创立的政华集团如今已发展成为拥有 15000 余名职工，近 50 亿资产，年利税 35 亿元，集高科技、交通运输、工业、能源、商贸服务为一体的多元化、集团化、国际化的大型企业集团。

## 第二节　构建良好的人际关系

人是社会关系的产物，每一个人都不能脱离其他的人而单独存在。有人认为，一个人事业的成功，只有20%是由于他的专业技术，而有80%要靠人际关系和处世技巧。这一具体比例并不精确，但这一重视建立人际关系的观点是值得我们肯定的。可以说，人们离不开一定的人际关系，就像生命离不开阳光、空气和水一样。只有拥有良好的人际环境和人际关系，一个人才能把握自己的命运，真正成为自己的主人。

### 一、人际关系的意义

人在社会中生存，必然要与人交往，在交往中便会建立起各种各样的关系。所谓人际关系就是指在人际交往过程中的形成的人与人之间的心理关系。包括三个方面，一是认知，即相互了解的程度如何，是不是知根知底；二是情感，即相互亲近、友好或疏远、敌对的心理距离，是不是亲密无间；三是行为，即指相互支持、合作或排斥、反对的实际行动，能不能和谐相处。

当今社会已进入信息社会时代，世界之大，已大到穿越银河系；世界之小，整个地球越来越成为地球村。科学技术的高度发达，生产方式和生活方式已经不再允许人们封闭自己、孤立于他人而单独存在。国际21世纪教育委员会向联合国教科文组织提交的报告《教育——财富蕴藏其中》提出了教育的四大支柱：①学会认知（learning to know），即掌握认识世界的工具。②学会做事（learning to do），即学会在一定的环境中工作。③学会共同生活（learning to live together），培养在人类活动中的参与和合作精神。④学会发展（learning to be），以适应和改造自己的环境。其中很重要的一个目标就是学会做人，具有与他人相处和合作的能力。一个人要想在当今社会上安身立命，必须具备与人交往的能力，而要生活得幸福、成功，更是要善于建立并保持良好的人际关系。怎样才算是良好的人际关系呢应该包括以下几个方面，有广泛的人际交往面，并且与少数人建立了深厚的友情，进行人际交往的动机正确，态度真诚，内容健康，气氛融洽，符合社会的要求，也符合大多数人的利益。中国大学生创业典型视美乐公司的成功,虽然有多方面的原因,但特别值得肯定的是他们的合作精神,他们建立起来的良好的人际关系。视美乐的团队是一个"黄金组合",视美乐的发明者邱虹云,被清华校长称为"清华爱迪生",是一个极其难得的发明家。视美乐创建的组织者王科是个帅才,他有闯劲,有想象力、煽动性和热情,能干很多别人不敢干的事。徐中则是实实在在的管理者,见多识广,经验丰富,做事风格踏实、稳健。他们之间和谐相处,取长补短,向着中国最优秀的高科技企业的目标迈进。良好的人际关系可以拓广信息来源渠道,获得更多的知识和智慧。朋友多了,交往广了,可以直接地、迅速地获得比书本更广泛的信息,随着交际范围的扩大和友谊的加深,就能认识更多的人,知道更多的事,交换更多的思想,获取更多的信息。被称为中国的"唐老鸭"的李扬,参过军,当过工人,大学学的是机械。但从童年起就热爱文学和影视,并且初衷不改。他结识了不少影视界的朋友,朋友们介绍他参加了多部译制片的业余配音,《西游记》挑选孙悟空的配音演员的信息经朋友告诉李扬之后,李扬抓住了机会,终于获得成功,后又被选为风靡全球的动画片《米老鼠和唐老鸭》的配音演员,使自己的潜能得以充分展示,得到了命运的垂青,创出了一番事业。良好的人际关系能增强自知之明、知人之智,提高办事效率。多与人交往,可以"以人为镜",发现自己的长处和缺点,全面客观地认识自己。也可以在交往过程中加深对他人的了解,使自己能知人善任。古语说"天时不如地利,地利不如人和",办事有成效,"人和"最重要。曾被美国前总统里根授予"总统自由勋章"的华人博士王安,鼎盛时拥有10多亿美元的资产,成为美国80万华裔中的首富,名列全美400位巨富的第8名,"华人第一,全美第八"概括了王安当时在美国的经济地位。由于与客户的关系未能正确处理好,特别是在将董事长的位置传给儿子王列之后,公司内部产生了严重的矛盾,导致了公司三位天才考布劳、斯加尔和考尔科的辞职离开。不到四年,公司亏损16亿美元,股价从全盛时期43美元跌到75美分。1992年8月18日,公司不得不向法院申请破产,王安神话就这样破灭了。

良好的人际关系还可以满足多方面的心理需要,缓解精神压力,解除情感孤独,维护心理健康。反过来说,人际关系紧张则是引起许多疾病的重要原因,严重的甚至使人陷入绝望、走上绝路。现代人虽然相互联系日趋容易，交往方式多样化，交往手段现代化，万里之遥朝发夕至，山高水长一线相通，古代那种长亭送别的哀怨凄切，那种西出阳关无故人的生离死别已成为过去。但是由于居住条件、通讯手段、家庭结构、人员流动等因素，人们越来越远离他人，在生活方式上更加独立，与他人深入交往、建立亲密的情感联系的机会更加稀少。在激烈竞争的压力之下，在来去匆匆的快节奏中，人们难得敞开心扉与他人发生深刻、密切的来往。因此，现代人特别容易感到爱与信赖、归属与安全感的缺乏。人们虽然整天身处热热闹闹的人群当中，却仍然觉得无奈和孤独。

　　一个成功的人，应该具有良好的交往能力，能够给予他人温暖、帮助和宽容，与别人建立深刻的情感联系。他给予别人多少，他会从别人那里得到多少。人生中的成功或失败，幸福与不幸，虽然也与金钱、名誉、地位、权力、成就等有关，但是都不如人与人之间爱的情感在人的主观感受中所占的地位重要。人的情商潜能的充分而完全的展示，也离不开自己营造的良好的人际环境和人际关系。因此，谁拥有了良好的人际关系，谁就拥有了幸福与成功。

## 二、影响人际关系的因素

　　影响人际关系的因素是多方面的，有生理、年龄、性别、地域、文化背景等，还有态度、价值观、性格等心理因素。在众多的因素中，心理因素的作用是十分重要的，有些因素可以增强人际吸引，促进人际交往，使人际关系正向发展；有些因素则产生人际排斥，妨碍人际交往，使人际关系不能正向发展，甚至导致负向发展。一个人要想真正主宰自己的命运，充分地发掘自己的情商潜能，就必须了解影响人际关系的种种因素，从而促进正向功能的产生，防止负向功能的出现。

　　交往态度是影响人际交往的最重要的心理因素。态度是一个人对他人，对事物的较持久的肯定或否定的内在的反应倾向。美国心理学家伯恩根据相互作用分析的理论，提出一个人对待与他人交往的基本态度有四种模式：一是"我不行——你行"。这是一种典型的自卑心理，当幼稚的个体面对庞大的成人世界时，这种感觉是很容易产生；如果遇上的是粗心的父母或不负责任的教育者，这种"我不行"的自卑感就会被强化，这就会导致不愿、不敢与人交往。二是"我不行——你也不行"。这是一种带有敌意的自卑感，它会导致不能与人交往。三是"我行——你不行"。认为自己行，本来应该属于自信，但是这种"我行"是以"你不行"为条件的，因而它并非一种真正的自信，这可能导致他人不接受交往，又常常把交往失败的原因归结于他人。四是"我行——你也行"。这才是一种真正自信的反映和表现，它包含人类发展的希望，孕育我们自信的形成，是建立良好人际关系的应有态度。这就告诉我们：良好的人际关系必须建立在自信的基础之上，这种自信是以知人和自知为前提的，它不是被自我冲昏了头脑的盲目自傲，也不是失去了自我的过分自卑，而是不卑不亢，落落大方。

共同的兴趣、爱好是人际交往的基础。俗话说物以类聚，人以群分，兴趣爱好的相同或接近，共同探讨问题，共同参与活动，相互启发和帮助，容易形成亲密的人际关系。因此，能主宰自己命运的高情商者，一方面对他人的个性特长了如指掌，因而对他人产生敬佩感，内心深处愿意与人交往。另一方面，对自己的个性特长了然于心，从而扬长避短，增强人际吸引力，减少不必要的人际摩擦。雅虎（yahoo）的创始人杨致远和大卫凭着对互联网的共同兴趣和爱好，建立起深厚的友谊，成为最佳搭档，并赢得了美国著名风险投资公司美洲杉公司的投资帮助。而今，雅虎帝国在美国之外设立了23个网站，可用12种语言提供内容和服务，成为世界驰名的网站，他们也成了主宰自己命运的世界名人。

能力、特长是人际交往的重要因素。一个能力强、有特长的人，能使他人产生敬佩感，愿意与之接近。也有人相反，对比自己有才华的人，感到高不可攀，望而却步，不予接近。还有人才华出众，也经常暴露出一些过错和弱点，这种人反而使一般的人更喜欢接近他。一个真正的成功者，在团体中，往往能把能力和特长不同的人，如善于出谋划策的人，善于动手操作的人，善于交际沟通的人等都充分凝聚和利用起来，建立起良好的人际关系，知其所短，用其所长，为自己的事业服务。

性格是影响人际交往的关键。一般来说，把自我和集体统一起来的人，严于剖析自我的人，抱负水平中等或偏低的人，适当压抑自己的人，对人真诚和善、亲切热情、豁达大度、关心体贴的人，容易建立融洽的人际关系。而那些自负傲慢的人，抱负水平高的人，封闭孤僻、对人冷淡、不尊重人、搬弄是非的人，容易产生人际关系的矛盾。正直仁爱，谦逊严谨的菲律宾SM企业集团的创始人施至成，以他的至诚至信赢得了下属和他人的友谊和尊重。

## 三、构建良好人际关系的艺术

处理人际关系必须依据一定的原则，更要掌握一定的艺术。一个人要想主宰自己的命运，在事业上能运筹帷幄，在交往中能左右逢源，应该具备高超的交际艺术。

### (一) 学会正确沟通

在交往中，人们特别需要的、也是投入时间和精力最多的就是沟通。沟通是指交际双方在个人背景、兴趣、知识、经验、态度、信念、情感等方面的相互开放、交换、接纳、认可与协调活动。沟通的范围、程度、频率是衡量人际关系的重要指标。如果交际的双方很少主动了解对方或向对方表达自己，相互间在以上各方面知之甚少，或者难以达成一致、无法彼此接纳，那么建立和谐、稳定的人际关系就是一句空话。

尊重理解，平等沟通。与人交往时要发自内心地尊重每一个人，无论他是什么身份、有什么背景与经历、能力如何、外表如何……应把他们看作与自己是完全平等的、抱有同样交流愿望的人。只有本着尊重他人，真诚沟通的态度，才有可能在人际交往中打下良好的基础，达到沟通的目的。

设身处地，心灵沟通。我国古人把士为知己者死作为人际关系的最高境界。一个人可以用自己的生命为代价来维护与另一个人的关系，因为这另外一个人最能够了解他的内心世界。每个人都有获得他人理解的强烈愿望，每个人都有从知心朋友们那里得到巨大满足的需要。知己难求，因为它是需要用心灵去寻求的。明确得体，语言沟通。一方面要善于倾听，这种人是最受人欢迎与信赖的。注意倾听，既可以满足对方表达的愿望，因为人们总希望有人分享自己的欢乐与忧伤，并想知道别人听了之后的反应如何。又可以了解对方的真实意图，人的诉说总是带有一定的目的性的，通过倾听就可以摸清底细，以利于确定今后的交往。另一方面要善于表达，表达的内容要明确具体，不能含糊费解；言辞要准确简洁，不能拖泥带水、婆婆妈妈；方式要正确恰当，不能使人难以接受。

准确适度，表情沟通。人的心理活动虽然非常复杂微妙，但这微妙的心态常常会从表情中流露出来，要学会沟通，准确地运用表情是十分重要的。首先，表情要真诚，目光柔和而亲切，脸上应充满自然的微笑。其次，表情要适度，既不能毫无表情，冷漠的拒人千里之外，也不能过分夸张，热情的使人感觉到可怕。

再次，及时恰当地给对方以回应，让对方感觉到自己是受尊重的，双方的交流不仅仅是冷冰冰的理智，还有丰富多彩的表情。

### (二) 克服交际障碍

不能很好地与人交往，难以把握自己，往往是由于交际障碍的存在，只有克服这些障碍，才能顺利地与人交往，成为自己的主人。

要克服不想与人交往的障碍。不想与人交往主要表现为自视清高，过分自负和自傲，喜欢抬高自己，贬低别人，或者自视甚低，畏畏缩缩，自我封闭，不愿敞开自己的心扉，孤僻不合群，不敢表露自己，不愿意与人为伍，这对建立和发展良好的人际关系是十分不利的。为此，要转变认知，摆脱极端的思想意识；还要摆正自己的位置，还自己以本来面目，认识自己适应能力差的弱点；更要找出原因，主动交往，充分体验人与人之间的友爱和真情，主动锻炼自己适应环境的能力，学会与各种类型的人相处。

要克服不敢与人交往的障碍。不敢与人交往主要表现为胆怯怕羞，在别人面前，特别是在陌生人面前，往往感到紧张、脸红、语无伦次或过多地约束了自己的言行，不能清楚有效地表达自己的思想感情，很难正常与人交往。这就要轻装上阵，甩掉包袱，拥有自己独立的人生价值系统，不以别人的评价为转移，不在乎别人如何看，更不怕在众人面前出丑，只要敢于豁出去，任何情境都能泰然自若。还要多与人交往，即使无话可说，羞怯难堪，也不要试图逃避，而要坚持住，勇敢地抬起头，面向大家，用微笑接纳周围的一切，成功的交往就在眼前。

要克服不善与人交往的障碍。一是克服嫉妒心理。嫉妒是交际的天敌，嫉妒心理一经产生，往往看到别人强于自己、受到称赞和表扬，就气愤、难过、闹别扭，甚至拆别人的台，诋毁他人。嫉妒者往往不仅损害了别人，也贻误了自己，影响人际关系，受到人们的鄙视和唾骂。二是要正确面对误解和矛盾。在人际交往中遇到别人误解，出现矛盾和问题时，要保持高度冷静，切不可火冒三丈，难以自控，要学会泰然处之。俗话说："谁人背后无人说，哪个人前不说人。"别人爱怎么说就让他说去吧！"路遥知马力，日久见人心"。要设法化解，及时消除，不可在误解和矛盾面前消极苦恼。要选准时机，澄清事实，使误解冰雪消融，让真相大白于天下。三是要学会说"不"。在人际交往中，不可能事事满足别人，然而答应难，拒绝也难，如何从两难困境中走出，因此要掌握拒绝的技巧，既能解脱自己，也不伤害他人。首先，要真诚地为对方着想，用同情感化对方。其次，要说出有说服力的理由，使对方信服。再次，方式要委婉，不能伤害他人的自尊心。

### (三) 掌握交际技巧

人际交往是人际关系发展的必要条件。为了使人际交往对人际关系的发展产生积极的、良好的效果，必须讲究交往的技巧。健全交往动机。人际交往不会是无缘无故地发生的，而总是基于一定的动机，指向一定目的的。据此，心理学上把交往分为工具性交往和满足性交往。前者是为了交流思想、传递情报。交往者把自己的知识、经验、意见等内容告知对方，或者希望从对方那里得到某种新信息；后者是为了发展交往双方的友情，满足一方或双方的物质方面或精神方面的需要。根据人际关系的双向功利性特点，主动交往的一方如果希望从对方那里满足自己的什么需要，那也就要考虑如何满足对方的需要，即"将欲取之，必先予之"。自私自利，只想索取，没有回报，甚至企图损人利己，在交往中没有不失败的。

把握交往时机和频率。办好任何事，都有一个时机问题，抓住了时机，可以事半功倍，容易达到目的。人际交往也是这样。首先是时间问题，必须尊重交往对象的作息时间，一般不可以在别人不能会客的时间去打扰别人，对于交往的时间惯例(不尽相同)，必须遵守。如果预约了时间，一定要准时到达，不要提早，也不要迟到。约会不要笼统讲上午、下午、晚上。交往的频率要恰当。过密，可能破坏对方的生活和工作秩序，使其产生反感；过稀，使对方产生冷落之感，以致感情疏远。俗话说："亲戚不走疏了，朋友不走丢了"。其次是机遇问题，要估计和把握交往的最佳时机，这时，交往对象呈心理开放状态,他最乐意接纳别人,与人交往。具体说,一是心情愉悦之时,此时欢乐的情感容易泛化,产生一种"晕轮效应",把一切都看成令人愉快的,愿意接纳他人交往,是"最好说话"的时候。聪明的人是善于抓住这样的时机进行交往,陈述自己的意见和要求,并取得满意的效果;二是交往对象的心理出现不平衡状态时,此时多有忧虑、紧张、不安情绪,心理上呈现盼望外来刺激并力求解脱的开放状态,能够接纳他人,乐意与他人交往,如果正好"有朋自远方来",而且带来了友谊的忠告和心灵的慰藉,一定会铭记于心,尔后"报之以桃"。这就是说,在别人失意时交往,最容易增进友谊。

提高语言表达技艺。人际交往,无论传递信息,还是联络感情,都要凭借工具。这工具一是语言符号系统,二是非语言符号系统。语言符号系统包括口头语言和书面语言。口头交往是最普遍、最灵活、接受反馈信息最快的一种方式。口语表达能力强,无非是指既懂得在什么情况下说什么,又懂得在什么情况下怎么说。如对人的称谓,这是交往的开端,令人十分敏感。称呼什么,一定要使对方产生欢悦之情,要用褒称,不用贬称。对长辈的称呼要表示尊敬的感情,对自己的同辈人称呼要表示出亲切、友好。交往伊始,总要说几句应酬话,以沟通感情,创造和谐气氛,应酬包括问候、攀认、敬慕之类的话。在交谈过程中,不仅要用简明的语言,把自己的思想表达清楚,还要考虑怎样交谈才能使对方产生兴趣,易于理解,并根据对方的反应来调整自己的讲话内容和方式,要耐心地、虚心地、会心地聆听对方的讲话,不要心不在焉,不要随便打断对方的讲话,如果当对方表现出厌倦神色时,自己就该适可而止,或者转到另一个话题上去。笑话和幽默可以活跃谈话的气氛,但要区分对象和注意分寸,力求恰到好处。遇到争论的问题要心平气和,以理服人,相持不下,可求同存异,改日再谈。交往结束告辞时,态度要谦逊、诚挚,表示日后继续交往,增进友谊的愿望。

讲究非语言技巧。一是服饰。它在一定程度上表现一个人的身份和个性,影响着人际交往的内容和效果,在初次交往时更加明显。讲究服饰是指服饰要整洁美观,要与自己的身份相符,同时要照顾所在群体的习惯。二是表情。心理学家指出人的面部可做出大约25万种不同的表情。目光接触在人际沟通中是极为重要的修饰手段。在人际交往中,应尽量避免以好奇的目光打量对方或过于直露地凝视对方,谈话时可看着对方,但不宜再迎视对方的目光。微笑是一种愉快的表情,在交往中,有一种微妙的魅力,它能使强硬变得温柔,困难变得容易,不妨常带微笑。三是体态。身体的一定姿势往往表达一定的态度,传递一定的信息。身体略微倾向于对方,表示热情和感兴趣;微微欠身,表示谦恭有礼;身体后仰,显得轻视和傲慢;侧转身子,表示厌恶和轻蔑;背对人家,表示不屑一顾;拂袖而去,则是拒人千里的表现。还有握手等动作,这些都是在交往中应该讲究的。四是距离。人与人在交往时保持的空间距离也具有一定的意义。美国人类学家霍尔划分了4种交往距离:亲密距离为15cm以内,非夫妻的异性之间,不能较长时间保持这种距离,远端有时可达45cm;个人距离为46cm~120cm,一般个人交往就在这个空间内;社交距离为12~21m,一般出现在工作环境和社交聚会上,远端有时达37~76m,这是一个能容纳一切人的空间;再远,就属于公众距离了。

## 第三节 直面人生中的挫折和失败

事业成功总是属于那些历尽艰辛、异常顽强的人们。凡是成就大事业者,必先经历重重挫折,披荆斩棘,最后抵达成功的顶峰。因此,如何面对挫折和失败,如何使挫折和失败变成成功的动力,如何在挫折中把握自己,从而反败为胜,对能否主宰自己的人生起着决定性的作用。

### 一、正确认识人生中的挫折和失败

挫折是指个人在从事有目的的活动时,由于遇到障碍和干扰,其需要得不到满足时的一种消极情绪状态。生活极其复杂,社会充满矛盾,事业没有坦途。所谓"心想事成""万事如意""一帆风顺"只不过是人们的一种美好愿望,一种理想境界。实际上,在人生中,总有某些目标不能实现,总有一些事情难以成功,总有天灾人祸悄然降临。因此,这样那样的挫折和失败是难免的。这些挫折和失败不过是指路牌,它告诫人们:此路不通,请另辟蹊径。

　　挫折和失败都是暂时性的，拿破仑·希尔说："这种暂时性的挫折实际上是一种幸福，因为它会使我们振作起来，调整我们努力方向，使我们向着不同的、但更美好的方向前进。"挫折和失败并非全是坏事，成功与失败相随，顺境与逆境并行，欢乐与忧愤同在。挫折是人生的教科书，它能教会人们全面认识人生；挫折能激人奋进，引人探索，使人懂得人生的真谛；挫折能给人智慧，长人才干，使人学会能动地驾驭人生，更好地主宰自己的命运。

　　要论遭受挫折和失败，有谁能和林肯相比半生奋斗，九次失败，常人也许难以想象，但林肯挺过来了。他从中吸取了极为宝贵的经验，这些经验除了失败之外，别无其他方法可以获得。这些挫折也使他获得了勇气，敢于把一切困难踩在脚下，向着更高的人生目标迈进，最终当选为美国第16届总统，颁布解放黑奴宣言，打赢南北内部战争，成为美国历史上最伟大的总统之一。

　　人生之路荆棘丛生，挫折失败在所难免。年轻人为了理想，为了事业，应把挫折和失败当作老师，它会为我们祝福；应把挫折和失败当作财产，它会使我们富有；应把挫折和失败当作阶梯，它会助我们成功。挫折和失败是横跨在成功者面前的一条大河，只有超越挫折和失败才能通向理想的彼岸。

## 二、敢于正视人生中的挫折和失败

　　挫折和失败是人们的一种心理感受，面对同样的挫折源，不同的人感受是大不相同的。不同的感受会产生不同的行为。有的人在挫折和失败面前挺直了身子，没有被击倒，能极快地审时度势，积极调整自身，在时机和实力兼备的情况下再度出击，直至事业成功。有的人在挫折和失败面前虽未趴下，但却不知反省、总结经验教训，仅凭一腔热血，只知勇往直前，往往事倍功半，即便成功，也只不过是昙花一现。也有的人遭受一次失败的打击后，便一蹶不振，再也抬不起头来，成为让失败彻底打垮的懦夫。

　　只有把挫折当作失败来加以接受的时候，挫折才会成为一股破坏性的力量；只有当挫折成为阴影在人们心头挥之不去的时候，挫折才变得可恨而又可怕。不少年轻人对未来充满幻想，但耐挫能力不强。当挫折带着烦恼、屈辱、沮丧或愤怒降临时，有的人陷进怨恨、消沉、灰心情绪而不能自拔；有的人萎靡不振、自暴自弃、丧失了信心，放弃了努力；有的人自怨自艾、自我诅咒、自我虐待，甚至萌发厌世轻生的念头，其结果则导致理想的破灭，人生大厦的崩塌。上海大众汽车公司总经理方宏，正当事业如日中天的时候，为心中的挫折所伤，被焦虑的情绪所困，本该大展宏图，却跳楼身亡。

正视失败，洞察失败，才能超越失败。失败可能是成功之母，但并非所有的失败必是成功之母。如果一个人失败后，抱一种无所谓的态度，很潇洒地一点也不在意，只认为是交一次学费，一切从头开始，那么等待他的很可能还是失败。成功的创业者不惧怕失败，但却重视失败，从失败中汲取有益的教训、经验和启示，认清自己面临的形势，及时进行调整。要相信，只要是金子，并有心去磨炼，它总会发光的。现代成功学的创始人拿破仑·希尔在其人生中经历了多次挫折与失败，终于体会到：贫穷是一个人所能获得的最丰富的经验，挫折是一位不可多得的好老师。他发现，自己在20年的岁月里一直希望成为一名报纸编辑，并欣喜地认识到：生命中还有一些比黄金更值得追求的东西。希尔创办了《希尔的黄金定律》杂志，最终创立了现代成功学。

### 三、学会在挫折和失败中奋起

人生的道路上挫折和失败是不可避免的，愚蠢者只看到不利的一面，看不到有利的一面，因此而消沉堕落了；聪明人则既看到了不幸，也看到了希望，因此而更理智成熟了。失败是正常的，颓废是可耻的，重复失败则是灾难性的。挫折和失败并不可怕，关键在于遭遇挫折和失败后怎么做。能以积极的态度和适宜的方法对待挫折和失败的人，其承受挫折的能力就强，就能最终战胜挫折和失败，成为自己命运的主人。

汲取教训，改善求进。挫折和失败正如冒险和胜利一样，都是生活和生命历程的一部分。人生的成功通常都是在无数次的痛苦失败之后得到的。从失败中学得经验，汲取教训，便不会重蹈覆辙。一觉醒来便大获成功是不可能的。每一个成功者在功成名就之前都曾经经历过多次的失败，成功需要设计、尝试、耐心和坚持，需要时机、环境、教训和经验。不管你是跨出校门求职、走上社会谋生，还是进行科学实验、技术发明、艺术创作、推销产品、谈判交易或科学管理，都要经过这段过程，虽说成功能引发成功，失败却未必导致失败。无数的事实证明，失败是成功的踏脚石。竞技比赛不可能重来，而人生永远会有第二次机会。只要你未被击垮，社会就会给你一次次机会。出了差错时，不要轻言放弃。只要一息尚存，就有希望。只要你审时度势，深刻反省，找出原因，谋求改进，树立信心，就会重新奋起。林肯和希尔就是经历了多次的挫折和失败之后，汲取了失败的教训才最终成功的。

持之以恒，毅力决胜。机遇对每个人都是一样的，困难对每个人都是存在的，挫折对每个人都是不可避免的。直面挫折，坚持到底，这是进取者的自信，这是拼搏者的力源，这是成功者的机遇。没有任何事物可以取代毅力，能力、天赋、教育都比不上毅力，一个人在确定了自己的人生目标后，若不能坚定自己必胜的信念，克服困难险阻，也只能半途而废，空怀满腔热情。世界著名的麦当劳连锁店的创办人雷·克洛克的座右铭包含了他对创业的理解。"坚持到底"，简短的四个字揭示了成功的秘诀。雷·克洛克自己就是这样的典型，他永远不放弃自己的梦想。他为莉莉·杜利普纸杯公司当了17年的推销员，后独自经营起牛奶雪泡机器的行业，他在发现麦克唐纳兄弟有一条能生产出高质量的汉堡包、炸薯条以及牛奶雪泡的装备线后，想到了在其他地方也开设这样的餐厅。一直到五十二岁才开始从事新的事业，但他用坚持精神在二十二年之内把麦当劳扩展为一个几十亿美元的庞大企业。

战胜自我，勇敢前进。在人生的征程中，我们不仅时时受到外界的压力，而且还受到自身的挑战。可以说，一个人最大的敌人是自己，自身是阻挡事业成功的最大障碍，需要自己去对付，因此，要敢于向自己挑战，勇敢地战胜自己。首先，要在心理上做自己的对手，要有充分的信心，坚强的信念，从挫折中走出来。有了必胜的创业信心，才会有创业成功的可能性。其次，不要躺在已有创业成就的温床上，而应不断提出新的挑战。创业的道路犹如登山，要一步一个脚印，不断克服内心怕累、怕苦、怕险等情绪；创业的过程好似逆水行舟，要努力往前行，如果不是前进就会后退。超越别人的事业并不重要，超越自己已有的事业才是最首要的。要不断地战胜挫折，第一需要的是勇气，其次是信念和信心。有了勇气才有信心，才会出现勇敢的创举和行动。碰到挫折，既不要畏惧，也不要回避。要勇敢去面对它，设法战胜它，实现人生的价值。爱迪生就是在不断战胜自己的过程中成为举世闻名的发明大王的。

　　内心拒败，反败为胜。成功者并不是都有超常的智能，也不是不曾失败过，而是自信能行，不怕失败的人，甚至可以说，事业成功者大多是经历失败最多、挫折最重的人。关键是在失败面前不认输，从内心拒绝承认失败，无论如何失败，都把它看作不断茁壮成长过程中的一幕。他们正是凭借这种心态超越失败，最终反败为胜的。历史上创成大业的人物都是从来不对自己失望的人，他们依靠强烈的成功信念，永不言败，在失败的基础上走出一条创业成功之路。事实上也没有百分之百的失败，宇宙万物随时都在变化，从大的观点上看，万事万物都处在"更新"的过程中。一位年轻记者曾问爱迪生："你的发明曾失败过一万次，你对此有何感想"爱迪生回答他："年轻人，因为你人生的旅程才起步，所以我告诉你一个对你未来很有帮助的启示。我并没有失败过一万次，只是发现了一万种行不通的方法。"正是因为这种内心拒败的作用，爱迪生才得以成为闻名世界的发明大王。孙中山一生的革命生涯崎岖坎坷，但孙先生"屡战屡败，屡败屡战。"不甘失败，直至最终成功。丘吉尔的伟大成就是举世公认的，但他学生时代的学业很差，开始演讲也狼狈地失败了，竞选也没有获得成功，但他对自己从来不失望，1940年他奉命于败军之际，受任于危难之时担任英国首相，成为战胜希特勒法西斯的民族英雄，杰出的政治家、演说家、史学家。可以这么说，人只要不在心里制造或滋生失败的情绪，总能走出失败，走向成功。

# 第八章 大学生情商培养

## 第一节 大学生情商教育现状及培养对策

1990年，美国心理学家彼得·萨洛维和约翰·梅耶根据情绪智力所包含的各方面能力提出"情商"的概念。1995年，美国哈佛大学心理学家丹尼尔·戈尔曼撰写了《情绪智力》一书，提出了情商教育理论，情商包括认识自身情绪、妥善管理情绪、自我激励、认知他人情绪和人际关系管理五个方面的能力，打破了"智商至上"的传统教育理念，使得情商成为教育的新思潮。情商教育在培养大学生高尚品质、树立坚定的理想信念、培养成功习惯、挖掘自身潜能、缔造个人魅力、促进个体全面发展等方面发挥着重要的作用。因此，高校如何教育、帮助大学生很好的运用情商这把掌控人生命运的钥匙，开启心灵深处的力量，以期实现智商与情商的双赢，是摆在当今教育工作者面前一项新的重要任务。

### 一、大学生情商教育现状

当前，尽管全社会已普遍意识到情商教育的重要性，也进行了一些有益的尝试，但整个教育体制从根本上仍未摆脱应试教育的束缚，情商教育严重滞后，导致学生个体的情商发展水平及情商教育环境均出现了不容忽视的问题。

#### (一) 学校教育中情商教育的缺失

1. 人才培养模式单一，成为开展情商教育的"瓶颈"

社会需要复合型、创新型人才，这些人才需要具备广博的人文社科知识、较宽的专业知识面、较强的实践能力和创新能力。然而，我国单一的高校人才培养模式重点强调人才培养的专业化，通过单向灌输式的教学方法，造成专业口径过窄，专业知识单薄，使大学生被动地学习，形成了"唯分"和"唯书"的学习氛围。因此，高校要协同社会、家庭和个人共同努力，改变原有人才培养模式，使情商教育与社会需求紧密结合，通过情商教育促进受教育者和整个社会的全面发展。

2.大学生情商教育体系不健全，影响情商教育的实效性

情商教育是在教育过程中培养学生正确的态度、情绪、情感和信念等，以促进学生个体全面发展和整个社会全面进步的教育，是教育过程的一个组成部分。情商教育与智商教育有着明显不同，情商主要与个体的情绪掌控和环境适应性密切相关。情商教育重点在于培养学生健全的人格品质，如爱心、宽容、团结、自信、分享、自控力、适应性、抗挫折力、责任心等，所以不像智商教育那样易于操作。但目前，基于新的教育理念所产生的情商教育，并未引起高校及教育行政部门的足够重视，多数院校存在大学生情商教育体系不健全的现象，缺乏系统性和可操作性的措施，在实施中面临诸多挑战。

3.将情商教育等同于心理健康教育，忽视了情商教育的特殊性

情商是指人认知和调控自我及他人的情感，把握自己心理平衡，形成自我激励、动机与兴趣相结合的内在动力机制，形成坚强和受理性调节的意志，妥善处理人际关系等心理素质和能力。可见情商研究两方面内容：一是"管"自己，二是"管"他人。一些高校对情商教育的认识上仍存在误区，简单地将情商教育等同于心理健康教育，认为建立心理健康咨询室、实施危机干预、解决学生心理健康问题就是开展情商教育了，忽视了情商教育的特殊性。

4.孤立地看待情商教育和思想道德教育，缺乏教育的整体性

在一些高校还存在孤立地看待情商教育，把情商教育与思想道德教育相分离的误区，忽视了思想道德教育的整体性。情商教育本应该是思想道德教育的重要组成部分，只有以社会主义核心价值观为指导，有效地调节情绪，锤炼坚强的意志品质，拥有完善的人格，形成良好的人际关系，才能深刻体会人生的真谛，实现人生价值。任何抛开思想道德教育谈情商，都会使情商教育本身被扭曲，走向畸形发展的道路。

## (二) 家庭教育中情商教育的不足

家庭是人接受教育的第一场所，家庭的教育方式与父母的职业、受教育程度、经济水平等息息相关，家长的认知水平、为人处世的方式方法在潜移默化中影响着孩子的情商发展水平。

1. 家庭教育认知上存在误区

一些家长重视孩子吃、穿、用、住等"物质建设"，忽视了心灵上沟通、情感上支持、道德上引领等"精神建设"。一些家长认为进入高校后子女就是成年人，放松了对子女的要求，缺乏对子女心理发展状况的了解和有效沟通。

2. 家庭教育方式存在偏差

首先，家庭如果过分溺爱大学生，使他们形成以自我为中心的思维方式，在人际交往中，不懂得考虑别人的感受，必然出现人际关系的矛盾与冲突。其次，家长给予子女过高期望，使其承受较大的心理压力，容易使他们不愿与他人沟通，渐渐远离集体生活，形成孤僻封闭、意志消沉的不良人格。最后，一些家庭结构不健全、家庭关系不和谐、家庭氛围不浓厚，也会影响到大学生情商水平的提高。

## (三) 社会对大学生情商教育的负面影响

作为社会的一分子，大学生情商的形成与社会环境密不可分，社会环境是影响情商的重要因素。毋庸置疑，市场经济体制、多元文化在给人们带来先进理念的同时，也带来一定的负面影响，大学生的心理发育还不够成熟，人生观、价值观未完全定型，极易受到拜金主义、实用主义、功利主义的冲击，造成他们理想信念的动摇，对未来产生疑虑，人生观、价值观出现偏差。其次，过于优越的成长环境不利于大学生情商的发展。当代大学生没有经历过艰辛磨难，自我意识强，心理承受能力差，遇到一点儿挫折，容易滋生悲观失望的情绪，如果没有及时建立调节机制进行正确的引导，对涉世未深的大学生来说极为不利。

### (四)大学生情商自我教育意识淡薄

情商教育的最终目的是促使大学生能够进行自我情商教育,提高自我及对他人的情绪管理能力。受应试教育的影响,以考试和分数定优劣的人才评价机制根深蒂固,大学生还没有形成稳固的情商理念,而大学教育是学生以往教育的继承与延伸,要提高大学生对情商重要性的认识,需要一个漫长的过程。

很多大学生面对挫折无所适从,心理压力较大,遇事消极逃避,缺乏心灵正能量。如何唤醒大学生了解情商、培养情商、升华情商,把提高情商素养转化为一种自觉行为,是情商教育的关键。

## 二、加强大学生情商教育的对策

大学生情商教育从本质上讲是培养合格的社会主义建设人才的需要,情商教育是新形势下高校思想道德教育的重要内容。大学生情商素质的培养是一个系统工程,需要学校、家庭、社会、个体的共同努力。

### (一)强化学校教育

1. 改革考核评价机制

长期以来,我国的高等教育都存在智商教育占主导地位的问题,偏重于知识的积累,使得考试和分数成为评价学生的唯一标准。而忽视了学生的人格、情感和潜能价值等情商因素的挖掘和培养,某种程度上对学生的全面发展产生了不良影响,甚至造成一系列社会问题。党的十八大报告明确指出"把立德树人作为教育的根本任务,培养德智体美全面发展的社会主义建设者和接班人。"这对高等教育培养具有健全人格和全面发展的人才提出了新的更高要求。因此,高校急需改革传统的考核评价机制,把大学生的情商水平列入考核评价机制中,从而实现高素质人才的培养目标。

2. 将情商教育纳入教学计划中

课程是教育的载体,是教育活动的基础和核心。高校应把情商教育作为思想政治教育的重要组成部分,纳入教学计划中,要在课程设计和教育形式上进行改革,使情商教育贯穿大学教育全过程。首先,高校可专门设置情商教育选修课，开设"认识自我、悦纳自我、完善自我、公共关系修养"等课程，引导学生自我审视，注重自我情商的培养与提高。其次，高校可将情商教育内容渗透到心理健康教育、大学生职业生涯规划教育、就业教育、创新创业教育中，指导学生利用情商理论，从源头上解决学业压力、职业选择、就业能力、社会适应等问题，实现个体发展与社会需求相互融合的最大化。

### (二) 完善家庭教育

1. 优化家庭环境，营造和谐家庭氛围

家庭不仅是大学生的生活场所，更是心灵的归宿。家长有责任优化家庭的物质环境和文化环境，营造健康、文明、积极的家庭氛围。家长要以和谐、民主的家庭教育理论为指导，同子女进行情感交流。同时，学校要建立良好的与家庭沟通机制，共同引领大学生关爱生命、关心社会，丰富大学生的情感，培育大学生的情商。

2. 适度磨砺，合理降低期望值

家长对子女的过度保护，实际上是剥夺了子女提升情商水平的机会。家长应有意磨炼子女，例如，为子女创造社会实践的机会，在实践中培养子女的意志力，锻炼工作能力。家长还应让子女承担部分家务劳动或参与家庭事务决策，减少对家庭和家长的依赖。同时，学校还要注意指导家长应适时调整对子女成才的期望值，关注子女身心发展，而非片面强调物质成就，帮助子女形成合理的自我定位和成才规划。

### (三) 关注社会教育

1. 充分利用社会媒介的舆论导向作用，凝聚正能量

广播电视、报刊杂志、网络等社会媒介应坚守"以科学的理论武装人，以正确的舆论引导人，以高尚的精神塑造人，以优秀作品鼓舞人"的原则，践行社会主义核心价值观，把握正确的舆论导向，弘扬时代主旋律，增强大学生为实现"中国梦"而奋斗的价值认同感。社会媒介应减少对畸形成功观的宣传，引领高尚文明的社会风尚，引导大学生正确看待成功和人生。同时，学校必须时刻关注社会多元文化的影响及不健康思想的侵袭、误导，这样才能营造有利于情商教育的良好社会环境。

## 2. 建立健全社会支持体系

社会支持体系是指由政府、社区、家庭、同事等组成的社会网络，能够为所需者提供物质、金钱、情感等各种资源支持。事实表明，越是情商高的人，在遇到困难、挫折的时候，越善于求助于社会支持体系，提高社会支持的利用度。社会支持不仅可以缓冲人的焦虑感和恐惧感，减轻压力带来的负面影响，还可以进一步强化对弱势群体的支持功能。对大学生进行情商教育要针对大学生的实际情况，学校要帮助大学生积极构建自我社会支持体系，必要时充分利用社会支持体系走出人生低谷，迈向成功。

### (四) 重视大学生自我教育

#### 1. 认知自己的情商

大学生情商水平的提高归根结底要依靠内因起作用。了解自己的情商是情商教育的第一步。人，终其一生都是在做人做事，情商反映的是一个人做人的综合素质，从人行为的细枝末节中，均能够反映出情商的高低。学校要教育引导大学生学会查找自身的不足，通过内省、他人评价和比较等方式，正确地认知自我，不过分美化也不过分丑化，对自我的情绪、动机、需求和价值观等做出客观中肯的评价，客观的了解自己的情商水平，是提高情商水平的前提。

#### 2. 培养自己的情商

大学生情商的培养是一个不断完善自我和超越自我的过程，需要大学生反复地领悟、实践，通过自我教育提高自我认知、情绪管理、自我激励、认知他人、人际关系管理五方面的能力。首先大学生要培养自身良好的道德行为习惯。只有树立科学的世界观、人生观和价值观，自觉遵守爱国、敬业、诚信、友善等基本的道德规范，才能塑造高尚人的心灵和完美的人格。其次，大学生要做自己情绪的主人。情绪是一种决定，而不是一种反应。善于管理情绪的人能够通过自我暗示、自我激励等方法摆脱消极情绪、宣泄不良情绪、培养积极的情绪。学校要注意为大学生情商的自我培养营造良好的校园文化环境，教育引导学生在社会实践及校园文化活动中有意识地锻炼自己，不断提升情商水平，以积极向上的心态、坦荡宽广的心胸、乐观愉悦的心境，热爱生活，对未来充满希望，肩负起实现中华民族伟大复兴的重任，实现个人价值和社会价值的统一。

# 第二节　大学生情商基于现代社会需求的分析和教育培养

如今，随着我国现代化进程日益加快和社会的不断发展，能否构建和谐、良好的人际关系已成为个人能力高低的重要的衡量标准。大学生正处于人生道路的转折时期，其世界观、人生观、价值观已经基本成熟，如果忽略对其情商的培养，他们毕业后将很难较快地融入社会。为适应社会的基本需求，促进大学生的个人发展，高校应将培养学生的情商纳入教育工作的日程。

## 一、现代社会需求下大学生情商培养的重要性

### (一) 建立良好的人际关系

对于初入大学校园的大学生而言，有一个和谐的、温馨的寝室环境至关重要。如果在校大学生不能正确处理自己与寝室、与班级同学的关系，将会感到十分孤独、无助，就会对校园产生一种想要逃离的负面情绪。校园生活丰富多彩，大学生要想得到更多来自外界的帮助与关注，就必须建立良好的人际关系。只有这样，他们才会较快融入大学生活中，并将更多的精力与时间投入到学习中。而当大学生毕业走向社会，良好的人际关系更成为其成长发展的关键，为其成功奠定基础。据数据统计，良好的人际关系可让人的身心愉悦放松，有利于其对问题的思考、判断。然而，要建立良好的人际关系，就必须从情商着手，建立良好人际关系的前提是个人能够积极控制自身情绪的变化，在遇到实际问题的时候可以沉着、冷静、不慌张、不逃避。能够站在他人的立场上去理解对方，能够对他人的行为给予尊重、包容，在与别人的交流沟通中，可以清楚地表达自己的内心诉求，也可以准确了解到对方的意图与看法，真诚地照顾对方的情绪和体谅对方的感受。

## (二) 培养良好的个人素质

现代社会对于大学生的要求已经不限于只拥有专业知识和能力,而往往更看重其个人综合素质的体现。个人综合素质包含的内容十分广泛,具体来说,即可以用道德准则来约束自身的意识与行为,比如在拥挤的公交车上,能够为老人、伤残病人、孕妇、幼童等让座,在人际交往中可以放弃蝇头小利。良好的个人素质是大学生较快融入社会,被他人所接受的关键。如果大学生只具有较高的专业理论知识与实践能力,缺乏了良好的个人素质,那么将很难得到领导、同事的认同与尊重。因此,是否具有良好的素质成为企业单位领导考察、衡量大学生能否胜任岗位工作的重要标准。一个经典的面试案例中,面试考官排除了众多优秀的应聘者,只留下了一名刚刚毕业的求职考生,理由是只有他在进门的一刻扶起了倒放在地的拖把。可见,大学生的个人素质会直接影响到其未来的择业,而培养良好个人素质的关键是情商,拥有高情商的人能够对自身的行为做出价值判断,能够充分知晓自身行为所带来的后果,更好地遵循道德标准与法律要求,并对自我做出严格约束。

## (三) 养成独立坚忍的品性

现代社会要想实现进一步发展,就需要有大批拥有高素质、能力强且具有独立坚忍品性的人才。独立性与坚忍性是一个国家、一个民族富强崛起的关键,是一个社会、一座城市发展建设的基础,是一种文化、一种精神弘扬传承的核心。如果缺少这种具有独立坚忍品性的人才,取而代之的是每行一事都要依赖他人力量,那么国家之兴亡堪忧。因此,在现代社会需求的前提下,大学生只有养成了独立自主、坚韧不拔、容忍沉着的品性,才能在步入社会遇到困难与挫折后,不断排解内心的消极情绪,战胜挑战,获取成功的桂冠。要想养成独立坚忍的品性,就必须拥有高情商来进行自我激励,适时调节内心的情绪与感受,将低潮看作人生中不可避免的考验,激发自己的进取心与拼搏意志。

## 二、基于现代社会需求培养教育大学生情商的对策

### (一) 从理论出发，加强情商教育工作

一直以来，我国的教育教学都只注重智商能力的培养，而忽略了情商能力的培养，以至于我国没有比较系统的、专业的情商理论教学。在现代社会发展中，我国高校应加强对大学生情商培养的力度，从理论方面对大学生进行情商教育，使其懂得情商的重要性，以及怎样做才是高情商的表现。这样学生就会有意识地去纠正自身的言行举止，并调整自己的情绪感受，使自己能够更好地融入集体中。

### (二) 从环境出发，营造培养情商的氛围

"人刚出生的时候是没有任何的思想与认识，通过在成长过程中对周围的逐步认识而积累起来一定的知识，这说明家庭环境、社会氛围对一个人成长起着至关重要的作用。"所以大学生缺乏情商往往不完全是自身原因，也有环境导致的结果。因此，一方面，高校要充分了解学生的成长背景与环境，对情商较低的学生给予适当的纠正；另一方面，学校要为学生营造温暖的、健康的、积极的生活学习环境，让学生感受到充满尊重、关怀、友善、和谐的氛围。只有在这样的环境下，学生才能逐渐改正自身的错误，放弃思想中的偏见、狭隘，学会换位思考，不断提高自己的情商。

### (三) 从实践出发，组织课外交流活动

"高情商能给人带来身心愉悦、良好的人际关系和社会财富，能让他们正确地认识自我，适应各种社会竞争。情商是成功者快乐生活、学习和工作的重要保障。"但是情商不能完全通过理论知识来获取，最好的提高情商的方式便是加强人际间的交流来往、沟通互助。高校可为学生创造大量的、丰富的文化实践活动，让学生在充分释放自我的同时加强与人的互通交际，以查找到自身的不足，并不断改正、完善自己。

情商是大学生成才的关键因素，在人们日常生活中扮演重要的角色。如果我国高校只从智力方面对学生加以培养，而忽略情商教育，那么，培养

出来的学生将很难适应现代社会发展的需要,无法在工作岗位上取得突出表现,也不能从社会交往中获取快乐。只有不断提高大学生的情商水平,才能保障大学生今后的发展与自我价值的实现。因此,高校应当充分承担起培养教育大学生情商的重要责任,从理论、环境、实践三方面出发,并做好后续的情商指引、心理辅导工作,有效地提高大学生的情商水平,使其更加适合现代社会发展的需要。

## 第三节 基于大学生情商培养角度的高校思想政治教育工作

当今社会日益飞速发展、充满竞争激烈,呈现多样化、多元化和复杂化特征,社会不仅需要高智商人才,更需要高情商人才。"大学生群体的情商正处在生成期和养成期,具有很强的可塑性。"高校思想政治教育涉及思想教育、政治教育、道德教育以及心理教育等,贵在引导学生学习、立志、树德、为人、处事等,可见其对大学生情商的培养亦有积极作用,其中也离不开思想政治工作者的付出和努力。大学生情商涵盖纵向和横向两个维度,详细来讲包括情绪觉知、情绪评价、情绪适应、情绪调控以及情绪表现等因素。高校思想政治工作者可以从中汲取相关因素和机理作为着力点,丰富和创新高校思想政治教育,将情商培养融入思想政治理论课堂教学,充分发挥高校思想政治教育对大学生情商的积极培养作用。

### 一、大学生情商的界定

关于情商定义的界定,国内外学者有不同的观点和看法,综合起来,可以将大学生情商进行简单的二维界定。情商,又称情绪智力商数或情绪智力,其反映了一个人的非智力综合素质。大学生情商可定义为大学生个体对自己、他人、他人与自己以及周围环境作用的相关情绪的觉知、评价、适应、调控以及表现等的能力。基于大学生情商概念的分析,其可以从彼此交叉、相互作用的两个维度来剖析:一方面是纵向维度,情商主要是大学生个体对情绪的觉知、评价、适应、调控以及表现能力等；另一方面是横向维度，大学生个体觉知、评价、适应、调控以及表现的情绪主要包括个人情绪、他人情绪、个人与他人间的情绪以及个人与环境作用的情绪等多个方面。

## 二、高校思想政治教育与大学生情商培养的相关性

高校思想政治教育与大学生情商培养相互配合、相互作用、彼此影响，两者在主体、目标以及特质等方面有相关性，可见，高校思想政治教育可以实现其对大学生情商培养的积极影响。

### (一) 主体一致性

马克思主义认为："任何理论和学说的逻辑起点和现实起点都应该是现实中的人。"高校思想政治教育与大学生情商培养的主体在一定条件下主要是大学生群体。大学生作为高校思想政治教育的主要教育对象，充当着设计者、组织者以及主导者的实践主体角色。同样，大学生情商培养工作需要大学生群体的积极有效参与、配合，显示了大学生群体的主体性。一方面，大学生充当设计者、组织者的角色。在高校思想政治教育和大学生情商培养工作中，要针对大学生的特点，进行必要的对象分析、内容钻研、方法选择，在具体的实施过程中离不开大学生主体作用的充分发挥；另一方面，大学生群体还充当主导者的角色。高校思想政治教育是做人的工作，其主体参与对象是大学生。大学生彼此之间以及师生之间，进行理论学习和亲身实践，从中学习相关知识、获得相关技能、陶冶情操以及提升自身心理等各方面素质能力。同样，在大学生情商培养的工作中，大学生之间以及师生之间等各要素之间关系的和睦、和谐是该工作有效开展的关键环节，实现人、事、物、景、情的和谐，这也离不开大学生主体性的充分发挥。此外，高校思想政治理论课所面向的是大学生群体，课堂教育效果的发挥与课堂创新改进的激励离不开在主体间大学生群体的充分参与。

### (二) 目标契合性

高校思想政治教育是高校教育的有机组成部分，也是和谐校园建设与发展的基础工程、先导工程，而大学生情商培养工作，旨在帮助大学生提升

自身情绪智力，进而实现自身的健康、科学、全面发展。由此看来，作为学生工作重要组成部分的高校思想政治教育与大学生情商培养工作在目标上是相契合的。一方面，两者的近期目标是着眼于大学生的发展。高校思想政治教育与大学生情商培养的落脚点都是大学生，两者致力于不断提高大学生的思想素质、心理素质以及情绪智力等，促进大学生的发展；另一方面，两者的中长期目标是致力于和谐校园的构筑与社会主义建设。构筑和谐校园，始终是高校各方面工作的目标，也是各方面工作顺利开展的有效保障。高校思想政治教育作为高校的有机组成部分，可以在潜移默化中构筑和谐校园文化，为和谐校园的构筑奠定坚实基础。当然，大学生情商培养工作可以在潜移默化中培养相关优秀人才，为和谐校园的构筑提供强大的后备力量、输送新鲜血液。同样，高校思想政治教育与大学生情商培养工作，不论其是着眼于大学生的培养，还是致力于和谐校园建设，两者的最终目标都是要服务于中国特色社会主义建设事业。

### (三) 特征相近性

特征是一事物区别于另一事物的根据。当然，作为不同的事物其特征也有所相近或相似之处。高校思想政治教育与大学生情商培养工作都是高校的重要工作，两者在一定程度上有多样性、灵活性、自然性、持续性以及和谐性等相近特征。一方面，高校思想政治教育与大学生情商培养工作涉及个人、他人以及个人与他人等多个维度，两者都具有复杂多样性；另一方面，高校思想政治教育与大学生情商培养工作都具有灵活性，两者的培养对象都是大学生群体，大学生群体层次参差不齐、需求复杂多样，具有不同的个性特点，由此决定了两者的内容、方式及工作的具体实施要坚持灵活性的原则，尽量充分满足复杂多样的大学生群体的各方面需要。此外，高校思想政治教育与大学生情商培养工作的很多主题和内容都是来源于生活又高于生活，而且必须还原生活，扎根生活，遵循生活的逻辑，引导生活，重构生活，在生活中去实践、去体验，具有自然性。当然，两者的相关活动和工作的具体开展过程也要注意实现和谐和可持续发展，保证相关工作的常态化，进而追求两者的互促共进。

## 三、高校思想政治教育工作者对大学生情商培养教育的着力点

高校思想政治教育与大学生情商培养教育工作在主体、目标和特征等方面有相关性，使得高校思想政治教育作用于大学生情商培养成为可能。高校思想政治教育工作者又作为思想政治教育的重要力量，有必要依据情商培养的相关因素和机理，从提升大学生情绪觉知能力、规范情绪评价能力、协调情绪适应能力、加强情绪调控能力以及完善情绪表现能力等方面着手，全面提升大学生的情商水平。

### (一) 提升大学生情绪觉知能力

一个真正有智慧、有能力的人，应该在充分认识周围客观世界的同时，充分看透自己、理解他人，不仅能够全面、客观、清晰认识自己，而且还能够觉察、理解他人的情绪和态度，对他人的情绪做出准确的识别和积极体会。大学生群体处于繁杂的同辈群体中，高校思想政治教育有必要加强大学生情绪觉知能力的培养，使大学生能够准确、有效觉知自己、他人以及周围社会环境的情绪状况。根据情绪产生的"刺激情景—评估—情绪"三维过程，情绪觉知的过程一般包括"情绪信息的接触—情绪信息的选择 -- 情绪信息的综合"三个程序阶段。由此，高校思想政治教育工作者可以针对不同阶段的困难和干扰因素，分阶段培养大学生的情绪觉知能力。其一，在情绪信息的接触阶段，往往存在着预期、偏见以及错误知觉等"觉知陷阱"。高校思想政治理论课是对大学生进行思想政治教育以及情商培养的重要平台。高校思想政治工作者可以在课堂内外的相关活动中引导大学生保持一颗平常心来接触相关情绪信息，以正常的、平静的、客观心态来接触、觉知周围的有关信息；其二，在情绪信息的选择阶段，存在着经验、归因、取舍等多因素干扰。思想政治工作者在课堂上要有意识教导大学生克服、定式效应，学会透过现象看本质，由此及彼，去伪存真，有效选择情绪信息，进而提升大学生的审美水平和鉴别能力；其三，在情绪信息的综合阶段，也存在着动机、目标、利益等多方面的影响，这就需要引导大学生学会换位思考，在思想政治理论课堂的情景演示中增强同理心，巧妙地了解、觉察以及优化相关情绪信息。总之，情绪觉知能力较高的人，能够常常自我反省、自我反观，从不

同的角度了解、认识、客观评价自己，同时能够具备"格物"心态，随时觉知他人或周围的情绪，这也是高校思想政治教育工作者对大学生情绪觉知能力培养的着力点和标准。

### （二）规范大学生情绪评价能力

人们不仅能够觉知相关情绪，而且能够对相关的情绪做出评价，尊重、接受相关情感以及所取得的成绩，激发自身的"情绪潜能"，并从中体验到快乐、满足感、成绩感以及幸福感。"由于新旧观念的冲突、中外文化的反差、理想与现实的矛盾、心理与生理的失衡，给大学生带来了思考的困惑和选择的困难。"因此，高校思想政治教育工作者要对大学生要进行相应的规范和调整，实现良好的情绪评价。一方面，引导大学生营造良好心态，去选择、追求快乐。英国作家萨克雷曾经提到："生活是一面镜子，你对它笑，它就对你笑；你对它哭，它就对你哭。"高校思想政治教育工作者要教导大学生们学会规范自己的心态，在日常生活中悉心享受每一个小小的喜悦，细细去品味、去咀嚼，从中体验快乐的味道和幸福的感觉。另一方面，高校思想政治工作者要规范大学生的价值取向，形成科学、正确的价值观。亚里士多德说，生命的本质在于追求快乐和幸福，一旦您想要幸福，幸福就会属于您。这也对高校思想政治理论课提出挑战，课堂中可以通过"案例教学、专题讨论、辩论、情景模拟教学等形式，给每个学生提供活动空间和体验机会"，在引导大学生培养坚定的政治立场和信仰的同时，教导大学生树立乐观主义、集体主义理念，善待、感恩周围的一切，进而去积极、乐观的评价相关的情绪信息，形成良好的情绪评价能力。此外，思政工作者要教导大学生明确"一体生命观"，理解自身和周围的一切生命都是一体的，自己作为社会、学校、班级、寝室的一员，要努力做好自己，心存集体意识和归属感，实现个人与他人、社会以及自然的和谐统一。

### （三）协调大学生情绪适应能力

"适应"是社会研究的基本概念之一，具有"适应性"和"适应行为"双重含义。情绪适应也可以分为两个层次，一个是指对现有的、静态的、部分的环境条件的适应，另一个是对未来的、动态的、整体的环境条件的适应。

大学生阶段正处于成长、发展的关键时期，其成长进步又是一个动态发展的过程，有必要锻炼、协调其情绪适应能力，以更好地适应当下以及未来社会的需要。高校思想政治工作者对大学生情绪适应能力的培养，可以从以下几个方面进行，一方面是磨炼大学生的意志力、坚定性和耐挫力，即是引导大学生树立不怕挫折、勇于挑战逆境的优良品质。著名心理学家雷文·巴昂指出：情商反映了人应对日常环境挑战的能力，那些成功人士之所以成功，是因为在最困难的时候，情商支撑他们渡过难关。由此，大学生要做好吃苦耐劳的准备，在日常生活中正视各种挫折和困难，并自觉地进行耐挫锻炼和相关心理训练，努力把自己培养成坚不可摧的强者。另一方面是锻炼大学生的适应性和灵活性。人是社会的有机组成部分，社会是人集结的结果，作为社会的细胞，人们要去适应社会、融入社会。因此，高校要积极构建情商培养的课堂外社会实践平台，打造形式多样的课外社会活动载体，让大学生与农民、农民工、社区居民、企业家以及政府工作人员等接触，在社会在实践的新环境、新团体中引导大学生群体学会提高自己的灵活适应能力，学会积极利用情绪的力量，审视和调整内部和外部的要求，尽快适应新的环境、新的集体、新的情境，并与新成员、新伙伴和谐相处，增强归属感和集体感。此外，要教导大学生要树立自信心和自豪感，人是有很大潜力的，只要建立起信心，在遇到困难时要进行积极的自我暗示，进行正强化，坚持奋斗，就必定能突破困境。

### (四) 加强大学生情绪调控能力

通常来讲，人的情绪受外界不良因素的影响时会产生某些消极情绪，伴随着怒、恨、怨、恼、烦等，种种劣质情绪都会给人带来负面影响。因此，具备良好的情绪调控能力和技巧，灵活地调控自己的情绪，化解矛盾，是保证稳定情绪和积极行为的必要条件。同样"在高校情感教育过程中，除了培养大学生积极情绪、情感之外，还应使学生学会调控消极情感。"情绪调控既包括个体内部的调节过程，也包括个体以外广泛情境因素的调节。因此，高校思想政治教育工作者对大学生情绪调控能力的培养，一方面，高校思想政治理论课中要增加关于耐挫力、调控力等案例分析和情景教学，借助"'知、情、意'三位一体的挫折教育模式"，在案例分析和情境创设中引导大学生树立"行有不得反求诸己"的理念，与其抱怨生活、抱怨他人，不如加强自我控制，将外界控制转变为内在控制，在情绪冲动来临之际要保持冷静，学会"移情"和"自控"。另一方面，高校思想政治教育工作者要引导大学生加强自身的自律、自制力和约束力的培养。自律、自制以及约束力是修身理智成大事者所必须具备的能力和条件。一是引导大学生要保持自律和自制思想，去做应该做但不愿或不想做的事情，保持良好的习惯，做高品质的大学生；二是要进行自我约束，不做不能做、不应该做而自己想做的适应，不能感情用事、随心所欲，自我约束、专心致志。此外，要引导大学生学会进行良性的情境选择和修正，在生活中尽量从消极中去激发积极情绪，先将自身积极起来，保持自信和快乐，不断去冒险、去尝试去探索，让自己的生活永无止境。

### (五) 完善大学生情绪表现能力

情绪表现能力就是社会交往能力的集中体现，在大多时候是非常微妙的，是一种无声无息、无所不在的"在人们的物质交往与精神交往过程中发生、发展和建立起来的"人际交流，其是连接个体内部体验和外部世界的桥梁，能够实现人际关系的有效整合、沟通以及调节，迅速建立人与人之间友情、友谊和信任关系，并能及时化解自己与周围人或者周围人的矛盾冲突，形成良好的人际关系。在当今激烈竞争的环境中，高校思想政治理论课显得尤为重要，尤其是将大学生情商培养融入教材、融入课堂、融入师生。譬如，《思想道德修养与法律基础》课程旨在教导学生立志、树德、为人、处事等，可以在教材第三章"领悟人生真谛创造价值人生"中增加大学生情商培养的相关内容和要求，既可以为大学生提供参照，也可以提高教师对大学生进行情商培养的重视度。详细来讲，高校思想政治工作者培养大学生的情绪表现能力，其一，引导大学生了解自己、明确自己的性格和优缺点，这样才能善用自己的优点，弥补自己的缺点。俗话说，"听话需听音，读人要读心。"思想政治工作者要使大学生明确在具体的交流、沟通之前，要明白自己究竟想要什么，了解自己能提供给别人什么价值，在团队中就要明确、熟悉成员们彼此的性质关系和团队的情况，这也就是自己的"思考环境"和情绪表现"前提"。其二，激励大学生在日常生活中树立、强化自己的影响力和感染力，打造人格魅力的"金三角"，即信赖性、亲和力和沟通能力，这样才能使自己的言论在相关劝说、开导以及矛盾的化解中有一定的说服力，从而在无形中密切与周围朋友的关系。当然，思想政治工作者也要引导大学生具备一定言语表达和沟通技巧，这也是大学生们未来走向社会需要锻炼、提升的方面。此外，思想政治工作者要在大学生的日常生活中渗透情绪表现中的正确原则和态度，比如说诚实守信、谦虚坦诚、循序渐进、互惠互利、合作共赢等，引导大学生把握相关共性心理，多加赞扬、勤于求教、表示欣赏、强调共性以及主动问候等等，这样才能建立良好的人际关系网，从中也会在潜移默化中提升自己的情绪表现能力。

总之，当今多样化、复杂化、多元化的社会，更需要智商和情商双高的人才，高校思想政治教育工作者作为高校思想政治教育的重要有机重要组成部分，有必要、有可能而且有条件吸收和借鉴大学生情商培养的相关内容和理念来丰富和创新高校思想政治理论课，进而优化和提升其对大学生情商培养的作用和功效，来充分、全面发挥高校思想政治教育的"育人"功能，培育"双高"人才，为中国特色社会主义建设事业和"中国梦"的实现注入新鲜力量和持久血液。

## 第四节　从促进成才就业角度谈大学生情商培养

在我们的传统观念中大家都认为高智商的人往往在社会竞争中会脱颖而出，智商的高低决定着一个人的事业成就的高低。然而，国内一项大学毕业生跟踪调查结果表明：大学生的智力水平对他们的就业、创业、成才与成功不能起到决定性作用，因为现今绝大多数大学生的智力水平差距不大，而非智力因素却起着至关重要的作用。因此，智商已不再是评价大学生成长成才的关键，我们称之为情商的非智力因素日益被社会及用人单位高度重视。

## 一、加强情商培养有利于对大学生成长就业

### (一) 加强情商培养有利于适应当今时代及用人单位对人才素质的重要需求

当今社会单位招聘流程一般是：①招聘单位列出招聘职位要求以及通过笔试进行初选，这主要考察的是学生在校期间的学习和认知能力；②招聘单位对入围者进行面试，来考察学生的综合素质，且重点考察应聘者的情商素质，这一环节很大程度上决定了应聘能否成功；③招聘单位对拟录用人员进行试用，在此期间，更重要的是考察其工作的责任心、主动性、人际交往和团队协作能力等，也就是应聘者的情商素养。

### (二) 加强情商培养有利于增强抗挫能力，树立积极的就业心态

加强大学生的情商教育，帮助他们客观地认识自我、评估自我，树立积极健康的心态面对挫折和压力，拥有坚韧不拔、勇于挑战、开拓进取的品质，最终走向成才成功。情商素养高的毕业生往往具备积极乐观的心态，能够理性的挑选适合的就业岗位，并且做好充分的求职准备，在求职过程中积极主动、客观巧妙地展示优势、推销自己，从众多应聘者中轻易地脱颖而出。

### (三) 加强情商培养有利于提高人际交往和沟通协调能力

情商素养高的毕业生在面试或应聘时，会通过揣摩面试官的心理和意图，适时将自己的观点、理念调整与之相契合，与面试官保持良好的情感沟通；他们在日常工作中能够根据不同对象和不同场合，充分运用沟通技巧，采取适合事宜的交流方式，准确地判断他人和自己的情绪，随机应变，及时调整，尽快让对方理解并达成共识，保质保量地完成工作任务。

### (四) 加强情商培养有利于提升团队精神与合作意识

在激烈的市场竞争中企业日益将"团队精神"与"合作意识"作为制胜法宝，应聘者团结协作的意识和能力成为愈来愈多用人单位的考核标准。加

强情商培养能够使大学生们能正确对待自己，又能体恤他人，学会平等、尊重、真诚待人，有助于他们树立正确的集体荣辱观，发扬团结、友爱、进取、互助的团队精神，从而提升其团结协作的意识与能力，为今后的就业和工作实践打下良好的基础。

## 二、当前大学生情商水平的现状及对就业的影响

随着社会的发展进步、每年毕业生大量涌现，就业形势的日趋严峻，再加上我国的应试教育体制造成的重智商轻情商，使得大学生在求学和就业过程中与情商问题日益凸显，造成了大学生就业难，就业质量偏低，害怕就业等一系列社会现象。归纳起来，大学生欠缺情商素养主要体现如下几个方面：

### (一) 自我认知不足，缺乏自信心

有关调查研究表明，相当一部分大学生缺乏自我认知的能力，看不到自己的优点和价值，没有明确的发展目标，总感觉自己达不到用人单位的要求。再加上择业就业过程中不可避免的优胜劣汰挫折的影响，有些毕业生原本在校期间成绩变现都平平，性格也偏内向，求职面试中往往不能脱颖而出，几次求职失败后内心遭受创伤和打击，便产生消极萎靡的心理，从而表现出自卑、逃避、退缩的行为，更有甚者形成了就业的心理困惑和障碍，错失了进行公平竞争、平等选择的机会和平台。

### (二) 自控能力低下，抗挫折能力较弱

大学阶段正值大学生的人格从不成熟发展到成熟的过渡时期，自控能力差，易冲动，情绪波动大，每年都有学生无故旷课、恋爱交友、沉溺网络、甚至违纪违法，这些原因往往直接影响他们的学业、毕业，最终影响就业。另外，学生在就业过程中面临压力或遇到困难后，不能正确对待和承担应聘失败的结果，不但不能及时地调整心态，反思应对，反而会心浮气躁，牢骚满腹，悲观失望，甚至会出现轻生等不良举动，还有的会呈现出消极抵触情绪，不敢或不愿再去尝试应聘新的就业岗位。

### (三)缺少人际交往锻炼,社会适应力不足

现实中,不少大学生在与人交往时都很容易以自我为中心,不懂得尊重他人,缺乏谦让品质,团队中不善于同他人合作,缺乏沟通交流的技巧,不懂得换位思考,不善于协调和处理各方面的关系,这与现代企业要求员工要具备良好的团队协作精神极不相符。这些情况都说明很多大学生在走出校门面向社会后,由于缺乏在校期间的社会实践和人际交往能力的锻炼,完全不能适应用人单位、职场和社会的需求,更加无法拓展自己的职业空间,直接影响到自身的就业质量和职业发展进程。

### (四)职业发展目标模糊,竞争意识和创业意识淡薄

近几年来,大学生毕业大都面临残酷的就业竞争压力,由于在校期间没有根据自身专业发展、行业企业需求,市场行情变化等做好个人职业生涯规划,从而导致在求职过程中,不能理性分析,茫然无措,无所适从,面对压力时悲观失望,望而却步,更有的普遍撒网,反反复复,随意违约,诚信缺失,这些都说明部分大学生在求职就业过程中缺乏自我评估,缺乏对自身职业发展的规划和思考,在激烈的市场竞争中不能化被动为主动,缺乏自主创业的意识,不具备多元的竞争力和多渠道的就业能力。

## 三、开拓大学生情商教育的有效途径,促进成才与就业

如今,高校在大学生情商教育中严重缺位造成人才培养中的"瘸腿"现象越来越明显,要促进大学生成才和就业,就必须确保情商和智商和谐发展,加强情商培养促进大学生的个性发展,提升就业竞争力,促使整个社会的全面进步。这不仅需要高校的培养教育,更需要社会各方面的关注和配合,以及毕业生自身的努力。

### (一)作为教育的组织者和实施者,高校要提高认识加强引导

1. 树立智商和情商并重的理念,营造和谐的情商教育氛围

高校应将情商教育纳入教育教学体系中,根据当代大学生情商素养现状,确立情商教育的目标和内容,科学合理地制定工作计划和人才培养方

案，并采取同学们喜闻乐见的形式，充分利用橱窗、板报、广播、网络、报刊等宣传媒体，广泛展开情商宣传，适当开设人文、法律、科学、艺术等课程和讲座，提高学生的人文素质，普及情商基本知识，营造浓厚的情商教育氛围。

2. 建立一支高情商的教师队伍，师生互动发挥激励作用

教师的人格魅力、道德情操、知识技能、处事原则等对大学生的情商养成有着潜移默化的影响。因此，一方面高校要把教职工的情商教育作为师德教育的重点内容，广开渠道为教职员工创造良好的情商教育条件，使教职员工的情商素养不断提升；另一方面，广大教职工要通过进课堂、进宿舍、进食堂，积极参与学生活动，通过自身优秀的情商素养表现，引导和促进大学生良好情商的养成。

3. 加强大学生职业规划指导和心理健康教育，培养和提高大学生情商素质

高校的就业指导课和就业服务过程中，就业指导人员应注重培养学生良好的就业心理素质，除了向毕业生介绍有关的就业政策、就业信息、择业技巧以外，还应加入择业观、人生观、价值观等方面的教育，正确地对待个人职业理想与社会需求的关系。同时，通过心理健康教育帮助大学生树立积极健康的心理意识，帮助他们适应社会，增强调节情绪、人际交往、抵抗挫折、自主创新等方面的能力，从而引导大学生以阳光的心态面对一切。

4. 营造丰富多彩的校园文化，通过社团活动促进大学生情商的发展

大学生在社团组织中有较强的自主权，容易激发自我教育、自我管理的良好气氛。为此，高校要充分调动共青团、学生会以及各种学生社团，大力开展主题鲜明、积极向上、丰富多彩、意义深远的校园文化活动，在活动的组织开展过程中，大学生们自我管理、自由沟通、广泛交流，形成了良好人际关系，增强了团结协作的能力，更是在很大程度上满足了大学生求知求能等多方面的需要。

### （二）大学生作为情商的求知者和践行者，要积极努力完善自我

1. 不断健全自我意识，明确发展目标

大学生正处于自我意识发展的关键时期，可以通过与他人交往、与别

人比较以及分析自己等途径来认识自己，对自己的性格、智力、能力等做出多维度的客观分析，了解自己具备和欠缺什么，优点和缺点有什么，擅长和准备从事什么，通过分析自我进一步明确自己需要培养和强化什么，该树立什么样的目标以及怎样去努力等，从而能够在就业过程中冷静理智地看待得与失、成与败，积极充实自我，充满自信地面对未来人生的挑战。

2. 增强自信心和耐挫力，做好充分的就业心理准备

在现代社会，拥有自信健康的心理越来越重要，大学生须学会心理调适，学会管理自身情绪，及时消除不良心理，排解心理压力，提高自我调控能力，不断增强社会适应性，丰富和健全自身的心智与人格。同时，还要做好充分的就业心理准备，既然确定职业目标就必须要勇往直前。只有平时不断积累和提升自身的情商素养，才能在面试的关键时刻凭借自己完美的表现取得用人单位的青睐。

3. 培养同理心，树立敢于竞争、乐于合作的精神

大学生们在校期间要重视和体谅同学的想法，学会将心比心，换位思考，养成同理心，建立良好的人际关系。在竞争日益激烈的现代社会，大学们要想在今后求职应聘中赢得理想的职位，首先必须要勇于竞争，明确学习目标，勤奋学习、刻苦钻研，积累深厚的理论功底、扎实的专业技能以及良好的道德品质迎接严峻的就业挑战；其次要通过积极参与评奖评优、社团活动、社会实践、企业单位实习等来培养自己的竞争意识、服务意识和大局意识，锻炼交流沟通、乐于合作的能力。

4. 在实习和社会实践中培养和提高情商素质，加快大学生的社会化进程

大学生在校期间要结合自身的资源与条件尽可能多去参与各项校园活动和校外实践。勤工俭学、志愿服务、顶岗实习、暑期社会实践以及自主创新创业等，都是大学生积累经验和职业演练的机会。大学生们通过这些活动融入社会，根据自己的切身感受现实生活和社会需求来认知社会、认知职业、认知自我，同时根据社会需求和职业标准，有意识地培养自己吃苦耐劳、积极进取、敬业奉献的精神、增强自己在沟通交流、组织协调、团队合作等方面的情商素养，为未来更好地适应社会竞争奠定基础。

# 第五节 "大学之道"对大学生情商培养

Lewis 在《失去灵魂的卓越》中指出,现代大学教育存在诸多不足,为了追求卓越的学术成就,重视研究生的教育、重视市场名利,轻视本科生、轻视教学、轻视学生道德人格的培养,忘记了后者才是大学的灵魂,即,把年轻人培养成具有社会责任感的成人。这是西方现代理论对大学教育的反思,事实上,2000年前的中国就对此有过阐述,而且有相似的思想和逻辑。"大学之道,在明明德,在亲民,在止于至善""古之欲明明德于天下者,先治其国;欲治其国者,先齐其家;欲齐其家者,先修其身;欲修其身者,先正其心;欲正其心者,先诚其意;欲诚其意者,先致其知;致知在格物"。反思今天的大学教育,我们的"大学之道"做到"明德""亲民"了吗,我们还是否记得大学教育的真正宗旨?

## 一、"大学之道"对情商的论述

### (一)情商

我国古代先贤的哲思隽语不乏对情商的理解和阐述。如《老子》中"自知而自见,自爱而不自贵";论语中"君子坦荡荡,小人常戚戚";《周易》中"天行健,君子以自强不息";《孟子》中"富贵不能淫,贫贱不能移,威武不能屈"等。近现代的文人雅士们也极力推崇高情商的人物典范,并从不同方面对其进行诠释。但当时对情商尚未进行明确界定。1995年,美国著名心理学家 Goleman 博士在轰动全球的新作《情绪智力》中提出了"情商"这一概念。认为"情商是个体最重要的生存能力。"他认为:一个情商高的人在任何时候都能做到认识自我和驾驭自我;能做到胜不骄、败不馁;能自我激励、锐意进取;能体察人情、赢得别人的信任;具有影响力、号召力并团结大家一道为共同的目标而努力。此外 Goleman 还将情绪智力界定为五个方面:认识自身情绪,即自我意识、妥善管理自己的情绪、自我激励、认知他人的情绪、人际关系的管理。

事实上,随着研究的不断深入,我们发现,情绪智力其实就像一座建筑，此建筑的地基是自我层，也就是上述5个方面的前3个；中间层是他人层，即上述第4层；而最高层，则是社会层，也就是上述第5层。同时，随着理论研究不断完善，情商的发展与个体社会化进程的联系愈发受到关注。20世纪80年代，人们认为智商是人才的核心，大学生也因此被视为时代的骄子。20世纪90年代后期，大量实践研究证明，智力发展仅仅是个体成才的一个重要因素而并非全部，非智力因素在个体成长过程中同样举足轻重。进入21世纪后，随着全球化竞争加剧，时代对人才的素质提出了全新的要求。大量的实证数据表明，情商在个人事业成功方面的作用远远高于智商。如Daniel Goleman指出，情绪智力对个体成就的作用比智力的作用更大，且是可以通过经验积累和训练得到明显提高的，"情绪潜能可以说是一种中介能力，决定了我们怎样才能充分而又完美地发挥我们多拥有的各种能力，包括我们的天赋智力"。就此，美国一些高校还开设了情商研究和推广计划，他们的共同目标就是"造就出高情商的现代人"。

## (二)"大学之道"与情商的联系

从教育角度看，随着社会发展时代变迁，各种需求也随之在不断地变化，但历史的发展有连续性，今天的文明离不开昨天的积累，现在的思想也无不打上祖辈们的烙印。《大学》中阐述："大学之道，在明明德，在亲民，在止于至善。"即大的学问的道理在于彰显人人本有、自身所具的光明德行，再推己及人，使人人都能去除污染而自新，而且精益求精，做到最完善的地步并保持不变。在社会层面上"明明德"，在他人层面上"亲民"，在自我层面上"至善"。这句话统领性的将做人的准则从自身经由他人推向到社会层面上。在《大学》中对此还有更深入的阐述，"古之欲明明德于天下者，先治其国；欲治其国者，先齐其家；欲齐其家者，先修其身；欲修其身者，先正其心；欲正其心者，先诚其意，欲诚其意者，先致其知。致知在格物。"其中，"格物""致知"是一个自我认知和探索的过程，而"正心""诚意"则恰恰是一个端正态度的过程，也就是说，一个人在自我认知清楚的前提下，端正态度，从而修养品行，达到"修身"。这个过程，相当于情商研究中的"地基"层，也就是"自我"层。也即通过"知、情、意、行"4个层面达成自我完善、自我认知清晰、自我情感体验积极、自我意志控制有效、自我行为做派得体。

在自我修身完善的基础上，才有可能"齐家"，也就是说，处理好和他人的亲密关系，这在情商研究中恰恰是"中间层"，也就是"认知他人的情绪"，处理好和他人的互动和和谐关系。在"自我"和"他人"层都做好的基础上，进一步完善，提高自己的影响力，达到"明明德于天下"，也就是情商中的"社会层"。

因此，"物格而后知至，知至而后意诚，意诚而后心正，心正而后身修，身修而后家齐，家齐而后国治，国治而后天下平。"通过以上三个层面，从自身完善起步，才能成为一个有所作为的、成功的人、适应社会需求的健全人，这正是培养大学生情商发展希望达到的目标。

对于当代的大学生而言，情商是其适应社会生存、竞争、发展必不可少的心理素质，是学生获得成功人生的关键因素。高等教育对大学生情商的培养不仅是迎接知识经济挑战，参与国际竞争的需要，也是促进青年健康成长与和谐发展以及大学生智力发展的需要，是全面推进素质教育的必然要求。

与此同时，培养大学生情商也是当代大学生面临严峻就业压力和时代社会需求的必经路径。现代心理学研究和大量社会实例表明，EQ已成为一个人的职业选择、就业安置、顺利适业以及预测人生成就的重要依据。就业是一个动态的过程，从为就业做准备、竞争求职、择业、适业甚至再就业，这所有的过程不单是对毕业生学业和专业的考核与竞争，情商的影响力也逐步渗透到就业的全过程，在各个不同的层面发挥着不可或缺的作用。现今学生的就业压力一再加剧，对当代大学生而言，仅拥有高学历、高知识已不再是保障，一个人对自我、他人情绪的知觉和控制，人际关系以及耐挫抗压能力已成为其获得工作机会和社会青睐的坚实后盾。

由此可知，无论是从社会需求层面还是大学生群体自身发展的角度来看，情商都有着举足轻重的作用，然而由于各种因素的限制和影响，当代大学生情商的总体水平并不乐观。培养、发展当代大学生的情商已成为各大高校培养人才的当务之急。情商的培养有助于促进学生全面素质的提高，培养学生美好积极的道德情感，塑造学生完善的人格。学生的情感智商是心理素质的核心部分，是学生适应社会，生存发展的重要能力，对情商的培养能使他们更好地适应日益激烈竞争下社会的需求。

从情商的层面来说,作为大学教育最重要的环节,就是尽可能培养学生在大学阶段打好情商基础。对青年学生来说,人生幸福的两个基础都需要在此时打好,"选对行,嫁对郎(娶对妻)",面临职业和人生的两大抉择,很多大学生会感觉迷茫。而情商中的地基(自我层)则告诉我们,要解决重大问题,必须先解决个人的修身问题。在"地基层"中,第一个分层就是自我认知,自我认知是"地基中的地基",是起步的关键。

## 二、"大学之道"提出培养情商的措施

大学生必不可少的一课就是学会"按本色做人,按角色做事,按特色定位",而做好"人生三原色"的精髓就在于一个人的情商水平。对于大学生情商的现状,应遵循"大学之道",从其自我、他人和社会三个层面考虑,只有在端正自己心态,清楚自己之所欲之后才能正心修身;有了好的德行才能推己及人,影响他人并与其建立起良好的关系,最后才能齐家治国平天下。

### (一) 打好基础层,格物致知,自我认知清晰

"格物、致知、正心、诚意"就相当于情商中的自我认识层面,就是个体对自己的一种觉察和全面审视的能力。大学生正处于青年中期这样一个心理变化最为剧烈的时期,他们的生理发育已基本趋于成熟,但由于社会阅历和经验的不足,对人生和社会问题的认识不够深刻全面,极易出现各式各样的矛盾,又很容易受到外界各种因素的干扰和影响,不能正确了解和评价自己以及自己的情绪状态,以至于难以明了外界事物的道理,也就无法端正心态看待自己。就此,我们应该注重学生情绪自我意识以及心态的培养。现在的大学生绝大多数是独生子女,家庭的骄纵和社会外界的诱惑使他们丧失了格物致知、诚意正心的能力,明白自己真正想要什么的心。

一个人只有做到真正地了解自己,心态端正宽容平和才能敏锐的觉察出自身情绪的变化,做出进一步的处理。在情商的培养中,切忌舍本逐末,而这里的"本",就是情商的"地基",即自我认知清楚。这同时是个哲学问题,也就是尽可能地帮助学生了解"你是谁"。最近很多高校开设《大学生职业生涯规划》就是一个比较好的探索方式,帮助学生系统地了解自己的兴趣、能力、个性和价值观等方面的倾向,为未来的发展打好基础。

## (二) 打造第二层，正心诚意，端正人生态度

"心正"，端正了态度之后，还要"修身"，这里从情绪的自我控制和自我激励两大层面来探讨。正所谓"自天子以至于庶人，壹是皆以修身为本"。不管是谁，不管其想要成就什么大事业做好自己才是最根本的。要提升自我的修养最重要的一点就是管理好自己的情绪。

其次就是要做到自我的激励，在自己认可的状态下不断的坚持、坚定自己，且能承受得起压力和挫折，这样才能成为一个真正有素质的人。然而当代的大学生在时代的塑造下个性化倾向严重，常常以自我为中心，情感极易冲动，将自己情感的随意释放认为是自由和个性的象征，进而表现出情绪的控制能力较低，稳定性较差。家庭教育的不恰当也使很大一部分的孩子在克制冲动克服和延迟满足情绪方面严重欠缺，不能做到对自己应该要坚持的事有所坚持，情感和毅力显得脆弱，通常会在压力和挫折面前一蹶不振，给学习和生活带来很多负面影响。所以对学生情绪的自我调控能力和自我约束能力的培养就显得尤为重要。

## (三) 争取第三层，齐家治国，推己及人

"修身"而后"齐家、治国"，只有在修养好自身的德行之后才能使家和睦有序，才能治理好国家。也就是说修身为本，进而晋升到与他人的交流互动层面上，最后扩展到整个社会交往。就情商的内容而言，涉及两个层面，一个是在交流互动过程中对他人情绪的认知。现在不少学生与人交往时都很容易自我中心，过多地注重自己的要求，不能很好地觉察他人的情绪且常常对他人产生偏见。

另一个就是人际交往，即以对他人情绪认知为基础的互动过程，只有敏锐的觉察出他人情绪的变化才能准确的调整自己。在平常的教学中就应该注重对学生共情能力的训练，可采取角色扮演等让其在角色中感受对方的情感，以使他们在日常的交往中做到"己所不欲，勿施于人"。所谓的"所恶于上，毋以使下；所恶于下，毋以事上；所恶于前，毋以先后；所恶于后，毋以从前；所恶于右，毋以交于左；所恶于左，毋以交于右；此之谓君子有絜矩之道"说的也就是这个道理了。"治国"，换言之即一个人际关系管理的

问题。要成为一个出色的人，人际关系管理的技能是必不可少的。特别是当代的大学生，面临着各种形式的竞争与社会摩擦，人际关系的管理就显得尤为重要，如前文提到，在拥有一定的知识技能的基础上，一个好的人际关系才是在这个充满竞争的年代的立足法宝。因此，作为新世纪的大学生更应该从各个方面去培养自己对人际关系的管理。这样逐层深入，一步一个脚印地抓紧落实，才有可能最后"明明德于天下"。

总之，对大学生情商的培养应根据当代社会形式以及大学生自身的一些生理、心理特点出发，从基础着手，与时代同步，按社会需求有目的地培养。分别从"格物致知，提高认识（情商教育的起跑线）、正心诚意，端正态度（情商教育的内化）、推己及人，善于共情（情商教育的关键）"这样一个三部曲进行，形成一个完整的教育流程。因为情商不是一天两天就能培养起来的，需要一个反复强化的过程。正如陶行知先生所说的"行是知之始，知是行之成"，在学生发展的过程中，三个环节紧密配合，息息相关。且在学生的情商发展过程中，始终要注意的是学生是核心，教师是主导，不能本末倒置或是忽视任何一方的努力与配合，否则最终的结果都将不尽如人意。只有从历代的智慧中汲取营养，明确教育的真正宗旨，才能最终让我们的学生"不失灵魂地卓越"。

## 第六节　以美育促进大学生情商培养

随着当今社会对人才综合素质的要求不断提高，良好的情商已成为社会挑选人才的基本标准，高情商能使大学生在社会中更好地融入团队，充分施展个人才华，最终实现自我价值。在美育已被国家提高到教育发展战略的条件下，高校应积极运用美育来促进大学生情商水平的提升。

情商主要包括五个方面的内容：自我察觉能力，情绪管理能力，自我激励能力，自我移情能力和人际关系能力。高情商的人在这五个方面的能力上都有超于常人的表现。据美国宾州罗文斯坦研究所的调查测算，得出美国前总统小布什的智商是91，按照测算标准，小布什是历届美国总统中智商最低的一位，但是小布什之所以能成功，与其具有良好的合作精神、领导艺术和个人魅力有着密切的关系；被誉为"波普之父"的美国艺术家安迪·沃霍尔的智商只有86，但他在艺术领域成就卓著，而且在电影、写作、出版、音乐等领域都有不俗的表现。这些成功除了依靠他与生俱来的艺术天赋，更多是依靠他善于独立思考、自我包装和推介的能力；从马云两次高考落榜可以看出他的智力平平，但因勤奋使这个其貌不扬的普通人最终成为家喻户晓的成功者。马云的勤奋是众所周知的，早年他在中国尚未普及互联网的环境下为推销"中国黄页"而四处奔波，经常处处碰壁，受尽冷嘲热讽，但他没有退却，而是选择坚持到底。即便在今天，他依然保持着勤奋的状态。在历次集团内部或公开的演讲中，他少谈管理，多谈做人；不谈成功，只谈失败。实际上他是在不断强调情商的重要性。

大学生情商是指大学生认知自我、控制自我、激励自我、移情和处理人际关系的能力。大学生具备良好的情商有利于健康成长和适应社会。中国自应试教育制度建立以来，产生了许多"高分低能"的现象，"高分低能"是指学生的智商高、情商低，这样的学生沦为了读书的机器，没有将智商优势转化为情商优势，并且因为缺乏情商而使自己的人生失去了光彩，更甚者造成了人生的悲剧结果。

近年来美育得到了国家的高度重视，十八届三中全会通过的《中共中央关于全面深化改革若干重大问题的决定》中提出："改进美育教学，提高学生审美和人文素养。"教育部部长袁贵仁撰文《全面加强和改进学校艺术教育工作》，为美育的实施做出了明确的部署。高校应借政策之"东风"，以美育促进大学生情商水平的提升，培养心理素质健全的社会主义合格建设者和接班人。

## 一、美育在培养大学生情商中的作用

美育是按照美的标准培养人的形象化的情感教育。美育在育人的过程中逐渐从形式美育（培养人的审美观、欣赏美和创造美的能力等）向实质美育（追求诗意的精神境界和审美人生）转变，最终目的是实现人的全面、自由的发展。美育在培养大学生情商中主要有以下三个作用。

### (一) 帮助大学生习得人文知识和艺术技能

2013年习近平总书记在天津和高校毕业生、失业人员等座谈时曾说："做实际工作情商很重要，更多需要的是做群众工作和解决问题能力，也就是适应社会能力。老话说，万贯家财不如薄技在身，情商当然要与专业知识和技能结合。"如果大学生能够习得丰富的人文知识和艺术技能，肯定能更好地开展实际工作和适应不同的社会环境。

人文知识是人类关于人文领域（主要是精神生活领域）的基本知识。美育不仅可以使大学生学习艺术知识，而且可以透过艺术史、艺术作品获得其他方面的人文知识，例如在被誉为中国十大传世名画的《韩熙载夜宴图》（顾闳中）中我们不仅能欣赏到南唐时期的绘画美、人物美、服饰美，也可以了解到画面背后的政治和历史知识。韩熙载为了防备到访的"眼线"（周文矩、顾闳中），避免南唐后主李煜对他的政治迫害，故而佯装无心政治、纵情声色，这才有了《韩熙载夜宴图》中风流享乐的人物形象和觥筹交错的生活场景。除此之外，美育还可以使大学生获得文学、哲学、法律、宗教、道德、语言等方面的知识。丰富的人文知识储备能让大学生在人际交往中游刃有余，充分展示自我的人格魅力，增进与他人的沟通和交流。

艺术技能是创作者在艺术创作中对社会生活的观察、体验和审美认识的技能才能。艺术技能是大学生主动融入社会、赢得人心、施展才干的必要手段。美育能够使大学生产生学习艺术的浓厚兴趣，逐步培养一些艺术爱好，通过艺术技能更好地融入社会，为提高工作成效创造新的方式方法。徐克（香港导演）版本的《智取威虎山》中曾两次出现杨子荣运用艺术技能积极融入新环境的画面，第一次是他与东北民主联军203小分队汇合之后，在休息时通过歌唱（北洋军歌《三国战将勇》）与小分队的战士们打成一片；第二次是他在威虎寨内通过粗犷豪放的表演（二人转《清水河》）赢得了大多数敌人的信任和亲近。同时杨子荣所具备的绘画技能也为顺利绘制威虎寨的内部结构图打下了基础。

### (二) 帮助大学生陶冶情感

情感是人对客观事物是否满足自己的需要而产生的态度体验。情感主要有四个方面的作用：是人适应生存的心理工具；能激发心理活动和行为的动机；是心理活动的组织者；是人际交流的手段。积极的情感是与消极的情感相对立的概念，积极情感的建立需要美育给以感情推动力。蔡元培曾说："人人都有感情而并非都是伟大而高尚的行为，这由于感情推动力的薄弱。要转弱为强，转薄为厚，有待陶冶。陶冶的工具，为美的对象，陶冶的作用，叫作美育。"高校应通过美育来陶冶大学生的情感，让大学生获得精神上的愉悦和满足，进而推动大学生按照美的标准不断完善自我、强化自我、提升自我，形成健全、完美的人格，使大学生真正具备良好的情商心理素质基础。

### (三) 帮助大学生养成良好心境

心境是一种微弱、平静而持久的带有渲染性的情绪状态。心境往往能在一段时间内影响人的言行和情绪。影响心境的因素可分为外部因素和内部因素，外部因素包括工作成败、生活条件、健康状况等等；内部因素主要指个体的思想观念状况。现实生活中常有人因外部因素的变化时而欣喜若狂、喜极而泣，时而心烦意燥、悲伤落寞，心境极容易被外界环境所左右。"人之心境，多欲则忙，寡欲则闲。"(清．金缨《格言联璧》)心境之所以容易波澜起伏，归根结底是因为人的欲求不满。美育通过美的对象陶冶人的情感，进而以情感支配人的思想观念。当人的思想观念变得豁达开朗，内部因素将使人更加理性地认识和看待外部因素。美学家朱光潜曾说："美感的世界纯粹是意象世界，超乎利害关系而独立。"美育引导人走入超越利害关系的意象世界，使人真正养成"宠辱不惊，看庭前花开花落；去留无意，望天上云卷云舒。"的诗意心境。当大学生真正拥有了良好心境，将有利于他们在人生的道路上更好地施展才华和实现抱负。

## 二、美育促进大学生情商培养的主要途径

### (一) 以艺术社团为载体开展情商培养

艺术社团是以艺术爱好和特长为结合点，以实现社团成员的共同意愿和满足个人艺术爱好的需求、自愿组成的、按照其章程开展活动的学生组织。据观察，高校的艺术社团在所有社团中的规模往往是最大的，艺术社团

的吸引力、感染力、影响力也是最强的，这是因为艺术社团具有艺术性、审美性、娱乐性、学术性的特点。高校应充分利用艺术社团善于集聚人气的优势，结合社团活动积极开展大学生情商培养。首先，要重视艺术社团的建设，指派专业（艺术、管理、校团委）教师定期指导，提高艺术教学水平，制定合理的管理制度，传授策划活动的经验，给予活动经费支持和场地使用权，做好后勤保障工作，努力打造出一批在校内外具有一定影响力的精品艺术社团；其次，要指派心育教师对社团骨干开展情商教育，提高社团骨干的情商水平，要求社团骨干在组织开展活动时在主题、形式、内容的设计上有针对性地开展情商教育；第三，社团在完成好艺术教学的同时，积极推动社团成员之间的交流和沟通，提高人际交往能力；第四，努力推动社团走出校园，融入社会，在扩大社团的社会影响力的同时，进一步锻炼社团成员的人际交往和社会适应能力；第五，社团要以社会主义核心价值观的个人层面（爱国、敬业、诚信、友善）为精神标杆开展社团活动，努力营造健康积极向上的人际氛围。

## （二）以校园艺术节为阵地开展情商培养

校园艺术节是由学校举办的以推动校园精神文明建设，丰富校园文化生活，展示大学生精神风貌，营造活跃的校园文化氛围为宗旨的系列性活动。校园艺术节有一定的活动周期（1周~1个月不等），活动主题鲜明，活动内容丰富，活动形式多样，能吸引全校师生的热情参与和围观，在校园内具有十分大的影响力。高校应充分利用好校园艺术节这一宣传教育阵地，积极促进大学生的情商培养。首先，要打造艺术节的品牌效应，使艺术节成为大学生所热切期盼的一年一度的节日盛会。北京师范大学所主创的北京大学生电影节可以说是校园艺术节的典范，至今已成为具有国际影响力的艺术节；其次，艺术节应以社会主义核心价值观为精神指引，以各类型的艺术活动（音乐、美术、舞蹈、戏剧、微电影等）为组成，以提升大学生的情商水平为主要目的；第三，精心策划艺术节的活动内容，覆盖当代大学生所关注和喜爱的艺术类型，及时吸收新的艺术元素，引进高雅传统艺术，使大学生在丰富的艺术活动里乐在其中，有所受益；第四，努力做好艺术节的组织筹备工作，使艺术节起到高品质、高水平的宣传教育效果，让大学生在活跃的审美环境中产生浓厚的情感，激发大学生实现人生理想的热情和欲望。

**(三) 美育课程开展情商培养美育课程是指通过课堂教学实施的美育，是实施美育的主要手段**

美育课程的质量直接影响大学生情商培养的成效。通过美育课程开展情商培养应从以下几个方面着手。首先，按照教育部的要求，高校应开齐开足艺术课，参照《全国普通高等学校公共艺术课程指导方案》，为大学生学习艺术提供丰富的课程选择；其次，美育教师应明确教学的目的，即通过美育培养大学生的审美和人文素养，使大学生在艺术和审美世界中获得情感的熏陶，情商水平的提升；第三，美育教师在教学中应注重完善课堂结构、规划课堂布局，不断创新教学的方式方法，彻底杜绝刻板单调的教学形式，积极营造轻松愉快的课堂氛围，让大学生在课堂中学有所乐、学有所得。第四，美育课程应采用课内教学与课外实践相结合、校内教育与校外教育相促进的形式，让大学生充分感受社会美、自然美、艺术美；第五，高校要对美育教师进行情商专题培训，提升美育教师的情商水平。只有美育教师具有丰富的情感、良好的情商才能真正把美的真谛摄入大学生的心中，让大学生感受到春风沐雨般的心灵体验。

**(四) 利用网络美育开展情商培养**

网络美育是指以新媒体为媒介实施美育的教育手段。当代大学生已经成为真正意义上的"网络原住民"，他们的日常生活、情感生活和精神生活已经与网络密不可分。基于大学生"生活网络化"的特点，高校应积极开展全过程、全方位、全覆盖的网络美育，要善用各类新媒体工具(微信、微博、博客、社交网络、QQ 空间、APP 应用等)，实时掌握不同学习阶段的大学生的审美和心理需求，编辑和设计内涵丰富、趣味性强的审美内容，定时定量分享丰富的人文艺术知识，使大学生在网络世界中找到思想的归宿，最终实现培养大学生情商的目的。

# 第七节 大学生情商培养之社会情绪学习

改革开放以来，我国社会发生了翻天覆地的变化，经济获得了飞速发展，社会取得了巨大进步。与之相对的是，国人的心理跟不上社会的变化，进而引发了一系列的心理问题，其中，大学生尤为明显。自杀、暴力、抑郁等问题层出不穷。究其原因，较低的情商是根本原因。

我国十分注意培养孩子的智商，如中考、高考、研究生考试等，却对情商的培养兴趣缺乏。但有意思的是成功人士往往不是那些各种考试的佼佼者，但是他们的高情商确实人们一致认同的。情商教育的一个很重要的方面就是"情绪管理"，内化的思想情绪对于情商的培养至关重要。

## 一、社会情绪

一个高情商的大学生需要做到以下几点：首先，理解和控制自己的情绪；其次，关心照顾他人；再次，对滋生的任何决策都负责任；第四，建立维持良好的人际关系；第五，对生活中的各种问题都能有效的处理。

培养高情商的大学生就需要进行社会情绪的学习。2002年，联合国已经在全球范围内推进社会情绪的学习，美国早在二十世纪九十年代已经开展社会情绪的学习，并取得了良好的效果。

首先，学生的自我控制和自我管理能力大大提高；其次，学生之间的冲突大大减少；再次，大学课堂变得更加高效和谐；第四，大学生的人际关系获得了极大地改善。第五，学生的责任感获得了极大地提高。第六，提高了大学生的团队合作精神。

## 二、社会情绪课程

时至今日，全世界都在进行社会情绪的培养，关于社会情绪的课程已经不再鲜见，甚至美国的很多高校已经将其定位必修课程。对学生情商教育的重视已经达到了基础科目的重视水平。在亚洲，新加坡走在大学生社会情绪培养的前列。在我国，韦钰院士进行了大量的关于社会情绪培养学习项目的尝试，效果明显。

总起来讲，我国的重智商、轻情商的教育模式还是根深蒂固，大学教育还是专业教育的天下，以社会情绪培养为代表的情商教育几近于无，而决定学生成功与否和幸福与否的往往是情商而非智商。

## 三、对策

### (一) 开设社会情绪课程

高校应该根据学生的不同需求，修改教学计划，将社会情绪课程添加到教学计划中。配备专业的高情商的教师担当本门课程的教师，最好是性格开朗、拥有心理咨询师证书的教师，这些教师容易让学生打开心扉，说出自己的情绪。只有这样才能帮助他们思考自身情绪，进而引导他们控制自身的情绪。社会情绪课程不应该只是简单的授课，更应当是一种交流，是对学生的潜移默化。逐步让学生学会解决生活中各种矛盾的方法，帮助他们学会正面、积极地解决问题，而不是冲动、负面的情绪，这既利于提高学生的幸福感有利于提高他们分析问题、解决问题的能力。提高大学生对社会的适应能力。

### (二) 制定学习标准

我国高校在制定社会情绪课程学习标准时，要在立足本国国情的基础上，参考美国、新加坡等其他国家的先进经验，制定出最适应我国大学生的社会情绪课程学习标准。这个标准不是像专业课一样有标准答案，而是着重于学生情商的提高，根据这个标准对学生的学习和教师的教学进行公平评价，有利于促进大学生情商的提高。

### (三) 课程反馈和改革

任何课程都需要不断地进行课程改革，来取得学科的发展，让其变得愈来愈科学合理。在这个过程中，来自学生和教师的有效的反馈至关重要。课程结束后，学生和教师要将授课内容、质量、方式、学时安排等进行全面反馈。高校应当组织专家对课程进行讨论，提出行之有效的改革方法。通过社会情绪课程的学习，让学生在最短的时间内获得最大的提高，从根本上提高自身的情商。

　　社会竞争越来越大，大学生要脱颖而出，智商重要，情商也不容忽视。如何做好情绪管理、处理人际关系是保证大学生成功的关键。在这个过程中，高校责任重大，不仅要"教学"，更要"育人"。社会和家庭也要做好配合，通过各种途径帮助学生，培养他们的情商。只有如此，才能从根本上保证我国大学生情商的提高。

## 第八节　大学生情商培养和挫折教育

　　情商反映的是一个人在社会中的情感表现。情商也称情感智力或情绪智力，是认识、调控和激励自我的能力。它包括自我激励，百折不挠的理性思维，善解人意，唤起希望、战胜挫折等心理品质。培养一个人的情商，关系到其心理成人和精神成人，是大学教育应当予以高度关注的重要课题。

　　当今社会不仅需要高智商的人才，而且更需要高情商的人才。美国哈佛大学心理学教授戈尔曼在大量研究后指出："情感因素比智力因素更重要"。然而高校目前普遍存在偏重基础知识教育和专业知识教育，却往往忽视了情感智力和人格的发展和完善。因此，大学教育在培养学生政治素质和知识素质的同时，更要注重培养学生的情商和挫折教育。

### 一、情商培养的作用

#### (一) 动力的作用

　　高情商是大学生学习的动力，是积极的心理机制。一个人只有在轻松、愉快、渴望、喜爱等心里状态下，才能会更好地发挥个人潜力。学习积极性高，自制力强，这有助于他们学习成绩的提高，促使智能发挥，完成自己认为不可能完成的学习和工作。因此培养高情商可以使大学生全身心地投入到学习中来。

### (二) 调控自我的作用

我们每天生活在一个需要辨别是非的社会环境中，在这个环境中需要去适应，而并非仅仅去改变环境，因此必须很好地把握和调控自己。有时认为是错误或不合理的在一定条件下还必须去做，而且高高兴兴地去做，这是需要一个人具有忍耐力和理性思维，只有高情商的人才能驾驭自己。大学阶段的学生还是生活在一个相对独立的社会环境中，其心理承受能力和理解供需关系的能力还不够，所以应当有计划地引导和培养其情商。

### (三) 树立正确的人生观和世界观的作用

早在800多年以前，我国东汉末年著名的政治家、军事家、文学家曹操感叹："对酒当歌，人生几何？"。在新时期，青年学生中出现的社会思潮，一次又一次地把人生价值的思考提到人们面前。现代社会是一个信息社会，各种信息渠道广泛而普遍存在，各种文化、各种思想共同存在，这就需要我们的学生正确看待这些思想文化，吸取其精华，剔除其糟粕。

## 二、情商培养还要进行挫折教育

挫折是指个体实现目标中遇到的难以克服的阻碍和干扰，致使需要和动机无法满足而产生的紧张状态和情绪反映。所谓耐挫折能力，及个体遭受挫折时，不仅有自己的行为、心理不致失常的能力，而且有能够忍受挫折并采取积极进取、明智的心理机制战胜挫折，获得成功的能力。

随着科技的飞速发展和社会的不断变革，每个人对所面临的新任务、新工作及新的社会行为规则、社会地位和人际关系等，都存在着一个如何适应的问题。比如天灾人祸等自然环境阻力，过多的社会行为规则的约束和限制，个人的容貌、身材、某些生理缺陷、智力发展水平等自身条件，都影响着人们达到既定的目标。这些外部的和内部的阻碍因素时而单独出现，时而交叉存在，导致多种条件的挫折状态。大学生更容易受到挫折，对挫折地反映能力更强烈。在学习和生活上，由于高中生活和大学生活的差异，使学生遇上许多困难，在跟同学、朋友老师的交往中处理不当，从而造成人际关系的不协调，使其意志消沉，精神恐惑。

另外，理想与现实的差距，一些学生没有找到自己的人生定位，期望值过高，从而造成目标遥不可及，会使他们产生自卑心理，长期会形成压抑情绪，导致严重挫折，痛不欲生。在他们的心理发展中，其意志脆弱，易受暗示，情绪较为敏感、复杂，心境易变化，易产生激情。因此，在受到挫折时，其行为容易表现为失控、没有目标导向的情绪行为。如果经常、连续地遭到挫折，他们会感到持续的蒙昧状态，表现为攻击、粗暴、萎靡不振、焦躁不安、压抑、回避等反应，这些都会影响到高情商的培养。因此，培养耐挫折能力，将会对大学生情商的培养产生积极的影响。

### (一) 使学生认识到挫折难免

培养耐挫折能力，首先使他们懂得社会生活是极其复杂充满矛盾的。无论是在哪个社会里生活，个人的社会需要是不能百分之百得到满足的，遭受挫折是在所难免的。所谓"一帆风顺"只不过是人们的一种愿望而已。实际上，人们在现实生活中，总归有天灾人祸发生，总会遇上这样那样的挫折，只是挫折的轻重程度不同，产生的影响不同而已。要让学生知道失败乃成功之母，就人类认识的复杂性、曲折性而言，不经过错误，往往难以达到真理，指望不发生任何错误而一次获得对事物的正确认识几乎是没有的。

### (二) 培养学生坚强的意志品质

锻炼他们的生存能力。意志品质是否坚强，与一个人的耐挫折能力高低有着密切联系，挫折容忍力、挫折超越能力都离不开坚强的意志品质。人的意志不是与生俱来的，它是与困难的斗争中体现出来的，是随着困难的增强而增强的。意志品质是人在意志行动中表现出来的，尤其是在克服困难的活动当中表现出来。

### (三) 培养学生的集体荣誉感

培养学生的集体荣誉感，让他们意识到自己不是孤立的，有好多人关心他、需要他，个人的得失只是暂时的，集体的荣誉才是重要的。养成正确的、理性的分析和处理个人与集体利益关系的能力，多考虑集体和别人的利益，用集体的力量去战胜由此而产生的挫折，积极乐观的来完成自己的学业，成为一个对社会有用的人才。

## 三、如何培养大学生的情商

### (一) 要了解自己的情绪

只有敏锐觉知情感及时出现和随时变化，才能有效控制自己的情绪，否则，就会失去自我控制，听任情绪摆布，难以获得学习和事业的成功和人生的幸福。

### (二) 要管理自己的情绪

情绪是心理状态的晴雨表。它既可作为行动的内驱动力，又与人的身心健康密切相关。积极崇高的情绪是有助于身心健康，它既能提高智力活动水平，又能增加机体的抵抗力，充分发挥机体的潜能，还能保持适度平衡，使人感到轻松愉快。轻松愉快的情绪是保证身心健康的重要条件。

### (三) 控制过激情绪

保持心态平和，通过自我调控，恰当表现自己的情绪，使之实时、适地和适度。大学生应学会通过增高自己的情商来提高自我控制能力，摆脱挫折带来的焦虑、沮丧、愤怒、忧愁和烦恼等消极因素的侵袭。

### (四) 要学会激励自我的情绪

激励自我也是获得成功的重要心理品质。在实际工作、学习、生活中遇到困难和挫折的时候，要善于调动自己的主观能动性，调控自己的情绪，充满信心地去克服困难，坚定不移地奔向既定目标。要注意理解他人的情感，要时刻以感恩之心与人交往，处理好人际关系，同情他人，舍身触地为他人考虑，分担他人困难，分享他人的幸福，与他人和谐相处。人际交往能力高的人，人际关系协调和谐，往往能够得到他人的理解、接纳和帮助。研究表明，良好的人际关系是人的才能和个性品质及心理发展的重要条件。

总之，在重视大学生全面发展和整体素质提高的同时，还要对他们进行情商培养和挫折教育，这是教师义不容辞的责任。只有这样才能使大学教育获得真正意义上的成功。

## 第九节　高校德育课堂中的情商教育渗透研究

当前大学生的情商培养存在各种各样的问题：自我管理能力欠缺；对抗挫折和压力的能力不够；不善于自我激励；人际交往存在种种困难。这些问题严重地制约了大学生成人成才。高校德育工作者首先要对大学生情商教育有客观和清醒的认识，只有把情商教育与素质教育相结合，尤其是在大学生德育过程中贯穿情商教育，才能够提升学生的情商水平，完善学生的人格，培养健康、健全的社会主义事业合格接班人。由于道德与情商存在相互依赖、相互促进的关系，加上大学生德育与情商教育在人才培养目标上的一致性以及内容和方法的互补性。所以高校德育课堂中的情商教育渗透是必然的选择。

2013年5月，习近平总书记在天津与高校毕业生座谈时指出，做实际工作情商很重要，更多需要的是做群众工作和解决问题的能力，也就是适应社会能力。现代心理学研究证实，情商是一个人获得成功的重要素质之一。在社会竞争日趋激烈的当前，高校人才培养不仅仅是要培养大量的专业人才，同时需要更多的适应竞争需要的人才。而"情商"正是适应竞争需要的核心素质。

高校德育课堂是提升大学生思想道德水平的主渠道，是高校推行素质教育的主阵地。如何将情商教育渗透到高校德育课堂之中，是当前高校人才培养机制的完善与创新所面临的重要课题。

### 一、情商与情商教育

"情商"的概念是相对于智商而来的，心理学家认为情商是一个人"非智力"能力的重要组成部分。概括地讲，情商的内涵包括了以下几个方面：认知与控制自身情绪的能力，了解、适应与调控别人情绪的能力，自我激励与自我管理的能力，面对挫折与逆境的承受能力和妥善处理人际关系的能力。

情商教育，依据对象的生理和心理成长特点，对教育对象进行一个整体的情商发展水平评估之后，通过一定的教育手段和培训机制，遵循教育规律，对教育对象在情商内涵的几个方面进行培养，包括了学生的自我情绪了解、自我情绪控制、了解他人情绪、自我激励以及人际关系能力等，配合学生的专业教育，以素质教育为目标，以适应社会人才竞争为目的的教育。

## 二、高校德育课堂中情商教育渗透的逻辑起点

### (一) 道德与情商的内在联系

道德是一种传承约定，它是人类社会长期的交往活动过程中产生的一种人与人之间交往的评价体系，以社会群体生活习惯、传统文化以及个人内心的判断来作为标准和依据；而情商是指对自身和他人情绪的认知能力和控制水平。情商与道德都具有协调人与人之间关系的功能和目标，他们均以个体自身心理情感情绪为起点来对事物进行基本的判断。

道德是情商发展的社会规范。当今高校中的一部分大学生拥有较高的情商，他们拥有出人头地的迫切愿望、独立的个性和意志，与人沟通过程中能够察言观色，能够处理好各种关系，交朋结友，看上去风风光光。但是在学习上舞弊抄袭、弄虚作假；生活上铺张浪费、奢侈攀比；工作中拉帮结派、投机取巧。这种情商是基于功利主义的情商，是不道德的情商。显然，缺乏道德规范的情商发展是背离人才培养目标的。情商的概念是从心理学的角度出发的，但是情商的主体是人，人是具有社会属性的，那么情商的发展务必要在一定的社会规范之下，而道德正是最基本的社会规范，所以道德必然是情商发展的社会性规范要求。

情商促进道德水平的发展。一个人道德水平的提升包含了几个方面的过程：道德认知、道德情感、道德意志和道德行为。在这一系列过程中必然要求个人能有自我认知、自我管理、了解他人、自我激励、人际沟通这些情商要素上的要求。一个情商水平不高的大学生，如果连自我认知和自我管理都有问题，那么也不可能有较高的道德认知能力；如果做不到自我激励，那么也不可能有较强的道德意志。大学生如果情商水平低，会制约和影响到其

道德水平的提升；而良好的情商则有利于他的道德发展。

道德和情商是相互依赖相互促进的关系，情商的培育要置于道德的规范之中，道德的提升也需要情商的支撑，只有道德和情商共同发展才能够实现人的和谐发展。

### (二)大学生德育与情商教育的一致性与互补性

首先大学生德育与情商教育具有培养目标的一致性。大学生道德教育是为了培养具有道德认知、道德情绪和道德人格的人才。此类人才能在实际学习和工作中受到社会的认可，配合专业能力成为全面发展的社会主义事业接班人。而大学生情商教育则是以专业教育为基础全面提升学生的人际交往能力、自我管理能力，以期能够达到全面的自我发展。大学生道德教育和情商同为学生素质教育的重要内容，是启发学生在心理方面达到成熟的重要保障。因此，大学生的情商教育与道德品质教育的目标在人才培养的方向上具有一致性。

同时，大学生的情商教育与道德品质的教育在内容和方法上又具有互补性。大学生情商教育能够积极促进道德品质的发展。首先，在内容上情商教育可以补充道德品质教育的缺陷和不足，其实，道德品质教育教育可以借鉴情商教育的多种手段，通过情商的教育可以更好地促进大学生的品德心理的发展，从而使大学生积极地关注自我教育，树立高尚的道德信仰，提高道德认识，培养道德情感，养成好的道德习惯，达到高度的道德自律。正是由于道德与情商存在相互依赖、相互促进的关系。加上，大学生德育与情商教育在人才培养目标上的一致性以及内容和方法的互补性，高校德育课堂中的情商教育渗透是必然的选择。

## 三、高校德育课堂中的情商教育渗透途径

### (一)转变德育教学老师观念，加强老师情商教育意识和自身素质

教育教学活动中起主导作用的是教师，教师自身的观念对于教育教学的影响是巨大的，将影响到学生学习的情感和动力。教师素养的内涵首先就是教师对自己所教授学科的深刻了解，也可以这样认为：教师不仅仅要了解自己所教学科中的核心问题和前沿性问题。高校德育教学人员应当对情商教

育在德育教学工程中的重要性和必要性有深刻的认识,及时转变教师教学观念,教学过程中挖掘思想政治课教育资源,丰富德育课情商教育教学方式,并完善相应的评估考核机制。

同时,培养德育教学老师自身的情商水平同样重要。依照情商的基本内涵,高校德育课教师自身在情商方面也要具备一定的能力:首先是正确的自我认知能力;其次是良好的自我管理能力;三是较强的自我激励能力;四是识别学生情绪的能力;五是处理人际关系的能力。教师自身情商将在整个教学过程中投射给学生,既是一种示范,也是对学生的一种感染。只有当教师本身具备较高的情商水平时才能够在教育教学过程中具有示范效应。

### (二)建立课内理论教学与课外实践教学的联动机制

1. 德育理论教学中的情商教育渗透

高校德育理论教学应当在课堂教学设计与课堂教学实施中充分考虑情商教育的内容。如:在情感教育的环节中考虑如何引导学生了解和控制自身情绪;在德育理论课集体主义教育中充分考虑如何引导大学生开展良好的人际沟通等。高校在制定大学生思想政治教育培养方案时要充分考虑到大学生情商培育,课程设置和课堂教育教学形式也应当考虑如何促进大学生情商教育,不但要重视在专业方面促进学生智商,同时要设置和完善情商教育课程体系,并将其纳入学生考核范围之内。

2. 德育实践教学中的情商教育渗透

大学生情商教育渗透除了充分发挥课堂主渠道的作用外,高校还要积极打造情商教育的课堂外教育平台,建设特色鲜明的课外活动载体,用以培养学生的情商能力。如各种情景剧表演,将心理疏导、人文关怀以及大学生处理人际关系技巧等有机结合起来。还可以充分利用新兴媒体,如微博、微信等开展情商教育,扩大情商教育的影响力和覆盖面。

3. 大学生社会实践中的情商教育渗透

"走进社会"是情商教育的一项重要内容,也是德育课的教学诉求。社会实践是当前大学生德育培养由课堂走向社会的重要一步,也是教育与实践相结合的体现。学校应该利用寒假和暑假的时间开展情商主题社会实践,在与社会接触的过程中锻炼个人情商,并向社会传播情商理念。

高校德育课堂的情商教育渗透需要从事德育教学的老师自身具备情商教育意识和较高的情商，这是情商教育的基础。而把德育课堂的课内理论教学与课外实践以及大学生社会实践三方面有机地、全过程地进行结合渗透情商教育是情商教育取得成败的关键。

# 第九章　情商与大学生自我情绪管理

大学生正处于人生成长的重要时期，诸多的人生课题都需要他们去面对与解决，如专业知识的储备、智力潜能的开发、个性品质的优化、交友择业的选择、人际关系的经营等，然而由于大学生心理发展还没有完全成熟，自我调节和自控能力还不强，情绪经历丰富，情感起伏波动大，在对待学业、交际、感情、择业等复杂问题时，常常出现内心矛盾冲突，带来烦恼、焦虑、苦闷等一系列负面的情绪加之现代社会竞争激烈，各种文化思潮和价值观念的强烈，都会造成他们的心理困扰。

## 第一节　大学生情绪管理的基本理论

### 一、情绪

#### (一)含义

情绪研究专家保罗·艾克曼博士说："尽管人类生存的根本动机是饥饿、性欲和求生的欲望，但情绪的作用大于所有的这一切。"利珀把情绪定义为："是一种具有动机和知觉的积极力量，它组织、维持和指导行为。"丹尼尔·戈尔曼认为："情绪是感觉及其特有的思想、心理和生理状态及行动的倾向性。"我国大多数学者将情绪定义为"人对客观事物的态度体验""以个体的愿望和需要为中介的一种心理活动"。对于情绪本身，国内外学者仁者见仁，智者见智，但缺乏一个被广泛认可的定义。关于情绪，中国文化有"七情"之说，按儒家之说是"喜、怒、哀、惧、爱、恶、欲"，它们与生俱来，"弗学而能"；按中医说法，七情则是"喜、怒、忧、思、悲、恐、惊"，与人的五脏六腑、五运六气息息相关。相较于七情的模糊说法，西方心理学家则对情绪进行了细致入微的详尽研究，这其中，美国的普鲁特奇科博士经过对情绪的终生研究，将全部的物种所有的情绪概括为"八情"，即喜悦、信赖、畏惧、惊讶、难过、嫌恶、动怒和盼望，并认为人类所有的其他情绪都是由这8种基本的情绪经过复合、夹杂或叠加而衍生出来的。情绪分为积极情绪和消极情绪两类，积极情绪与积极态度相联系，例如快乐、热爱、适度紧张等，能提高学习和工作效率、促进身心健康、创造和谐的人际关系；消极情绪与消极态度相联系，例如郁闷、焦虑、过分紧张等，能降低学习和工作效率、损害身心健康、致使人际关系紧张。

差异性是情绪的一大特点，每个人对同一事件的反应往往表现不同，引发的情绪也不尽相同。即使引起相似的情绪强度，个体的表现方式也可能存在不同。造成这样的个别差异可归纳为三个因素。其一，人的天生气质上的差异，如知觉反应限阀不同，对外在刺激的敏感程度就不同。如有的人受针刺不觉得疼痛，而有的人被针一碰就大声喊疼。其二，每个人有不同的经历，若曾遭受过强烈的外来危险，有关的刺激就较易引发相似的情绪，如被蛇咬过的人，再看到蛇比没有此体验的人更容易害怕。其三，每个人会发展自己独特的认知结构，其具体表现在对事物的理解、评价等方面，这些反应慢慢形成情绪经验。会对我们日后的情绪有所影响。当公交车的少女，发现有人注视她，若觉得这人不怀好意，就会心生厌恶或恐惧；若认为此人欣赏自身穿着品位，则得意之情便会油然而生。

### (二) 情绪是情商的核心

情商义称为"情绪智商"，指的是管理情绪的能力，具体来说就是区别自己与他人情绪的能力，调节自己与他人情绪的能力，运用情绪信息来引导并控制自我思维的能力。情商是事业成败的关键，情商的高低在于情绪掌控能力的强弱，情绪是情商的核心。

情商高的人社会适应性强，其情绪稳定，不会发生剧烈波动，即使在产生情绪反应时，也可以妥善地处理，对事对人能有合理的想法，同时表现出合宜的行为。在中国文化中，很多论述阐释了情绪可以化作能量，《中庸》指出"知耻近乎勇"，古代诗人也描述道"春风得意马蹄疾"，还有俗语说的

"化悲痛为力量"。相反,"恼羞成怒""抱恨终天""乐极生悲""怒火中烧""悔不当初"等成语也反映出某些情形中个体会沦为情绪的奴隶。

## 二、情绪的理论依据

### (一) 情绪的认知理论

情绪产生的根本条件是评价,这是很多心理学家所认可的,阿诺德认为,尽管情绪及其体验依赖于客观情况的影响,然而一个刺激可否直接导致情绪,它能否引发情绪和引发什么样的情绪,只有经过人的认知评价才可能确定。只有当人了解了刺激事件与人的关系或意义以后,情绪及其体验才会产生。用认知来调控情绪的可行性在情绪的评价理论中得到了证实。

韦纳认为,人的情绪反应不仅由行为的结果所决定,还受到引起行为结果的归因所影响。内部归因和外部归因对情绪反应有不同的影响,其中,内部归因会引起与自我价值有关的情绪体验,而外部归因则不然。除了归因的内外部维度,情绪同样受内外归因的稳定性影响,假如人们将失败归因于稳定的不可改变的缘故,不满、焦虑、绝望甚至自暴自弃等消极情绪体验就会随之产生,相反,假如将失败归于不稳定的可以改变的原因,就会看到希望,并为之不断努力。另外,归因的控制性维度也会对人们的情绪产生影响。在失败或悲观情境中,如果人们将之归因于自身可控的原因,就会产生内疚的情绪体验,如果归因于自身不可控的原因,则通常会产生惭愧感。

### (二) 情绪智力理论

情绪智力理论是由美国心理学家萨洛维和梅耶教授在吸收认知心理学、情绪心理学和教育学的研究成果的基础之上,提出的一种理论。情绪智力包括正确地觉察、评价和抒发情绪的能力,理解情绪和情绪常识的能力,产生情绪以增进思维的能力,调节情绪以促进情绪和智力发展的能力。第一方面是情绪的知觉、鉴赏和抒发的能力,第二方面是对情绪理解、感悟的能力,第三方面是情绪对思维的增进能力,第四方面是对情绪成熟的调节,以促进心智发展的能力。在情绪智力发展以及成熟的过程中,这四个方面的能力并不是并列的,而是具有一定的先后次序和级别高低之分,最基础也是最基本的是第一方面的对于自我情绪的知觉能力，第四方面的情绪调节能力相对较为成熟而且需要到后期才会发展。总而言之，情绪智力的重中之重在于强调认知与管理情绪（包括本人和他人的情绪）、自我激励、正确处理人际关系的能力。我们可以得出大学生的情绪管理能力与其情绪认知能力和智力发展能力具有一定的关系。

情绪的这两个主要理论，不妨作为我们建构大学生情绪管理能力的主要理论依据。

## 三、情绪管理

情绪管理的内涵比较丰富，主要可以归纳为三类：第一类是适应性管理，即情绪管理是一种个体根据现实处境主动适应社会现实而做出的行为反应。特里、米歇尔和柯尔(1994)等认为，情绪管理是以一种社会可以容忍的方式，灵活地对一系列情绪发展要求做出反应，以及在需要的时候延迟反应。汤普森(1994)指出，情绪管理是一种适应社会现实的活动过程，它要求人们的情绪反应具有灵活性、应变性和适度性，以使人们能以有组织的、建设性的方式，迅速而有效地适应变化的社会情景。第二类是功效性管理，即突出情绪调节旨在服务于个人目的。马斯特(1991)指出，情绪管理是一种服务于个人目的、有利于自身生存与发展的活动。人们在进行情绪管理前，会对社会情景与自身关系的主观意义以及自身应付能力进行认知评价，最终决定如何对自身情绪进行管理。第三类是特征性地界定情绪管理。希赛蒂、阿克曼和伊扎德(1995)从情绪管理的动力特征角度认为情绪管理是发生在意识内外的，包括生理、认知、体验和行为反应的动力组织系统，其功能是驱动和组织行为，以适应特定环境。萨洛维和梅耶(1990)从情绪管理在人的智能结构中的地位入手，认为情绪管理是情绪智能的主要成分之一，是加德纳的社会智能结构中的一个亚成分。综合上述研究，我们将情绪管理能力界定为个体在遇到对个体发展不利的情绪时，积极寻找情绪策略，以有效的方式解决情绪不适的能力。

## 四、大学生情绪管理的意义

### (一) 情绪管理能改善大学生的心理健康

心理健康是一种个体能很好地适应生活和社会的良性状态,在此状态下,和谐的人际关系得以建立,内在的身心平衡得以维持,自身潜能得以进一步发掘,从而更好地实现自我价值。针对各种心理健康标准,心理学家马斯洛提出,适度的情绪表达与控制及良好的人际关系是衡量健康标准的两条重要原则。情绪与心理健康有直接关系,积极的情绪状态。对促进人的身心健康发展有着重要的意义;而当人的情绪处于悲伤、生气、厌恶的状态时,身体内部器官就会出现紊乱的状况,消化系统、神经系统等问题也会随之出现。由于大学生处于特殊的人生阶段,烦躁、强迫、人际关系不和谐、适应不良、人格障碍等情形时有发生,所以,情绪管理对大学生尤为重要,在合理有效的方法下,对自身的情绪进行有效的控制和调节,可以使自我处于一种积极乐观的状态。

### (二) 情绪管理能提高大学生的情绪智力

情绪智力是指人成功实现情感活动所需要的个性心理特性的一个复合概念,是近年来心理学家们提出的一个与智力和智商相对应的复合概念,也可以表达为情绪智力是一种以人情感为操作对象的能力;同时,情绪智力也体现了人情感品质的差异,是对人的感受、理解、表达、控制、调节自我和他人情感能力的反映,体现了一种非理性能力。当代心理学认为,情绪智力是一种非智力要素,对个体的成长和发展起着重要的作用。当今社会,一方面,许多大学生功利心很强,非常重视书本知识和技能方面的研究,而忽视情感和抱负;另一方面,频频出现学习心理负担过重、人际交往障碍、青春期烦恼和升学就业困惑等心理问题。所以,加强和提升大学生情绪管理能力,能够培养大学生情绪智力,健全他们的人格,增强抗挫折能力,不断完善自我。

### (三) 情绪管理能提高大学生的社会适应能力

社会适应是指个体与环境在相互作用过程中所获得的一种稳定、和谐、融洽关系的平衡状态。从个体维度来看，有两个方面，即个体改变自身从而适应环境，以及个体改变环境使之适合本人的需求。在个体和环境的互动过程中，情绪发挥着重要作用、积极情绪能够增强个体的友情、社会支持网络等人际资源，并与社会交往存在相互促进的联系. 积极情绪与更多的社会联结和社会支持有关，而这些社会联结和支持反过来也能增强个体的积极情绪。此外，积极情绪有利于个体更好地理解生活、应对生活事宜，促进人际关系的和谐，提高个体解决问题的灵活性. 使得个体更好地适应问题情境。因此，大学生要全方位提升自身素质，掌握情绪管理的技巧，通过情绪管理，提高自身的适应能力，为今后的生活、工作做好充分的准备。

## 第二节　大学生情绪管理的方法

### 一、提升大学生自身情绪管理能力

情绪管理主要涉及三个方面的含义：一是体察自身的情绪；二是适当表达情绪；三是以合适的方式发泄情绪。通过对大学生情绪管理三个方面的分析，就可以有效地提高大学生自我情绪管理的能力。第一，培养大学生情绪的认知能力。认知对情绪的产生起着重要的作用，认知是否合理、客观，在很大程度上决定着情绪是否正常、适宜美国心理学家沙赫特、辛格及阿诺德认为情绪的产生受三个条件制约，分别是环境事件（刺激因素）、生理状态（生理因素）和认知过程（认知因素），其中决定情绪的关键因素是认知因素。因而，剖析自身不良情绪产生的原因，有意识加强对诱因的认识，能有效地减缓自身的不良情绪。第二，培养大学生情绪的合理表达。合理表达情绪首先需要观察自己和他人情绪。要准确传达出自身的感受，必须先观察自己的各种情绪，让他人了解自己，促进彼此关系。在观察自身情绪的同时，觉察识别他人的情绪，从而设身处地站在别人的立场，善解人意，为日后构建良好的人际关系网奠定基础。第三，培养大学生情绪的合理化宣泄。情绪没有好坏之分，只有积极情绪和消极情绪之别，大学生需要把消极情绪中的积极能量发挥出来，把积极情绪和消极情绪的积极功能相结合，为自己的学习和生活所用。此外，通过转移、高声歌唱、倾诉、哭泣等合理的方式发泄负面情绪，可以缓解心理压力，恢复心理平衡。

## 二、情绪管理的具体方法

### (一) 觉察和认识自己的情绪

能察觉自己有了什么样的情绪是情绪管理的第一步，然后接纳并允许自己情绪的存在。情绪不分好坏，只要是自身真实的感受，就要学会正视并采纳它，这样才能更深入地找寻情绪背后的缘故。

加里·祖卡夫通过能量系统来阐释情绪在我们身体中的影响，而这正是一种自审的态度。当积极的情绪来临时，以平和的心态面对它，而不是让它恣意生长，积极的情绪在被过分放大时，同样也会给我们带来危害。人们通常所说的"乐极生悲"正是这个道理。当负面情绪来临时，该认真分析负面情绪产生的原因，而不是选择逃避。如果你将自己的负面情绪藏在心里而不去正视它，虽然从表面上看，你消除了负面情绪。但其实负面情绪一直藏在你的心里，它带给你的影响也会一直存在。

哈佛大学的心理学教授詹姆斯说："人们有能力把自己当作一个与己无关的客体，然后在对这种特殊客体的观察中，发现和完善自我。"我们往往在看待发生在别人身上的事情时，能以旁观者的眼光看清楚事情的真相，而在面对自己的事情时，却总是不能看明白、所谓"旁观者清"正是这个道理。如果我们把这个道理运用到体察自己的情绪上，不就能够更加了解自己的情绪变化吗？这也是一种自我审查。

心理学家库利在詹姆斯教授研究的基础上，将这种自审的方法进一步推广，并称为"镜中我"。无论你处在什么情绪中，如果你面对镜子，观察自己，你就会一目了然地看到情绪带给你身体的变化。我们要学会时刻提醒自己以旁观者的角度审察自己的情绪，当因他人的言语而生气时，你要告知自己，不应该拿别人的错误来惩罚自己，这是愚蠢的行为。对于察觉自己的情绪，我们要抱着热情和积极的心态，逃避或是爆发都是不明智的选择。

察觉自己情绪变化的另一个方法就是让周围的人监督自己。有时候情绪来临时，人们往往会失去理性，只一味沉浸在这种情绪当中，这时，我们就可以让周围的人监督自己。当自己的愤怒快要爆发的时候，身边的人可以及时发现你身上的变化，然后提醒你要保持冷静。等到我们的内心恢复平静后可以用理性的思维分析一下自己当时愤怒的原因和愤怒带给自己的身体变化。这样，我们就可以在情绪没有爆发而身体已经发生变化的时候提醒自己，及时制止负面情绪的产生。

### (二) 顺其自然，接纳情绪

森田疗法理论要求人们把懊恼等看成是人的一种自然的情绪来顺其自然地接受和采纳它，不要当作异物去排除它，不然，就会由于因为"求不可得"而引起思维矛盾和精神交互作用，引发内心世界的剧烈冲突。如果能够顺其自然地接受所有的症状、痛楚以及担心、懊恼等情绪，冷静担当和忍耐这些情绪带来的痛苦，便可从被拘束的机制中摆脱出来，达到"解除或防止神经质性情的悲观面的影响"，而充分发挥其正面的"生的渴望"的积极作用的目标。森田疗法强调不能以消除症状作为治疗的目的，而应该把本身从重复想消除症状的泥潭中解放出来，然后重新调节生活。

"顺其自然、为所当为"是森田疗法的根本医治原则。将问题放置起来不是所谓的"顺其自然"。所谓"顺其自然"并不是随心所欲。情感不是自己的力量所能摆布的，想哭的时刻想要变得高兴，也是勉强。反之，非常高兴时，想努力变得哀伤，也不太可能。对不能被本人所控制的情感，并不躲避，顺其自然地接受，以行动去做应当做的事，这就是顺其自然。另外，即使想哭。但如果参加朋友的婚礼，则无论如何也要表现出笑脸，这也是顺其自然。

## 第三节 大学生情商教育动因和路径

情商是指一个人掌握了解自己、控制自己的言行举止的能力，和不同的人打交道的能力以及面对困难荆棘的处理和承受打击的能力。只有高智商与高情商的珠联璧合才能在这个复杂的社会中立足，才能很好地去适应社会，成功的人都是高智商与高情商的结合体。青年是早上八九点钟的太阳，祖国的希望全在他们的身上，因此，各高校以及社会专家都很关注大学生的情商教育问题，思考怎么样对大学生灌输情商教育，锻炼他们在感情、生活、毅力方面的能力，这是近几年来高等教育工作者和社会普遍关注的问题。

### 一、开展大学生情商教育的主要动因

#### (一) 情商可以促进当代大学生的人格发展和健全

人格是一种具有自我意识和自我控制能力，具有感觉，情感，意志等机能的主体。大学生所处的阶段刚好是个人人格发生变化，从而进行重组，最后发育成为健全人格的时期。人格也是不断变化着的，如果 EQ 比较成熟的话，它会加强大学生对自我意识的认识和理解，也会使得大学生的情绪更加稳定，在良好的情绪状态下可以迎接更多的挑战，获得内心的自我肯定，增加他们的自信心，EQ 还可以促进大学生形成一个独特的个性和性格，比如积极乐观、活泼开朗、坚持不懈、助人为乐的个性；EQ 还可以让大学生经受挫折的能力大大增强，它能对一些消极的负面的情绪有所控制、转化，使负面的情绪转化为正能量，鼓舞大学生，所以以后大学生在遇到挫折的时候，就不会像以前那样不知所措。

#### (二) 情商可以促进当代大学生身心健康

情绪的好坏会影响到一个人的身体健康和心理健康。大学时期是同学由学生时代向一个社会人转型的过渡期，是其身心发展的重要时期，要想做一个对社会有所贡献的人，必须保证自己的身心健康。情绪好的时候，大

学生会感觉到身心舒畅,感觉自己的身体好像都被舒展开来了,全身各个部位,各个系统都很舒服、所有的动作都能很协调的去完成,有了良好的健康的身体,大学生才能更好地去学习,去与人交际,去很好地完成自己的学业,这样生活也会更有热情。反过来,负面的情绪会让他们的体内发生不协调甚至各个器官的功能紊乱,甚至会对大脑皮层的神经系统造成影响,使大学生产生心理方面的疾病,还有身体方面的疾病,会影响他们的日常判断,甚至严重的还会神志不清、导致神经综合症和精神疾病。

### (三) 情商是决定当代大学生成功、成才的重要因素

许多的资料显示,一个成功的人确实智商很高,但是智商高只是其中一点,并不是唯一的,也不是决定性的原因,在学校里面成绩很优秀的学生,毕业之后一事无成,工作普通的学生到处都是。相反有些学生在学校的时候不好好学习,但是有别的特长,在毕业之后的工作当中有很好的表现,甚至成为一个成功人士。由以上的分析我们可以看出高智商并不能说明一个人就会有很好的事业或者说他的幸福指数就会很高。所以我们都在思考到底是什么因素决定了一个人的成功呢?后来心理学家得出结论 EQ 才是一个人成功或者成才的决定性因素。也就是说一个人在工作的同时,要调整好自己的状态,把握好自己的情感走向,要为了工作付出自己的热情,坚持不懈地去做自己喜欢的事情,一丝不苟的去完成工作上的任务,勇敢地面对挫折。而且还要坦诚的对待别人,尊重他人,理解别人的困难,多多站在对方的立场上去思考问题,伸出自己的援助之手,尽自己的微薄之力,处理好和同事朋友的关系等等。

### (四) 情商能帮助大学生建立和谐的人际关系

人存在于社会中,就必须和别人打交道,拓宽自己的人脉关系。因为有了这些人脉关系,我们才可以更好更方便的去工作,所以我们应该主动地去交朋友,建立和谐的多元化的人际关系,多多接触高素质的人群,可以让大学生得到正能量,纠正自己的价值观念以及取向,重整自己的理想信念,可以使大学生迅速地进入社会,由一个学生向一个社会人转变,通过与社会人的比较、交流,有助于他们更深入地了解自己和他人,也有助于大学会收获

更多的友情和朋友的理解与支持，去创造和实现自我价值，增加他们面对挫折的承受能力，这样身心也会得到健康发展。人与人之间的交流和交往，往往会通过情绪传达出来一些信息，它会有一个暗示的作用，如果大学生能很好地掌握自己的情绪，调控好自己的情绪不让它失控，并且能很好地观察别人的情绪，那么这些让大学会更好地融入社会这个大家庭，并且更好地去适应社会。

## 二、大学生情商教育的路径

### (一) 明确情商教育的目标

情商教育的重点是如何提高大学生的心理素质。所以，要搞清楚五种品质的教育目标：一是理智的品质，大学生要自立自强，要有自信，相信自己可以处理好自己和周围人的关系，去很好地适应社会。二是要有积极向上的品质，也就是生活中要乐观积极，能很好地掌控自己的情绪，热情豁达的去生活，做好自己的工作。三是要具备诚实友好的态度品质，也就是能以谦虚友好的态度去对待他人，生活中的朋友同事，和他们搞好关系。四是坚持不懈的意志力品质，也就是心中要有确定的目标，根据情况的改变，调节自己的情绪和行为，很好地掌控自己的情绪变化，善于观察他人的情绪变化，保持自己具有乐观向上的积极心态，更好地迎接挫折的到来。五是要有创新的品质，要怀有远大的理想和抱负，并且朝着这个方向去努力，去创造出更多的有价值的新鲜的东西，给这个社会带来自己所创造的价值。

### (二) 在相应的课程教学中增加情商的知识

在现代社会，德育实际上就包括了 EQ 的教育，因为大家尊重的普遍都是有道德的人，而更多得是 EQ 很高的人。大规模的教育就是为了培养德智体美劳全面发展的人才。德育的教育包括很多方面，比如对道德的认识，和道德有关的行为等等。只有深刻彻底的认识了道德的含义，知道了什么是道德的标准，才会去按照这个标准做人。只有清楚地认识了道德之后，才会表现出情感的变化、意志力的加强、行为的变化，这些都是心理方面的行为特点。这些方面中，一个人要想成功或者成才，是由它的心理特点决定的，同时这个又是通过EQ体现出来的。

各高校应该在德育课程当中将道德情商这些概念渗透给当代大学生，使他们在做人做事方面更加的道德，为他们以后的道路打下坚实的基础。爱美之心，人皆有之，我们都需要一双发现美的眼睛，生活中的美无处不在，只是很多人没发现而已，因此在当代大学开展美学课程，对大学生还是很有用的，增加他们的个体审美感，培养他们的审美情趣，增加他们对美的追求和热爱，这也是为以后更好地适应社会打基础。

**(三) 强化实践训练**

一个人的情商是可以培养和锻炼出来的，并不是只有先天的因素。但是仅仅通过课堂或者考试的形式是很难培养出来的，而是通过制定一系列相应的自我评价，自我鉴定的目标才去实现的，当然，也可以通过实践活动进行训练。活动的形式是多样的化的，可以增加一些娱乐的趣味性，可以是课堂上的学习型的活动，也可以是做游戏，或者课外的实践活动等等，根绝不同学生的个性特点让他们去完成游戏中的角色任务或者实践活动中的任务，通过这些活动锻炼他们的品质和毅力，使他们的情商达到一定的提高。首先，要让学生自己主动地去做事情，让他们搞清楚自己的目标。其次，在这么活动中难免会遇到很多的困难和挫折，但是他们通过自己研究自己琢磨去解决问题，反复的推敲去克服困难，会增加他们的抗打击能力，长期的锻炼会使得他们的大脑皮层以及中枢神经活跃起来，也会提高学生的自信。再次，不断地遇到荆棘又不断地去解决困难，这样的一个经历会锻炼他们的持久的韧性，获得成功之后会更加的兴奋。最后，这些团体合作的形式，让同学们在一起团结协作，一起面对苦难和挫折，学会助人为乐，学会替别人着想，学会关心被人，宽容大度的对待别人，提高自己的良好的团结协作精神。

**(四) 注重社会情商教育**

一是社会舆论要对大学生多做正面的引导。当前社会上由于一些媒体只是刻意地追求自己的相关利益，而不顾信息的正确与否，所以社会上充斥着大量的负面消息，引发了公众的恐慌。大学生所处的阶段正是向社会人的过渡阶段,他们很容易受到一些错误的负面信息的误导,变成一个小愤青,影响他们身心健康。因此,社会舆论应该传播更多的正能量,让大学生生活在阳光下,形成正确的人生观。二是社会应该对大学生多一分支持。目前社会大家对物质的追求是很疯狂的,有些甚至是违法的,不正当的。而媒体又对于这样的事情做出相应的炒作,大学生会产生挫败感,因为对于刚毕业的他们,没有经济的保障,他们把对财富的追求作为自身的动力,他们想要实现自我价值和社会价值,而这又不是短期内能做到的事情,所以他们会怀疑自己的能力,否定自己,意志消沉。所以社会媒体应该多宣传一些好的典型,多传递一些正能量,减少对于物质的宣传,奖励各个行业的先进个人和先进集体,让大学生认识到真正的成功到底是什么,政府部门也应该帮助大学生缓解就业的压力。

总而言之,情商的教育和培养在大学时代是很关键的,高校应该重视起来,开设相应的课程,在教学模式上或者教材的选择上要重视,要有所创新,加强培养大学生的情商,多为大学生提供实习和就业的机会,让他们多看看外面的世界,更多地去接触社会,提高自己的全面发展的能力,为社会培养出有综合素质的人才。

## 第四节 大学生科技创新情商的培养

科技创新情商对智力活动起着发动、维持和调节作用,研究如何培养大学生科技创新情商,对提高大学生的创新能力有着极其重要的作用。本书从科技创新情商的内涵、科技创新情商与创新行为的关系入手,就如何培养科技创新情商的四个层面:意志力、自信力、主动性和乐观性进行探讨,并进一步对实验室在科技创新情商培养上发挥的功效进行研究。发现科技创新情商贯穿于创新行为的全过程,不论是实验技能大赛还是创新实验室都是一个载体,而此过程中自信力、主动性、乐观性、意志力等情感能力之间紧密连接、相互促进,在科技创新的四个不同阶段中发挥了极其重要的作用。

大学之于社会的根本生命力在于创新。十八届三中全会《决定》指出:

要创新高校人才培养机制,促进高校办出特色争创一流。我国对高校的投入比重越来越高,政产学研结合,协同创新,"2011计划"等等系列政策的出台都表明我国为学生创新能力发展提供了充分的条件。然而,现实的问题是,科技创新能力并不是随着外界条件的改善而提高的。因为,外界条件只是外因,关键是需要学生本人的主观能动性起作用。创新人才培养需要内外兼修,促进"人"的全面自由发展才是大学的意义所在。美国哈佛大学的一项研究表明,个人取得成就的原因中有85%是因为有了积极健康的情绪、情感,而只有15%是因为个人具备了专门技术。因此,大学生情商开发和培养显得尤为重要,科技创新情商对科技创新能力的提升非常关键。

## 一、科技创新情商的内涵

创新能力依靠知识作为基础,属于智商范畴,但更依赖于具有积极思考和善于发现的心理品质。王海山指出:"创造力量是某种知识结构为背景,由智力因素和非智力的心理品质综合决定的独创性地解决问题或从事某种有目的创造性活动的能力"。这里"非智力的心理品质"指的就是科技创新情商。戈德曼在最新出版的《情商3》一书中列出了25种"情感能力",其中与科技创新情商相关的情感能力包括:自信力、意志力、主动性和乐观性。因此,科技创新情商可定义为:创造力知识结构组成中非智力因素的总和,具体体现在意志力、自信力、主动性和乐观性四个层面。

## 二、科技创新情商与创新行为的关系

全美大学生发明和创新联盟理事长菲尔·韦勒斯坦说过:"发现新想法又能付诸实践的人和只是做白日梦的人有天壤之别。那些对想法追求到底且采取行动的人多半拥有极强的情感能力,他们知道必须把各种因素结合在一起,才能产生新的东西。"

19世纪的数学家庞加莱曾就创新行为提出了四阶段模式,科技创新情商在各个阶段均发挥着巨大作用。

### (一)第一阶段为准备阶段

思考问题,收集信息。这个阶段,学生可能会发现众多可能性,却没有灵感。在准备阶段需要科技创新情商的主动性发挥作用，只有这样才能敏于发现问题，鉴别困难所在。

### (二) 第二阶段是策划阶段

加工信息，放飞思想。这个阶段，学生会把所有信息和可能性在脑中不断组合。在策划阶段需要科技创新情商的乐观性发挥作用，因为乐观积极的情绪状态有利于拓宽思维，激发灵感，使学生放飞思想，异想天开。

### (三) 第三阶段是诞生阶段

把握时机，诞生创意。这个阶段，学生一旦发现新创意出现，就马上抓住，新想法随即诞生。在诞生阶段需要科技创新情商的自信力功能发挥作用，因为这一阶段需要对自我价值和能力的强烈肯定。

### (四) 第四阶段是实践阶段

付诸实践，经受考验。这个阶段，仅仅有新想法还是不够的。在实践阶段需要科技创新情商的意志力功能发挥作用。因为前景看好却未能付诸实践的想法比比皆是，这就要求学生坚持下去，经得起挫折与失败的考验。

## 三、如何培养科技创新情商

培养科技创新情商，我们的眼光不能仅局限于大学教育，大学只是为这些具备创新能力的学生提供了更广阔的平台、更多实践和锻炼的机会以及更优质的教师资源。创新人才的培养还需要家庭、学校、社会的全方位持续投入。

### (一) 培养主动性

创造是一系列敏于发现问题(缺陷、知识的断层、缺失的成分和不协调)，鉴别困难所在(寻找解决方式、猜测、或形成有关假设)，然后检验和重复检验这些假设，最终得出结果的加工过程。创造力是人与生俱来的冲动，要想成为创新人才，就需要抓住新机遇。大学里的佼佼者都具备主动性，他们主动参与各类竞争、组织社团、申报课题、主动联系导师，获得帮助和资源。由此可见，主动性常常表现为强烈的上进心。采取主动的学生通常在难题出现前就能有所察觉，在别人还没察觉到某些机会时，就能看到机会并加以利用。

另一方面，主动性还意味着树立目标并锲而不舍地努力学习。任何创新都是以知识为基础的。研究发现，一般说来创新能力很强的学生，与创新相关的学科成绩都比较优异。创新的驱动力靠目标引导，对于大学生来说目标很重要，如果一个人在自己的职业生涯中既没有志向也没有目标，很难想象他会对生活和事业充满激情。而一旦知道自己想要什么，并清楚什么适合自己，就需要一股锲而不舍的劲头去努力奋斗，最终实现自己的目标。

### (二) 培养乐观精神

创新活动本身就是一个探索实践的过程，在这个过程中肯定充满了无数次的"危机"，如果具有乐观向上的心理品质，就会认识到挫折是人生不可回避的问题，是一种挑战，在充满挑战的处境中表现出高昂斗志，而且头脑中不断产生有助于达到期望的计划。

如果你想变得创意十足，你必须先变成开心的人。对大脑的成像研究显示，当人们处于愉快状态时，大脑中最活跃的区域是前额叶皮层，而处于高度活跃状态的前额叶皮层可以增强人们创造性思维的能力。因为积极情绪状态对我们思维有一个扩充效应，可以通过联想去解决问题。相反处于消极情绪状态时，我们的视野和思考的角度是收起来的，容易钻牛角尖。乐观主义者更倾向于实事求是地评估挫折与失败，他们承认自己的责任并把挫折看作可以改变的事物，而非看作自身缺陷造成的。相反，如果一个人消极面对挫折，在他眼中一切就好像是命中注定的，无法改变。就会使人丧失信心，止步不前。当创新遇到瓶颈，进行不下去时，乐观通常能帮助学生应对坏消息，集中力量继续钻研，这也是一条客观规律。

### (三) 培养自信力

有关青少年思维加工和创造性行为之间关系的研究常常出现负相关：一些青少年随思维的发展，创造力会减退，原因不在于他们越来越不能创造了，事实上，他们比以前的创造潜力更大，而是由于施加在他们身上的压力:来自同伴和社会的压力所致。为了得到别人或社会的接纳,代价就是创造力的丧失。结果,他们压抑自己的个体性,开始在行为和思维方面与希望归属的群体保持一致。一项研究指出将自信力赋予最大权重的青少年更可能进行想象力丰富和有创造性的活动。与自信力密切相关是自我效能。自我效能并不是一种实际技能,而是一种能让技能发挥更大功效的信心。对自己能力有所怀疑的人与对自己能力深信不疑的人在接手棘手任务时的表现存在明显差异。那些有自我效能的人满腔热情迎接挑战,可自我怀疑的人连尝试的勇气都没有。

### (四) 培养意志力

科技创新情商需要有健全、和谐的人格基础作保障,主要体现为意志力。意志力是内在个性和谐的基础。这个基本品质体现着一个人的思维和情感脉络,即这个人的整体个性,也就是"性格"。一个有性格的人才会坚定不移,成为忠于自己的言行、信念和情感的人。一群能力大体相当的人,其中有些人从激烈的竞争中脱颖而出,处于最拔尖的水平,关键在于他们坚忍不拔的意志力。

意志能抑制我们由于惰性而产生的不作为,对行为进行理智的引导。主要体现在行动之中。例如,一个学生想进实验室做实验却不付出行动;想参与社会活动却一直宅在宿舍,他就没有完成有意志的行为。只是停留于想象或空有愿望是不够的,一切都要体现在行动上。生命的意志有多强,行动就有多大的力量。我们的一切行为都是冲动和抑制两种力量相互制约的结果。一方面,如果没有冲动,我们就不会参与任何创新活动;另一方面,如果没有抑制力,我们就不能修正、引导、利用我们的冲动。正是这两种截然相反的力量之间的协调与平衡,训练和培养出了我们的习惯。一个习惯问问题的学生的创造力要比一个不爱动脑筋的同学高得多。因此,大学生的创新思维和创新行为应该是一种习惯,当一个时刻准备创新的大脑遇到机会时,创新的火花会自然而然地显现出来。

### 四、实验室在科技创新情商培养上发挥的功效

实验是创新之源,没有实验能力就谈不上创新能力。实验室既是大学

生进行科技创新活动的主要场地，也是在实践活动中锻炼提高科技创新情商的好地方。我校多年来组织实验技能大赛和创建创新实验室的实践证明，在科技创新的四个阶段中学生的科技创新情商发挥了重要的作用，反之通过参加实验室里的科技创新活动，大大促进了学生科技创新情商的培养。例如：

（1）自2004年以来，南京工业大学先后与多家企业联合共建，由企业资助，以企业的名字冠名，举办各类实验比赛，累计举办"罗门哈斯"杯、"中丹创新"杯、"普析通用"杯、"安莱立斯"杯等各项实验技能大赛几十场。这些大赛有一个共同的特点，就是只公开大赛的题目，而具体的测试方法和方案设计都由参赛者自己决定。鼓励学生自己去思考、去提炼、去简化、去提出方案，而且没有唯一的答案，学生参加比赛强调要自己设计、动手、观察总结，写出报告，全面培养发现问题、解决问题的能力。例如有一年大赛题目是：奶粉中三聚氰胺的测定。这个紧贴社会热点的问题，极大地激发了学生的创新热情，由于测试方法和方案都要由参赛者自己决定，这就一反过去只要按照既定的方法和步骤完成实验的常规做法，在创新活动的准备阶段就迫使学生的主动性得到了极大的发挥。他们主动地进行调查研究，反复推敲自主确定方案，参加一轮又一轮的淘汰赛，表现出强烈的进取精神。

（2）在实验技能大赛的进行过程中，参赛小组成员间的密切配合是成功的关键之一。比赛中常常出现数据计算错误，漏做某个实验步骤，因手忙脚乱打坏仪器等等，如果相互指责，互相埋怨，必定影响情绪导致失败。这就要求学生必须具备积极乐观的情绪，互相支持，面对挫折，团结一致去争取胜利。

实验技能大赛的奖项设置中特别单列了一项：创新奖，专门用于奖励实验方案思维不拘泥于传统，很有创意，经过奇思妙想设计出来的很有特色的方案。我们鼓励学生在策划过程中拓展思维激发灵感，有不少具有乐观情绪的学生往往会异想天开，跃跃欲试地提出一些别出心裁的方案，他们的方案起初也许并不完美，但是设立创新奖是对学生这种积极行为的肯定。

（3）从2003年12月开始，南京工业大学开展了创建创新实验室的工作，先后三次共命名了24个大学生创新实验室。目的是让现有的部分条件较好的实验室的技术力量和物质资源同时为大学生的科技创新服务。创新实验室对学生自信力的培养提供条件，一方面，学生通过自由竞争，择优选拔的方式进入大学生创新实验室，过程本身就是对自身能力的肯定，意味着他们将可以利用实验室的优越条件开展研究，也意味着他们更有机会实现梦想，从而更加自信。另一方面，正因为有了提前进入实验室搞科研的机会，很多学生在实验过程中，就逐渐确定了自己的科研方向，并把学业成果"作品化"，成为学生就业的特色"名片"，极大增强了学生就业自信力。

（4）实践的过程充满挑战，创新实验室对学生意志力的培养也起到重要作用，一些学生刚进入实验室时充满兴趣，积极性很高，但碰到困难后，由于缺少知识基础，不能及时的排除困难，就泄气打退堂鼓，一项科研成果的取得往往要经历很长的时间和多次失败的考验，创新实验室为学生提供了允许失败再来的环境和条件，鼓励和培养学生百折不挠的科学精神。锻炼了学生的意志力。

科技创新情商贯穿于创新行为的全过程，不论是实验技能大赛还是创新实验室都是一个载体，在此过程中自信力、主动性、乐观性、意志力等情感能力之间紧密连接，相互促进。其中，主动性需靠行动来落实，需要意志力的支持。同时，自信力和乐观性可以彼此相互促进，乐观可以激发自信，自信也能保持乐观。另外，自信力也能促进意志力的完善，相信自己才能坚忍不拔。所以，实验室在培养大学生科技创新情商方面能发挥重要的作用。

## 第五节　微媒体引导大学生情商发展

本节着力于微媒体对大学生情商影响的研究，分析了微媒体对提高当代大学生情商的作用，探讨和实践了具体激发和培养大学生情商的途径与方法。本研究对在高校如何利用微媒体实施素质教育、更好地培养和提高学生的情商具有重要的现实意义。

### 一、微媒体的定义和特点

#### （一）微媒体的定义

随着技术的创新日新月异，人类言语交际的媒介方式也在不断更新，印刷媒体、电子媒体、互联网已经成为当前重要的媒体形式，在此基础上，借助智能手机或其他移动终端的移动互联网迅猛成长，一种新形式的交流方式横空出世，成为现代文明的重要驱动力，这就是"微媒体"。

(二) 微媒体的特点及优势

一是个性化。微媒体提供给个人强大的独立平台，发布的信息不仅仅是正式的官方信息，更多的是个人的。在微媒体上，用户既是信息的生产者又是信息的接收者，这种双向互动的传播模式，激发人们的参与欲、创作欲和发表欲，使人们找到了张扬个性的平台。

二是交互化。微媒体有一定的信息接收者，也称为社交群，可以形成强大的社交网络。人们可以通过微媒体表达自己的想法、观点，而且相互之间可以随时随地进行沟通交流，从而实现了多对多、点对点的立体交互模式。

三是即时性。微媒体的时效性更强。用户在第一时间将新闻、观点、思想等以精短的语言进行传播，它们大都对内容进行了字数的限制，呈现出"碎片化"的特点，因而传播更为迅速。

四是亲和性。由于微媒体的"微"来源于麦子"微即温暖"的理论，秉承这一理论，微媒体允许以更加口语化的方式表述意见，能够拉近人与人之间的距离，从而让人们在微媒体的传播中汲取并传递温暖。

总之，微媒体颠覆了传统的一元化传播模式，并在一定程度上冲击、解构了传统传播学理论的框架和运行机制。

## 二、微媒体对大学生情商教育的作用和方法

教育部提出《教育信息化十年发展规划（2011—2020年）》指名现代教育技术变革的重要性，而"微媒体"此时的应运而生，恰逢教育技术变革的窗口期，所以探讨微媒体在高校教育领域如何深入应用具有重要的现实意义。

按照戈尔曼的理论，情商共包括五个方面：自我了解、自我管理、自我激励、识别他人情绪、处理人际关系，下面基于情商的五大方面来具体阐述如何利用微媒体的优势来促进大学生情商的发展。

## (一) 如何利用微媒体增强大学生自我了解的能力

### 1. 自我了解的含义

自我了解就是监控自身情绪的变化，观察内心世界的自我体验，这是情商的核心。只有正确认识自己，才能成为生命的主人。

俗话说"人贵有自知之明"，这充分说明了自我了解的重要性。如果自我认知发生障碍，就会与物理现实断绝联络，最终导致人格障碍，更不用说什么情商高了。积极的自我意识例如"自我实现的目标"，这是一种无形的力量，只有自我意识积极主动，人们都知道自己是什么样的人，能干什么，从而积极开发和利用自身巨大的潜力，才能人尽其才、才尽其用、事业有成。所以大学生应该学会冷静地分析自我，充分了解自身的优点和缺点，正确认识自己的能力和不足，扬长避短，避免不良情绪。

### 2. 借助微媒体增强自我了解能力的方法

首先，可以利用公众号的心理测评功能。例如可以邀请相关的心理专家设计相关的微信公众号，专门提供专业的心理测评服务，让测评更加人性化和私密化。测评即时获得专业心理指导报告，测评种类可以包括个性气质测评、人际适应性测评、心理健康测评等等，使大学生通过类似的公众号来测评自身的性格特点，从而加深对自身的审视和了解。

其次，可以利用微信的"晒客"功能。"晒客"功能是借助私密通信工具在朋友圈参与、分享、体验和互动的一种社交载体，它通过晒自己的日常生活来展现自我，一方面维护人际关系；另一方面建构个人记忆和身份认知。微信晒客群体所晒内容大多是与自己直接相关的日常生活、心灵鸡汤和娱乐信息，有效利用这一工具，可以增强大学生对自我和社会的认知。

## (二) 如何利用微媒体增强大学生自我管理的能力

### 1. 自我管理的含义

自我管理就是自我反省和监控的能力。这种能力可以帮助人们发现和反馈学习以及生活中各种各样的信息，进而根据目标的要求及时做出调整。

自我管理，尤其是自我的情绪管理是指通过调控和约束自身的心情来实现自身主观能动性的过程。善于自我管理的人能够随时为工作充满热情，勇于进取，永远保持积极心态，在面临挫折后，也能更好地调动自己的主观能动性，充满信心，克服困难，坚定地向目标前进。

2. 借助微媒体增强自我管理能力的方法

首先，可以尝试微信打卡等新的自我管理方式。近期，学习类 App 打卡在高校里流行起来，成为督促同学们自我学习的新方法。许多人已经习惯于定期检查微信，如果一打开微信就能看到小伙伴的打卡成果，就可以时刻提醒自己活在当下，开始为自己的目标而努力，打卡也成为增强自我管理能力的一种新的有效尝试。

其次，可以通过微媒体的信息发布功能来调节压力，从而调控自身情绪。在现实生活中，压力无处不在，大学生或许没有更多的途径与别人分享自己的内心，而微信恰好弥补这种不足。发布积极的信息，宣泄对生活的不满，都是一种很好的调适压力的方式。可以利用微媒体，也可以采取其他方式，总之是要根据个人的意志力强弱去选择适合自己的方式，关键还是要磨炼自身内心的力量。

### （三）如何利用微媒体增强大学生自我激励的能力

1. 自我激励的含义

自我激励是指能够根据目标的改变而控制情绪的能力，它能够使人走出生命中的低谷，重新开始。

每个人都隐藏着一种自我价值实现的成功欲望，自我激励能力就是使学生意识到失败孕育成功，不要被挫折击败，应该勇敢面对失败，学会战胜自我，保持坚定的信念，培养强烈的个性，从失败中走出来，继续接受新的挑战，成功则指日可待。要学会将社会的激烈竞争转化为内在的动力，相信自身的智慧与能力。因此，培养自身的心理承受能力，提高抗挫力，学会自我激励。

2. 借助微媒体增强自我激励能力的方法

首先，可以利用微媒体公众号的传播效应来进行心理激励和辅导。学校可以开发和维护专门的微信公众号或微博，定期在上面更新经典的励志语录或者成功者的事迹来激励和鼓舞大学生，也可以在微信公众号中开展有针对性的心理咨询或者心理知识讲座等，有意识地进行心理咨询、心理测试和心理辅导，帮助学生克服心理障碍，引导学生合理控制情绪，增强社会适应能力，帮助大学生形成健康的心理和阳光的心态。

其次，可以通过微信的日记功能来自我激励。鼓励大学生遇到心理问题时多在微信上书写日记，直抒胸臆，自我激励，战胜逆境。同时也鼓励学生们将自己的所思所想发布到微媒体上，在朋友圈里传阅，朋友们会在后边加批注，谈他们的感想，或批评或鼓励。使学生们明白一个人最难战胜的，就是自己，即使你能力再强，也有被自己打败的时候。

### (四) 如何利用微媒体增强大学生识别他人情绪的能力

1. 识别他人情绪的含义

识别他人情绪就是能够通过细微的信号敏感地感受他人的需求和欲望，从而认知他人的情绪，这是与他人正常交流、实现顺利沟通的前提和基础。

要提高大学生识别他人情绪的能力，要学会善于理解别人，接受别人。教师应该帮助学生学会换位思考，所谓换位思考就是与人接触的时候站在别人的角度考虑问题，从而去发现别人的闪光点，学会以友善、积极的态度与人沟通。识别他人情绪能力高的人能使每个人都感到轻松愉快，从而构建和谐的人际关系，而和谐的人际关系也是一个人成功的重要条件。

2. 借助微媒体增强识别他人情绪能力的方法

首先要利用好微媒体的好友状态查看功能。要增强识别他人情绪的能力，查看微博、微信就是一个很好的方式。微信的朋友圈有各种各样的人每天都在发布状态、发表评论，通过浏览手机上的"状态"可以了解其他人当前的心理状态如何，所以应该鼓励学生多加关注身边同学的朋友圈状态或微博发表的言论，感受其他人的所思所想，增进理解，引发共鸣，发表意见，互相鼓励，从而提高学生识别他人情绪的能力。

其次是教师要利用微媒体亲近大学生，以情感为纽带提升他们的情商。教育者只有具有爱人之心，与大学生在感情上引起共鸣，形成爱的"合流"与"交流"，才能取得教育的良好效果。所以首先要利用微媒体与学生都成为"微友"，在微媒体中以朋友的身份实时关注学生们的日常动态，当学生取得进步时在微媒体中能得到教师"微友"的及时肯定，碰到困难时能得到教师"微友"的关心、鼓励与帮助，这些情感上的细致关怀可以激发大学生奋发向上，也有利于提高他们识别他人情绪方面的情商。

### (五) 如何利用微媒体增强大学生处理人际关系的能力

1. 处理人际关系的含义

处理人际关系就是调节自己和他人情绪反应的技巧。一个人的成功取决于社会交际能力水平的高低，在人际关系越来越复杂的现代社会，有效的利用人际关系是非常重要的。现在大学生的人际沟通能力普遍较低，在新群体中适应较慢，在异性面前会紧张，有些大学生不想主动接触他人，甚至少数学生有自闭症的心理，这都是亟待改进的。一般来说，有良好的人际关系的学生，大都能保持开朗的性格，热情乐观的品质，从而正确认识和解决各种现实问题，化解各种矛盾，形成积极的情绪，快速适应大学生活。所以大学生应该主动与别人接触，不要消极回避，尤其应该勇于面对那些与自己意见不合的人。

2. 借助微媒体增强处理人际关系能力的方法

首先，教师可以利用微信的"群聊"功能，引导学生开展对公共话题或热点问题的讨论，从而密切关注学生动态，让更多的学生由自我封闭转向自我释放，在"网上"引导参与者大胆发表意见，充分交流互动，从而增强学生与他人沟通和协调关系的能力。同时，在微信的"群"功能，植入积极的、正面的价值观，促进学习与交流的正确方法，发挥好组织者的角色。如果是学生自发的主题，教师要抓住每一个机会参与学生的讨论，加深与学生间的互动，引导学生建立正确的认知，并帮助他们构建和谐的人际关系。

其次，鼓励学生利用微信等工具构建自己的网络朋友圈，使有相同兴趣或爱好的同学组成各种团队，提高大学生社交能力。同时教师可通过微信平台敏锐地发现和预见大学生群体中存在的问题，线上和线下共同关注，及时解决大学生人际交往中的各种矛盾与问题。

## 三、利用微媒体对大学生情商教育的展望

大学生处在身体成长、知识积累最关键的阶段，也是情商的重要发展时期。情商教育对一个人的成功至关重要，而微媒体对培养和提高大学生的心理素质和情商有着特殊的作用，微媒体对大学生情商的影响是直接、全面

和积极有效的,应该引起我们的高度重视。高校应当组织专门人员来管理与大学生相关的微媒体,通过微媒体对学生的情绪变化实时掌控,及时改进工作,发挥和利用微媒体独特的优势,有效地提高大学生的情商水平。

## 第六节 体育院校辅导员开展大学生情商教育途径

随着大批"90 后"学生进入大学校园,学生情商方面存在的问题越来越多。而学生的情商在学生四年的大学生活乃一生中都发挥着极其重要的作用。该文针对体育院学生的情商特点,分析其存在的不足,从辅导员自身素质的提高,学生干部队伍的建设,学生校园文化活动的开展及学生的就业指导等方面探讨了体育院校辅导员开展学生情商教育途径,以期达到抛砖引玉的作用。

### 一、体育院校学生情商的不足

现在体育院校学生普遍聪明程度高,但长期以来,由于受社会、经济体制的影响、家庭对子女的过多呵护、体育的特别情缘和学校教育、方法的偏颇等因素的影响,体育院校学生的情商具有以下不足:

#### (一) 对自我认知失准

有些学生因家庭条件优越,有些学生因某项高超的运动技能自视清高、自命不凡;有些学生因家庭条件较差,有些学生因技不如人,常常自惭形秽,自轻自贱。这种心态如不及时更正将使得学生在四年的学习和训练中无法给自己一个准确的定位,对学生的成长极为不利,同时也给辅导工作的有序开展带来很大的困难。

#### (二) 自我情绪控制失调

体育院校的学生大多数情绪兴奋性高,抑制能力差,易表露和变换,感情容易冲动,情绪的自我控制能力转差。有些同学无视校规校纪,轻者迟到早退，旷课逃学，重则抽烟酗酒、打架斗殴；有些学生则灰心丧气、浑浑噩噩。辅导员如不对这一情绪特点加以重视，会给学生管理工作带来很大的问题，如任由其发展对学生的身心发展带来很大的负面影响。

### (三) 缺乏团队精神

多数学生在与同学交往时，以自我为中心，过多注重自己的需求，而忽视他人的要求。有些学生在校园拉帮结派，讲"哥们义气"，违规乱纪，甚至为非作歹；有些学生则独来独往，独立于集体之外，与同学形同陌路。部分学生缺乏合作精神，不知道应该如何融入团队，如何正确与人沟通。辅导员如不及时引导学生建立正确的人际交往关系，将会严重阻碍学生对他人的正确认知，如被坏人利用，学生容易走上违法乱纪的道路。

### (四) 抗挫能力较弱

如今学生成长环境普遍较好，很少遭遇挫折，所以他们的抗挫折能力相对较弱。面对这种情绪特征，辅导员要加强对学生的挫折教育，以帮助他们形成坚强自信的良好品质。

## 二、体育院校辅导员开展大学生情商教育的途径

情商的教育不能像智商那样靠知识的积累，通过不断的学习就可以得到相应的提高。情商的教育一定要注意教育的途径，不能靠单一的说教来解决，简单的说教有时候不但不能起到良好的作用，反而会引起学生的逆返心里引起相反的效果。通过学生愿意接受的途径让学生在相应的教育途径中感受情商的重要作用，再对学生辅以相应的引导，往往会取得事半功倍的效果。

### (一) 通过学生干部的周期性竞选来引导学生正视自我

学生干部是辅导员整体工作中一支重要的力量，同时学生干部的选拔也是学生进行挫折教育的良好途径。通过学生干部的周期性的竞选，让更多的学生参与到其中，建立一种能上能下的学生干部聘用体系，形成一种全员竞争的局面，让学生在竞选中认识和提高自我，更重要地让学生在落选中品尝失败，体味挫折。作为辅导员在竞选前我们一方面要帮助那些因自卑不敢

出来竞争的同学建立信心,一方面要对那些因为过分自负而只顾谋高位不肯做实事的同学找准定位,纠正心态。在选定学生干部时要给那些自卑的同学以相应职位以示鼓励,对那些过于自负又能力平平的同学给以打击。在竞选过后要及时对那些一时无法走出失败阴影的同学进行疏导,引导他们正确面对挫折,鼓励他们从头再来。总之,辅导员要为学生多提供一些公平竞争的机会,让他们有机会重视自我,同时辅导员还要付出足够的爱心和耐心来挖掘每一个学生的潜力,帮助他们找准定位。

### (二) 通过丰富多彩的校园文化活动来提高学生的情商

体育院校的学生对体育有着特殊的感情,因所有的知识大多围绕着体育而展开,在校园文化生活中,辅导员要很好地利用体育这一载体,在现有的体育项目中加入情商教育的因素,形成全新的情商教育项目。如可以开展寝室篮球赛,以四名室友为一队,通过比赛中的团结与协作来加强学生的交流。在对体育项目加以引进的同时,要引导学生正视自我,关爱他人,如开展女生文化节,在展示女生风采的同时,让男生用祝福卡参与到女生文化节中来,在祝福中学会尊敬关爱女性。最后,辅导员还可以以亲情为主线设计相应的情商教育途径,如以一封家书等为主题开展主题班会来教育学生学会感恩,孝敬父母。总之,辅导员可以通过各种形式,引导学生重视情商培养,营造情商教育的良好氛围。

### (三) 以就业为导向帮助学生做好职业生涯规划

通过合理的规划来提高学生的竞争力。辅导员可以将情商教育融入职业生涯规划过程中,组织学生进行职业生涯设计大赛。通过比赛的形式让同学确立自己的奋斗目标,并在赛场上给以展示,让同学们相互监督,共同进步,这样既避免了单一的空洞的说教,也保障了职业生涯规划能得到更好地实施,从而相互促进,实现"双赢"。在帮助学生做好职业生涯规范的同时,积极帮助学生做一些职业拓展项目,让同学们在项目中体验团队精神,学会承担责任,学会理解和信任,从而提高学生团队能力。如可以在早操时间让同学屏蔽视觉,在另一名同学的引导下以一种全新的方式浏览一下校园,这种名为导盲的拓展小项目可以很好让学生理解信任与责任。总之,辅导员进行情商教育的途径有很多，这需要我们不断地去发现，去开发，从而寻找更多的有效途径来提高学生的情商，对学生实施素质教育，让更多的学生成为真正对国家有用的人。

## 第七节　大学生情商育成及人格培养

很多大学生不善于与他人相处，导致其人际关系紧张，对外界事物过于敏感和多疑，严重影响了他们的正常发展，这是因为他们存在情商失调和人格缺失的问题。一些高校和大学生对情商育成和人格培养不够重视或理解片面。只有确立正确的审美观念，不断加强课堂和课外教学，才能真正将大学生情商育成及人格培养落到实处。

### 一、大学生情商育成与人格培养的必要性

很多大学生不善于与他人相处，导致其人际关系十分紧张，对外界事物过于敏感和多疑，以自我为中心，过分要求他人为自己服务，满足自己的各种需要，从不或者极少考虑自己对他人和社会的回报。这些问题严重影响了大学生的发展。追根溯源，这是因为很多高智商的大学生存在情商失调和人格缺失的问题。20世纪80年代，美国著名心理学家丹尼尔·戈尔曼在其畅销书《情感智商》中指出："决定人成功的并不仅仅只有一种智能，只由单一成分构成，而是至少包含7种主要类别的广谱智能，其中最后两种就是人际关系技能和内心的自我审视能力。"目前，情商理论已经成为教育界研究和讨论的焦点，它从根本上打破了把智商置于塔尖的思维模式，对于如何深入研究和把握大学生成长成才的内在因素和外在要素具有启发意义。对于高等教育工作者来说，不断加强大学生的情商育成和人格培养是十分必要的。

#### （一）高校素质教育的必然要求

当今社会，开展素质教育的呼声越来越高，然而我们透过素质教育的表层深入分析可以发现，教育决策者和教育执行者对于素质教育的内涵和意

义认识模糊。尽管"仁者见仁,智者见智",每个人对素质教育都有自己的理解。但是总的来看,素质教育特别是高校素质教育的最终目的是培养人、培养人才。高校是培养大学生成为人才的平台,是锻炼大学生逐步成长、成才的大熔炉,在大学生的发展过程中发挥着举足轻重的作用。受过正规高等教育的大学生大部分较容易被社会接纳,成才比例较高。但是,由于受社会大环境的影响,目前很多大学生出现理想缺失、道德滑坡、人格缺陷、个性过于张扬等问题。高校素质教育应当逐步强化大学生的情商育成和人格培养,只有将其提升到一个新的战略高度,不断激发大学生的活力和创造力,才能促使他们得到全面的发展。

### (二) 知识经济的时代要求

21世纪是知识经济的时代,知识经济以高效地选择和全面地利用知识来促进社会的发展,而人才资源则是知识经济的强大支撑。21世纪的人才不仅要具备较高的学识,还需要有强大的情商和人格支撑。知识经济是一种新型的经济形态,它促进了社会对人才价值和人才发展的重新评估,这已经成为当今高校培养学生的重要外部推力。知识经济的迅速发展为大学生情商培养和人格育成提供了新的契机,即知识经济带来的巨大经济效益和社会效益极大地促进了大学生的情商培养和人格育成。从中央多个部委联合实施的"百千万人才工程"到各省级政府推出的"特聘教授"计划,再到很多高校推出的"人才招聘工程",无不体现了对于人才的重新认识。社会对于人才的重新评估和认识引导着高校人才培养理念的发展,这些已经成为大学生情商培养和人格育成的重要动力。如今,许多高校在制定教学计划和培养方式时越来越重视对大学生情商育成和人格培养方面的要求。有的开设相关的课程,有的举办一系列的活动,有的邀请相关专家做辅导报告,这些措施均促进了大学生在情商育成及人格培养方面的发展。上述课程和活动都会潜移默化的影响大学生,督促他们丰富和充实自己,并以此为基础不断加强自身的情商和人格修养。

### (三) 贯彻"以人为本"教育理念的重要保证

"以人为本"意味着对人的尊重和理解,对人才的尊重和理解。"以人为本"就必然要重视人才的培养,而人才培养特别是大学生培养的重心在于情商和人格的培养,也就是说情商育成和人格培养是成为高水平人才的内在驱动力,是人才培养的又一次升华。高校的目的是培养全面发展的高素质人才,而人才培养的一个非常重要的方面就是大学生的情商和人格培养,这也是人才培养的内在动力支撑。大学生作为社会青年中的一个特殊群体,肩负着祖国发展和社会建设的重要责任,对他们而言只有在学习中不断发展,才能逐步实现个人的社会价值。在逐步实现个人社会价值的过程中也需要大学生充分认识到情商育成和人格培养的重要意义,因为只有情商和人格得到有效发展,大学生才能真正实现个人的社会价值,完成自己的预定目标。

## 二、促进大学生情商育成及人格培养的策略

### (一) 确立正确的世界观、人生观和价值观

在当今商品大潮的冲击下,出现了道德滑坡的现象,唯我意识、金钱至上等观念泛滥。这些思潮对大学生产生了一定影响。很多大学生面对现实中的矛盾和问题产生迷茫和疑惑。因此,围绕着中华民族的伟大复兴和"中国梦"来开展情商教育和人格培养既符合当今国情,也符合当代大学生的实际情况。世界观、人生观和价值观教育不是简单的、教条式的灌输,而是要结合实际情况帮助大学生更加清楚的分析国际和国内形势,看清世界发展大局,提升他们的精神境界。大学生基本都具备丰富的知识和技能,在此基础上,以正确的世界观、人生观和价值观作为指导,就能在潜移默化中不断提高他们的甄别能力,从而提高他们的情商水平和人格境界。首先,帮助大学生确立崇高的理想信念。崇高的理想信念是大学生成长成才路上的明灯,它为大学生提供明确的发展目标和方向,为大学生的情商和人格发展提供不竭的内在动力。其次,帮助大学生确立高尚的道德情操和奉献精神。高尚的道德情操和奉献精神是大学生成长成才的巨大推动力,只有将这种高尚的道德情操和奉献精神转化为内在的自觉要求,他们才能获得不断发展和进步。再次,帮助大学生培养和谐的个性。和谐的个性会直接影响大学生成长成才的速度和质量。只有培养优良的个性品格和意志品质,才能帮助大学生实现可持续的发展。最后,培养大学生高层次的人文修养。人文修养是人文精神的

外在表现，是人们对于自身的反思和尊重。大学是人文精神的摇篮，通过良好的人文精神教育，帮助大学生不断提高自己的人文修养，充分展现当代大学生的正能量。

### (二) 注重课堂教学

在"以人为本"理念的指导下，大学课堂教学正走出教师"满堂灌"的误区，逐步确立教师是教学的主导，学生是学习的主体这一良好的教学关系。在课堂教学中应该把大学生看作是学习的主体，是独立思考问题、解决问题的主体。课堂教学的中心是学生，必须以对"人"的尊重为前提。这种"以人为本"的课堂教学是大学生情商育成与人格培养的重要途径。新的课堂教学模式可以提供给大学生极大的认知空间，使他们在课堂上有参与教学、修正自我、完善自我的机会，使他们学习的内驱力大大增强，让教与学处于和谐的良性运作态势中，帮助大学生实现情商和人格的发展。除了专业教育之外，还应该特别重视通识教育。通识教育可以帮助大学生扩展知识视域、提升优雅气质。通识教育是一个系统的教育过程，大学生在全面学习各种知识的基础上，通过各方面知识的融会贯通，不断提升自己的精神境界，塑造自己的气质和个性，从而寻求全面发展的合理路径。

### (三) 开展丰富多彩、积极向上的校园文化活动

校园文化活动是课堂教学的有效延伸，它的内容、形式、时间、地点等灵活多变，大学生对其更加偏爱。"学校要提高大学生的综合能力，就要不断加大校园文化活动的内容和层次，通过丰富多彩的校园文化活动不断挖掘大学生的个人潜能"。在丰富多彩的校园文化活动中，大学生依据个人兴趣投身其中，尽情地表现与挥洒，这样的活动有利于培养大学生的主体意识和独立人格，也有利于大学生的创新精神以及综合素质和能力提升。由于课堂教学不能完全满足大学生的求知需求，他们为了丰富知识、发展能力、满足正常需要，就会自然而然地参与校园文化活动，既扩展了知识面，增长了才干，又锻炼了能力。校园文化活动特别是集体性活动可以让大学生产生荣辱与共的心理，集体观念可以净化大学生的心灵，升华他们的情感。如典型宣讲活动可以使大学生更多地了解人生的经验和体会，辩论和演讲活动可以培

养大学生的激情和热忱，经典作品赏析活动可以提升大学生的鉴赏能力和文化品位，体育比赛活动可以增强大学生的互助精神和协作意识等。校园文化活动特别是社会实践活动还会把大学生与社会联系起来，使他们更多地了解社会，感知社会生活，完善情商和人格。

## 第八节 大学生创业教育中情商的培养

当前国家将"以创业带动就业"上升至战略高度来缓解近年来日益严重的就业问题，大学生的创业不仅在于自身素质的提高和自我价值的实现，而且还有利于多元化的人才培养，但是高校在开展创业培训的同时片面地强调创业模式及资本链条的构建忽略了创业情商的培养导致大学生创业成功率不高，挫伤大学生自主创业的积极性乃至无法实现以创业带动就业的真实意图。因此高校在转变学生创业教育的同时还应积极开展创业情商培养来提高日益复杂的网络环境下大学生创业的质量。

### 一、情商在大学生创业中的价值

#### （一）情商决定创业的成败

情商即情感智商，它首先由美国心理学家约翰和彼得提出，但当时并未引起社会的广泛关注。1995年新闻记者丹尼尔·戈尔出版了《情商：为什么情商比智商更重要》一书才引起社会广泛研究与讨论。情商包括了解自我、自我管理、自我激励、识别他人的情绪、处理人际关系等。其实创业情商可以简单地视为个人情商在创业领域内的具体反映。一个人能否控制自己的情绪并及时调整自己的心态直接影响着他在创业中的心态，而创业者往往因为无法调整自己的心态导致创业失败，其实与智商所不同的是情商最重要的特点在于一个人能否合理并客观地掌控自我管理自己情绪的能力。如果一个人不能有效地管理和控制自己的情绪，那么这肯定会影响他自身的心情，进而影响自己生活与学习的状态。比如有的创业者在创业过程中信心满满乃至心高气傲不愿与自己的小团队交流、团队意识不强或者在交流中专断导致团队内部瓦解，其实在个人自主创业的道路上，最大的障碍便是创业者能否有效掌控和管理自我情绪并不是那些所谓的经验、时运、学历、知识等。因此能否调整自己的情绪及心态时常决定着创业的成败与否。

### (二) 情商决定创业的高度

成功的创业者往往具有自知之明，他知道自己怎么做或者说他应该为别人做什么而不是别人要求他去做什么，继而他能满足别人的需求。久而久之他们便具有了责任心和公德心，使得他们的商道越走越远。另外成功者还喜欢互利共赢，他们成功的背后往往是一个庞大的合作团队和良好的人际关系，这些都是影响创业质量的必不可少的非智力因素。当然成功的创业者还能够专注于目标而精于目标。对于大学生而言，拥有一颗追逐目标、专注于目标就等于拥有了成功的催化剂，甚至决定你在未来创业中所能达到的高度。

## 二、大学生在创业中的情商现状

### (一) 盲目乐观、心理承受能力差

当前许多创业的大学生主要着眼于一些门槛比较低的投资项目，比如电子微商等。他们在做这些创业项目之前都盲目乐观，不能对投资项目做一个合理的评估，心理承受能力差。或者说大学生选择创业的目的并不单纯，部分学生是为了表现自己，但却在意别人的评价，在创业中往往追风，别人搞什么他搞什么，这种盲目地追风，往往导致投资的失败。

### (二) 欠缺团队意识，自我意识差

当代大学生的个人表现欲都很强，他们往往希望自己的举动能够得到别人的认可和赞同，然而他们往往缺乏团队合作精神。由于众多创业项目门槛相对较低、大多数项目都适合于个人独资，使得他们在实际创业中的自由主义和个性化行为倾向显得尤为严重，缺乏团队意识培养的外部环境。此外，还有部分大学生在创业活动中表现出个人自我意识不强，不能全面深刻的认知自己，或者自信力不强乃至在创业活动中不能体现出自我价值。

### (三) 自我情绪掌控能力欠缺，社交与沟通能力不强

当前大多数大学生在创业过程中很难有效管控和管理自己的情绪，沟通能力不强，人际关系比较差。调查显示，创业大学生认为最难或最需要的是人际沟通（占 62.4%）。遇到困难挫折时往往很容易造成情绪失控，从而影响创业的质量乃至成败。有些大学生在创业过程中缺乏同理心，不能转换角色、缺少人际交往技巧并且入世经验浅薄导致社交能力差、人脉圈小、缺少朋友的支持使得他们很难在瞬息万变的商战中脱颖而出，从而不仅挫伤创业者的创业积极性，还影响到创业项目的质量。

### (四) 价值观不明确、不能自我勉励

当代大学生受市场经济和部分西方思想的影响明显，往往将创业视为捞金从而导致他们在创业初期便不能树立正确的价值观。大部分学生在创业中缺乏社会责任感，据统计 64.2% 的创业大学生认为创业的目的就是经济效益和享受人身自由，只有 26.5% 的创业大学生将创业视为社会服务，会做出更大的贡献；在期初创业时他们往往带有拜金主义和享乐主义，为了达到捞金的目的他们有时候会不择手段、违背职业道德有的甚至走上违法犯罪的道路。有的学生在创业中显得比较保守或者缺乏野心而不能时刻勉励自己使自己在创业的道路上走得更远。

## 三、情商在高校大学生创业教育中的培养

### (一) 转变创业教育观念、注重情商培养

高校在开展大学生创业教育的基本环节的同时应结合当前社会新形势、审时审度，积极转变教育观念以及教育模式。将素质教育与当前形势相结合，把创业情商的培养放在首要位置，并贯穿于创业教育的全过程。同时积极引导学生转变观念，培养学生的归零心态等。当然高校还应该立足长远充分利用教学资源扩宽培养学生情商的途径，特别是利用高校心理学等公共课程以及网络资源，培养学生良好心态，使学生自身逐渐自我修养，学会自我情商培养，此外高校还应该积极开展宣传，营造良好的情商教育环境。

## (二)加强学生自我情绪管理,培养学生人际交往能力

高校在开展大学生创业教育的同时应积极开展创业情商的教育,特别是加强学生自我情绪管理及学生人际交往能力的培养。由于目前大学生自我情绪管理能力差,很容易出现情绪上的波动,这不仅影响他们团体之间的关系,更影响他们创业的质量乃至成败。因此高校在加强创业情商教育的同时应积极引导学生、加强学生自我情绪管理,在开展创业技能培训的同时指导学生知道与人交往——懂得与人交往——学会与人交往,逐渐在交往中掌握人际的技巧,从而提高他们的人际交往能力同时也能加强他们的团队意识。

## (三)引导学生树立正确的价值观、加强创业意志力培养

价值观是一个人的行为导向,创业者的价值观决定了创业项目的社会效益,同时也反映出了创业者本身的社会责任感。因此高校在开展创业教育时应当将帮助学生树立正确的价值观,从而实现创业项目的社会效益与个人利益相结合,为社会主义市场经济注入新的力量。创业的道路不是一帆风顺的,在创业的道路上不仅要求我们创业者要劈波斩棘、不断去克服困难,在失败中总结升华自己的价值观和人生观,还需要创业者具备相当良好心理素质特别永不服输的品格和顽强的意志力,面对创业挫折带来的巨大心理挑战和压力时始终能够保持饱满而永恒的创业热情,并能客观认识自我和评价自我。

## (四)完善创业指导教育体系、大力提升学生创业情商

高校创业教育的师资、课程内容及安排、教学模式等因素是大学生创业情商培养的重要途径。高校在引进高水平的师资力量的同时尽可能地聘请本地比较有影响力的企业家来校授课,通过他们的创业故事来激励和影响那些志在创业却有疑虑的学生。在教学课程安排方面,高校应根据学校实际情况及市场需求以及大学生的职业倾向,对创业教育课程进行分门别类供学生自主选择,同时根据学生心理问题阶段性的规律合理地安排有关情商培养的课程。同时在教学模式上要打破传统的教学模式、全面强化创业教育实践训练,在实践中培养大学生的情商。

## 第九节 大学生责任情商与责任自觉

责任是指在一定历史条件下，作为社会人对其扮演的社会角色所应当承担的职责和履行的义务。

### 一、目前社会责任意识现状

在社会上，当下员工不好招更不好管的现象对企业来说已经是常态问题，忠诚度也许变成了奢侈品，责任心和责任意识问题日益成为老板抱怨的口头禅。究竟是员工思想落后、懒惰还是老板思想和责任管理落后了？是否更应理性看待当下企业自身和员工责任自觉了。

同时，大学生群体中也出现了不少由于责任意识缺失引起的社会问题。如：一些大学生缺少对国家和民族责任的责任意识和责任行为，不同程度的存在政治信仰迷茫、理想信念模糊、价值取向扭曲、诚信意识薄弱、艰苦奋斗精神淡化、团结协作观念较差、心理素质欠佳等问题，盲目崇尚个人利己主义、拜金主义、享乐主义等西方价值观念。显然，这与我们所倡导的社会主义核心价值观不相符，与时代对大学生的要求不相符，与大学生应有的精神状态不相符。有一些大学生由于自我责任意识和家庭职责意识的缺失，加上就业竞争的加剧，不愿意也无法适应社会的就业岗位，成为'啃老族'；不少学生睡懒觉、上课迟到，只在考试前抱佛脚、及格万岁，形象比喻即是他们将进入大学当成公费旅游。当代大学生群体是国家高层次人才的重要组成部分，是未来经济的主体，其责任意识状况如何，在某种程度上决定着个人与社会的发展。

而针对以上问题，很多企业、高校习惯了"洗脑"励志式的责任心感恩培训，却忽略了"打鸡血"的这种动力不会很长久的，因为人是理性的，那种培训"听听很激动、思想很冲动，回到现实岗位没行动"的印象很深刻！

其实，最关键的是要明确责任情商，培养理性规则意识，学生才会有责任的自觉化！高校既要有责任管理导向又要使学生有责任认知、使责任分级目标明确——看得到、听得到、闻得到、最后才能做得到！

## 二、责任情商的明确

责任情商是基于责任与情绪智力的关系所提出的一种新的情商研究领域。众所周知，情商中很重要的一个内容就是责任心、责任感的问题。然而，责任心与责任感的培养在传统的责任管理提升中缺乏理论与方法，基本是以晓之以情，动之以理的方式来教导。现在这种方法已经被大家取了个外号"打鸡血""心灵鸡汤"。我们的社会越来越需要一些"干活"——能够真正指导我们提高责任情商的学习与提升路径。

### (一) 规则在心，才是建立高情商的基础

情商高低归根结底是对自我责任意识的正确认知水平的自我评估。一个人不能遵守小的规则，也就是角色认知意识出现了问题，不知道什么是"必须按照规则做"的责任意识。责任意识是主体在现有的经济基础和意识能力下，把握自身行为及其结果，使之在观念、情感与道德上满足客体需求的精神风貌。不懂"必须做"责任法则后，也许能带给自己工作、学习与生活的各种方便与便利。但恰恰是这种"方便"给我们高情商培养埋下地雷与定时炸弹。没有规则意识就会在生活与工作中处处亮红灯，也许一时无伤大雅，但这种图方便最终会影响自己的性格与行为习惯，带来各种情绪的问题，甚至大的问题后果。因此，规则在心一是敬畏心，内心的底线是人类文明的起点，更是责任思维最基本的修养；规则在心二是利他心，不把自己的方便高于他人、社会之上，而是一种共赢的遵守，正是这种遵守才成为磨砺情商的关键。

### (二) 规则情商是责任情商提升的前提

规则情商主要有损人利己、利己利人、损己利人三个象限。是从"是什么？""为什么？"上升到"怎么做？"的思维过程，在这一过程中经历着人生目的、人生态度、人生价值的检验。最直观地反映在周围的环境影响与本身的信仰上：周围的环境不良与盲目的从重心理，往往倾向于损人利己的规则情商；拥有良好的约定俗成的监督环境与"规则在心"的自律底线，自然倾向于利己利人的规则情商；损己利人是一种境界更是一种悟道，是社会普遍

修养提高的再现，不是倡导、监督就能达到的，而是社会集体信仰文明的高限。

但在社会功利主义规则思维的影响下——追求最省力、最高效、最节约、最便利的效果，人们计算着自己的成本与收益，在既定的收益面前，能够省功的就不会多做功，这就导致了人类对不同规则拥有不同的偏好与忽视。在利己的时候我们会捍卫规则的力量，在利他的时候我们可能会践踏和破坏规则。为了省时间我们不愿意等红灯，为了自己舒服我们不愿排队讲秩序。功利主义是人类工具思维进化的结果，在功利主义规则思维与规则情商的悖论中，不能简单地批判，而应在人生观、人生态度的分析中摘清功利的规则"是什么？""为什么？""怎么做？"，才能回到因信仰的坚定而影响环境的真相上！这样责任情商的提高自然就有说服力、感染力了。

### (三) 规则量化思维是培养高责任情商的重要思维方式之一

在"大数据"背景影响下，量化已是社会文明管理的象征，而规则量化思维更能使我们在日常行为中从容不迫。

首先是在"知"上的量化，这个层次不仅仅是掌握关于规则的知识，更是一种对社会纷繁的"潜规则"明辨中的"不惑"，懂得坚守什么、摒弃什么、漠视什么而最终提高人生的"判断力"。

其次是在"情"上的量化，不仅指感情的脉络，而是维系脉络的"仁"！每一个人都要深刻懂得"人本质是一切社会关系的综合""情"不是裙带关系、不是利益关系、更不是老好人关系，是人人都要遵守的平等关系，是人人都不"忧"的公开关系，正如古人云："双人为仁"，在这种量化中才能体会君子相处的简单！"仁者不忧"也。

再次是在"意"上的量化，"意"就是意志力，与人们通常所说的知识、情操没有多大的关系，确切地说与"一念间"的坚定有关。念头是善恶的分水岭，意志力坚定的人往往就是前文中提到"规则在心"的淡定，更是能合理的对欲望的牵制，不莽撞、不退缩、不轻言的"勇者不惧"的大度。

有分寸才有界限，有界限才有宽度、长度、维度，也才有人生舞台的不同经历、阅历。规则思维在"知""情""意"上的量化更是对人生态度的诠释，对责任情商的历练。

## 三、高校的责任管理导向及学生的责任自觉培养

人的思维是否具有客观的真理性,不是一个理论的问题,而是一个实践的问题。遵守规则是一种思维,更关键的是要把遵守规则提高到一种量化管理,不仅宜操作更宜提高综合素质,而非笼统的责任心意识培养。遵守规则量化为四部分:角色责任、义务责任、能力责任、原因责任。

### (一) 高校责任管理导向——遵守规则责任目标

高校为社会培养适应与创新人才,最关键是让学生懂得遵守规则与自身的不同责任层次有很大的关系,使他们理性看待责任,才能最终担当!

根据遵守规则的思维将责任分为四个层次,分别是角色责任、义务责任、能力责任与原因责任。就像一棵大树:原则责任是根、义务责任是干、能力责任是花、角色责任是叶;根深干粗叶茂最后果才能大!角色责任主要体现人与制度的关系,塑造"什么是必须做的责任思维";能力责任体现人与目标的关系,塑造"什么是努力做的责任思维";义务责任体现人与团队合作协同关系,塑造"什么是顺势做、顺便做的责任思维";原因责任体现人与社会理念关系,塑造"什么是"慧、选、做"的责任思维"。

社会同样也像是一个棵大树,社会制度就是根、是因;所有社会角色分工就是干、支;全体人民就是叶,人民的业绩是花果。社会发展首先要根系深,找出社会上层发展的"根"因战略与模式基因,只有根"正、深、远"才能枝繁叶茂,同时必须合理梳理、分析与规划社会这颗"大树结构",才能结出更多的果实。而这就是责任自觉的整个过程。

### (二) 案例法的责任分层教学 - 责任自律的优化

角色责任是指在社会环境的各种角色中应该承担的,应该做什么、按照什么要求做等内容。比如家庭角色、社会角色、学校角色、单位角色等,这些都是在一定的规则中必须要承担的。能力责任是指在必须做的程度上如何做得更好并努力提升自我。原因责任是指无论做角色责任或义务责任是按主观因素还是客观因素来完成,面对一项任务是抱怨、消极还是积极面对并改变?义务责任是指道义上应该做,但没有强制、可做可不做、有所为有

所不为的责任范畴,重点要突出需要配合谁和谁主动合作的行为。

教师每次教学都可通过案例来细致阐述责任的四个层次,使学生明白什么行为才是可评价的。比如:瑞典沃尔沃总部有两千多个停车位,早到的人总是把车停在远离办公楼的地方,天天如此。问:"你们的泊位是固定的吗?"他们答:"我们到的比较早,有时间多走点路。晚到的同事或许会迟到,需要把车停在离办公楼近的地方。"

案例中沃尔沃的员工只是在时间与空间距离做了一个行动与责任之间的概念转换,这种转换就是把他人的时间与距离空间进行了对比思考,于是个体行动就转变为组织行动,组织行动进而成为有评价意义的责任范畴,这种责任就是义务责任。选择比较近的车位就是自身角色的需求;能从整个团队思考就是原因责任;能经常这么做就是能力责任的范畴。

通过各种案例的探讨使学生能选择最佳的评价体系,自然就有了规则意识与自律的行动!一个人感动一个人,不是因为做了必须做的事情,而是因为——义务责任情商的力量!培养义务责任情商是校园文化必经之路。

### (三) 责任价值观的培养——学生自知的责任转化

责任分层与量化使学生明白适应与创新社会现实,必须自知义务责任的重要性,并根据实例选择多点修炼的义务责任方向倾斜,慢慢价值观的倾向就凸显出来。角色责任价值观体现在:诚信、遵守规则系统;能力责任价值观体现在:进取、自我挑战的驱动;义务责任的价值观体现在宽厚、宽容友善带人;原因责任价值观体现在:高度、胸襟决定格局的方面。

首先,由角色责任向义务责任的进化。这是一种由显性到隐形的转变,对角色之外的义务多修炼,就会形成良好的学风与文化。很多人会认为,有必要搞得这么复杂吗?不就是为他人多想点嘛!其实这就是感性责任思维的通病,只知道道理,却没有责任思维方法与模式的训练,更应体现在实际措施的方法上,方法越多利他利己性共性的精神家园才会理想。

其次,由能力责任向原因责任的扩散。现实社会的浮躁与缺失很多与没有规则有关。越没有共享性的能力对社会的危害越大!越没有信仰的能力越带来灾难性的毁灭!能力的初衷一定要建立在良好的价值、制度与规则的前提下,底线是最低的道德规范绝不可触及;相反一旦触及,相关的约定俗称的习惯、风俗、道德、法律会自然处罚,且永不翻身!把积极的原因责任发挥极致,就有更多爱心能力迅速扩展开来,正能量才能形成气候,我们的核心价值观才能根植于每个人心中。

# 第十章　研究生情商培养

## 第一节　研究生情商教育的探索研究

研究生教育是培养高知识层次人才的重要阵地，如何向社会输出素质全面、德才兼备的人才，已成为整个教育界普遍关注的问题。研究生从院校步入社会，工作环境、生活环境、学习环境发生很大变化，能否尽快融入、发挥才能、求得发展，不仅需要具备高水平的专业理论素养，同时还要兼具较高的情商水平。通过研究生情商现状分析，挖掘情商教育存在问题，探究情商培养方法策略，促进提高研究生情商教育水平。

### 一、研究生情商现状分析

近年来，随着高等教育事业的发展，研究生招生规模的不断扩大，研究生队伍中由于情商教育缺位，而引发的一系列择业难、就业难、融入社会难等问题已经引起社会各界普遍关注和热烈探讨，"书呆子""高智商、低情商"等一度成为研究生的代名词，甚至部分人由于情商水平没有达到理想状态，在人际关系、融入社会等方面，遇到困难阻碍便很快败下阵来。

#### (一) 外界环境变化带来的负面冲击影响

从心理学的角度讲，知识水平越高的人，越是站在社会的最前沿，他们承受着各方面的压力，心理问题出现得更多。研究生群体入学后经历了从本科到硕士的上升与过渡，骤增的学习、生活、人际关系压力，使很多学生感到迷茫，甚至恐惧。

## (二) 对情商的重要性主观认识上存在偏差

根据走访调查，大部分研究生能够主动参加学校各类活动，积极与他人沟通交流，并具有运用合理方法排解压力的能力，但依然有32.2%的人，表现出不愿意接受他人的意见和建议，不懂得与人相处，总认为做好科研、学好知识就行，沟通协调都是次要的，认识上存在较大偏差。

## (三) 心理健康问题普遍存在

心理健康水平与情商水平相辅相成，缺一不可。近几年，研究生的心理健康情况不容乐观，有相当一部分人存在不同程度的心理障碍。结合全国针对心理健康的调查结果显示，研究生的心理障碍呈逐年上涨趋势，危害较大。

## 二、高校的研究生情商教育现状分析

近年来，我国大部分高校对研究生的综合素质教育非常重视，开始引入情商教育的概念，并对研究生进行情商培养教育。但目前，高校的情商教育存在教育内容匮乏、教育形式单一、教育手段陈旧等诸多问题。

## (一) 对情商教育缺乏正确认知

人们近几年才认识到情商教育的重要性，相当一部分高校对研究生的情商教育认识模糊，过于重视学生业务水平的提升和智力开发，忽略了情商教育的重要性。

## (二) 情商教育资源严重不足

情商教育资源大多数来自心理健康方面的知识，而目前普通高校的情商教育材料很少，相对于其他发展稳定的学科，可用资源少，许多高校也并没有把情商教育列入教学计划。

## (三) 情商教育缺乏系统性

许多高校只把心理健康教育纳入情商教育中，没有针对性、系统性、整体性的课程设置，在实践活动上也主要依靠学生组织的各类活动，在教育培养上未形成教育—实践—升华的整体链条。

## 三、加强研究生情商教育的现实意义

### （一）有助于维护良好人际关系

加强情商培养已经成为社会各界共识。加强情商教育，可以提高研究生和他人沟通交流的能力，好的人际关系有利于学生学习生活，更有利于学生战胜挫折和挑战，取得最后的胜利。

### （二）有助于提高个人道德修养

一个人的道德修养好坏严重影响着个人和社会发展，智商教育和情商教育缺一不可，只有加强情商才会提升学生的德行和修养，才能培养出高水平"德才兼备"的人才。

### （三）有助于提升研究生的就业能力

在经济飞速发展的今天，许多单位在应聘员工时，不再只关注学生成绩，而是将智商和情商综合起来，也就是综合素质。研究生如想在就业中占到优势，必须加强自身的情商发展，这样才能提升自己的就业能力。

## 四、加强研究生情商教育的策略

在研究生培养教育中，既要重视专业基础的培养，也要重视情商的培养。情商培养已成为当今高素质高层次人才培养中一个极为重要的环节，主要可以从4个方面实施。

### （一）强化研究生的自我认知

情商欠缺的人，由于不会"好好说话""灵活做事"，注定孤独，更加无法在逆境中战胜自我。研究生是我国培养的高水平人才，从学生自身发展的角度上讲，应该注重情商的培养。作为研究生，不仅要提升业务能力，还要增强综合素质，应学会控制好自我情绪，站在他人的角度思考问题，学会关心他人，理解他人。好的人际关系，有助于学习、生活的公共进步，从而实现全面发展。

### (二) 强化研究生导师对情商教育的正确认知

在高校，导师作为研究生的第一责任人，一言一行都会对学生造成很大的影响。导师是距离学生最近的教师，应在学习和生活中关心学生，多与学生沟通交流，了解学生的最新动态和根本需求，重视对研究生的情商培养，提升学生的综合素质和就业能力。

### (三) 强化高校开展情商教育的力度和深度

国外发达国家，大多已将情商教育列为学校的必修课程。然而，遗憾的是，国内家长和教师过多的将重点放置在学生理论知识的掌握情况上，而忽略了研究生情商教育，对孩子因情商太低出现的问题置之不理或束手无策，不懂得以科学的方法来对待和解决问题，更不会引导孩子加强情商方面的培育。因此，从大环境着手，加强高校对研究生的情商教育十分重要，应多组织学生参加课外实践活动，并增加道德修养和情商教育的相关课程。

### (四) 强化对研究生的德育教育

研究生的学习和生活具有相对独立性，这在一定程度上影响了研究生集体意识和纪律观念的发展，造成了学生组织观念淡薄，责任意识不强，不愿为公共利益服务的现状。可以强化学校和二级管理学院的职责分工，通过举办集体活动，让研究生时刻意识到自己是组织中的一员，强化他们内心的认同感和归属感；可以多举办各类型的团体竞赛，通过团队协作，提高研究生整体统筹指挥能力；设立多个先锋岗，在学生群体中树立典型、树立榜样，通过榜样引领模式，加强研究生群体的互助意识。

## 第二节　研究生的情商教育

研究生教育是培养高素质人才的重要阵地，培养"学识渊博，综合素质高"的德才兼备者，是研究生教育的主要任务。这就要求在研究生教育中既要重视专业基础的培养，也要重视情商的培养。

### 一、情商的功能

郭德俊先生作为我国情绪心理学专家认为情绪智力具有以下功能：

#### (一) 情商具有评价与表达功能

情绪智力首先表现为对自己和他人情绪的识别、评价和表达。也就是对自己的情绪能及时地识别，知道自己情绪产生的原因，还能通过言语和非言语(如面部表情或手势)的手段将自己的情绪准确地表达出来。人们不仅能够知觉自己的情绪，而且能觉察他人的情绪，理解他人的态度，对他人的情绪做出准确地识别和评价。这种能力对人类的生存和发展是很重要的，它使人们之间能相互理解，使人与人之间能和谐相处，有助于建立良好的人际关系。在对他人情绪的识别评价和表达这种情绪智力中，移情起着主要的作用。所谓移情，即是了解他人的情绪，并能在内心亲自体验到这些情绪的能力。

#### (二) 情商具有调节功能

人们在准确识别自我情绪的基础上，能够通过一些认知和行为策略有效地调整自己的情绪，使自己摆脱焦虑、忧郁、烦躁等不良情绪，如有人在跳舞时能体验到快乐的心境，或找朋友谈谈心可以产生积极的情感。当人们心情不佳时，就可以采取这些方式回避消极的心境而使自己维持积极的心境状态。同时人们也能在觉察和理解别人情绪的基础上通过一些认知活动或行为策略有效地调节和改变其他人的情绪反应。

### (三) 情商具有解决问题的能力

情绪在人们解决问题的过程中，对其组成成分之间的关系和策略采取的方式等会产生系统的影响。研究表明，情绪能影响认知操作的效果，情绪的波动可以帮助人们思考未来，考虑各种可能的结果；帮助人们打破定势，或受到某种原型的启发；可以使人们创造性地解决问题。特别是在茫然的情绪出现时，不仅仅是打断正在发生的认知活动，而且可以利用这种情绪来审视和调整内部或外部的要求，重新地分配相应的注意资源，把注意力集中于情景中最重要的刺激，更有利于抓住问题的关键而解决问题。

## 二、研究生心理健康问题及其成因分析

随着我国高等教育事业的迅速发展，研究生招生规模不断扩大，研究生心理素质欠佳的问题也越来越成为人们关注的焦点，研究生心理疾病问题严重影响着研究生的培养质量，给学校、社会和研究生本人及家庭带来严重的伤害。据调查资料显示，近几年，研究生的心理健康问题不容乐观：天津市对3018名研究生所做的调查结果显示，有各种程度心理障碍的占16%以上；对北京市四所大学的调查显示，近十年来，研究生因心理问题而休、退学的人数占总休、退学人数的30%左右；还有研究表明，研究生当中37.3%存在心理问题，其中很大一部分来自压力。

当深入研究和分析这些数据和案例之后，总结出导致这些悲剧发生的主要原因是情商教育的缺失，具体来说，有如下原因：

### (一) 自我认识不够彻底

从心理学上讲，越是知识层次高，越是站在社会的最前沿，承受着剧烈变化的压力越大，因而心理问题越容易发生。多数研究生缺乏承受变故的困难和挫折的心理基础，作为高学历群体，社会对研究生的期望过高，无形中给他们造成了极大的压力，同时形成"只能成功不能失败"的心理定势，一旦环境变化遇到了不顺利时，若情商水平不足，就容易产生被冷落和挫折感，容易诱发严重的心理障碍。

## （二）认知上的先进与行动上得知后相对矛盾

基本上所有研究生都认识了心理健康的重要性，却有32.2%入学前为应届生的研究生不愿意接受他人，不注重与人善处。这说明研究生在长期的读书生活中，一方面不断汲取知识与文化，另一方面却忽视人际关系这一心理健康最基本内容的处理，既不能正确对待自己，也不能正确对待他人，过于强调个性发展而走向极端，团队精神不足。

## （三）学业压力过大、就业及对未来预期的不确定性

大多数高校都为研究生的学习与毕业设计了许多条条框框，研究生面临着多方面的学业压力诸如专业课的压力、学习资源的压力、公开发表学术论文的压力和公共课的压力等等。研究生不得不把花大量的时间和精力投入到科研上，导致长时间从事单调繁重的工作很容易使人产生疲倦和厌烦，又加上生活方式单调最终产生了心理问题。

## 三、研究生情商教育的实施途径

在研究生教育中既要重视专业基础的培养，也要重视情商的培养。情商的培养已经成为当今高素质人才培养中一个极为重要的问题，研究生的情商教育可以从以下三方面实施：

## （一）培养正确的学习动机

主要指对学习目的性的说明和对自尊心、自信心、责任心的培养。研究生入校以后，各专业都会制定相应的培养方案，对其在研究生过程中的学习做一定的安排和要求，有很强的针对性、目的性。所以研究生入学以后，学校要在相当的时间内对学生进行不同专业、不同课程的学习目的说明，从理论上的阐述、实际的考察和自我评估，让他们明确各专业课程和公共课学习的目的以及所能达到的目标，从而产生迫切学习的意识。这样不但能调动学生学习的积极性，同时也是一个自尊心、自信心、和责任心的培养过程。在当今的信息时代，行业分工越来越精细。这使人际交往也更加密切，它要求人抛弃传统观念，具备强烈的参与意识和协作精神。因此，责任心的培养是

情商培养的一个重要方面，也是学校教育的一个关键。研究生在入学第一天起就应该树立这种强烈的责任心和竞争、合作意识。

### (二) 营造和谐的学习和生活氛围

研究生培养者应该围绕专业知识，从各方面培养情商，诸如通过广泛参加社会实践及社会调查、沙龙等形式，促进交流，获得社会性支持，从而实现研究生个体与社会之间的理解与沟通，缓解心理压力。其次要根据研究生的心理特点，有针对性地讲授心理健康知识，开展心理辅导或咨询活动，帮助他们解决情绪调节、环境适应、人格发展、人际交往、交友恋爱、求职择业等方面的困惑，提高心理健康水平，促进自身素质的全面发展。最后，加强校园文化建设。丰富多彩、健康愉快的课余文化生活和文体活动可以调节情绪，缓解压力，对心理问题起缓冲和矫正作用。所以高校要积极组织开展健康活泼、积极向上的学术论坛以及科技和娱乐活动，努力营造宽松、和谐的学习、生活氛围。

### (三) 运用"情绪自控"和"情绪自知"

孔子说过"见贤思齐焉，见不贤而内省也"。我们知道，人与动物的重要区别便是理性，自我反省便是理性思辨的重要体现，即通过总结和分析，更好地指导自己以后的时间。这一理性的调节便是情商的体现。学会情绪的自我控制和调整，保持良好的心境，即"情绪自控"。通过情绪自控来抑制负面情绪并将其引向合理有利的方面。通过保持积极、乐观的心境来提高自控力，培养坚强的意志，增强心理承受能力。就研究生自身而言应该在日常生活中学会"情绪自知"，既能正确感知、了解和识别自身的各种情绪，进而从心理和生理状态中感受情绪的发生。通过自我调节扬长避短、理性转变，使自己的价值得到有效体现。学会客观全面地认识和评价自己。既善于发现自己的长处也敢于承认自己的短处，要培养健康的生活情绪，善待生活，善待人生。

# 第三节　情商在研究生自我成长中的作用

研究生的发展能力即研究生顺应时代发展，并在时代发展中不断创新，最终与时代同步发展的综合性能力。在影响研究生发展自我能力形成的所有因素中，情商所起的作用最大。情商高者其发展能力更容易形成，情商低者则无法获得必须发展的能力。情商可以强化研究生自我的适应性，密切研究生的人际关系，调节研究生的情绪情感，从而促进研究生发展能力的形成。高校必须加强学生的情商教育，并通过情商教育培养学生的发展能力。

## 一、情商在研究生发展能力形成中的作用

完全可以肯定，情商在研究生发展能力的形成中具有重要作用。研究生要具备可以促使社会和自身获得双重发展的能力，除必须强化自身的智力才能，努力提高自己的智商之外，还必须完善自己的情绪特征，使自己的情商得到提高。

按照当代西方社会心理学的观点，情商在大学生发展能力形成和未来成就夺取方面的作用远远高于智商。有关研究表明，大学生发展能力的形成和未来成就的夺取80%取决于其情商，而智商在大学生发展能力形成和个人成就获取上所起的作用大约只占20%。总的说来，情商在大学生发展能力形成和个人成就夺取中的作用大致如下。

### (一) 能强化研究生自我的适应性

适应是人的本能力量，同时也是促使个人发展的本原动力。从古至今，人类均遵循着"物竞天择，适者生存"的发展规律。无论在哪一种社会形态中，能够适应环境者总能获得更多的发展，因而也能够具备更强的发展能力。

由此可见，情商可以强化大学生个人的适应性，促使大学生发展能力的形成，是大学生发展能力形成必不可少的构成性因素。高情商者更有可能形成较高的发展能力，同时也更可能在社会竞争中获得更多的成就。

## (二) 能密切大学生的人际关系

情商可以有效地密切学生的人际关系，从而间接促使大学生发展能力的形成。在现代社会中，大学生发展能力的形成并非抽象的和孤立的，它绝不可能脱离人的社会关系和人所处的具体社会环境而存在。因为人是社会中的个人，社会是人能力发挥和展示的舞台，是人能力得以形成和发展的现实基础。个人能力一旦离开社会就无法获得发展，同时也不能实现其价值。

因此，大学生要促使自身发展能力的形成，首先就必须发展自身的情商，并在人际交往中充分利用自己的高情商，密切自身的人际关系，使其人际关系能有效服务于自身发展能力的形成。

## (三) 能调节大学生的情感情绪

情商还可以调节大学生的情感和情绪，使大学生的情感、情绪直接服务于其发展能力的形成。现代心理学的观点认为，理解和分析自身的情感、情绪，认识自己情感情绪产生的原因即高情商的表现。

事实上，在大学生发展能力的形成中，情感、情绪的控制起着十分重要的作用。善于控制自身情绪的大学生大多能理性地规划自己的人生，为自己制定明确的发展目标，进而促使自己不断发展，并在发展过程中有意识地强化自身的发展能力，因而其发展能力形成的可能性也相应更大。因此，大学生要促使自身发展能力的形成，首先，必须有意识地培养自身的高情感智商，并能巧妙利用自己的高情商调节和控制自身的情感、情绪，理性地对待生活中所遇到的问题，使自身的情感、情绪服务于个人的发展。

## 二、如何发挥情商在自我成长中的作用

目前，青年群体的情商教育已越来越迫切，情商的育成也被提高到了前所未有的高度，"情商表现为一种精神状态、一种人格特征和一种做人处事的道理。情商的培养与开发是对人性的一种提升和健全人格的完善。"囧因而，情商的育成势在必行。

### (一) 青年自信力的养成是情商育成的基础

情商所包含的首要内容是个体的自知能力，另一重要内容是个体的自励能力，在个体自知能力与自励能力的构建过程中，自信力是核心。自信力是个体自知能力与自励能力得以存在和发展的前提和基础，是个体自知能力和自励能力发展和完善的最终归宿，青年的情商育成首先就是培养起青年的自信力。

### (二) 青年移情力与协作力的养成是情商育成的关键

青年情商的育成要求要相应地培养起青年的他知能力和协作能力。一方面，培养青年移情力是构建青年他知能力的基本途径。只有构建起青年的移情力，才具备了实现与外部世界一致的情绪体验，青年才有可能拥有与外部世界相符合的理性认识，在与外部世界的互动过程中才有可能正确地认识并分享他人的情绪，真正做到"感他人之所感""知他人之所知"，对他物的各种"真实存在"感同身受，从而达到"共情"，产生共鸣，在共鸣基础上才有可能对外部世界做出客观正确的评价，真正地具备感知和评价独立于自我之外的外部世界的能力。

### (三) 青年自发力和耐受力的养成是情商育成的保障

自发力和耐受力是个体自觉能力的主要构成内容，也是构建个体自觉能力的基本途径，自发力与耐受力都要求青年要能够战胜自己，即"战胜自己的各种心理上的僵化，发挥自己的选择性和自主能力"。

青年要实现自发的情绪管理和主动地情绪控制，必然要相应地构建起自发力与耐受力。一方面，青年只有具备了自发力，才能积极主动地去理解自我情绪，并在相应的自我情绪认知基础上做出对应的主动作为，这种主动作为就集中表现为自我的管理和情绪控制，这样就为成才移除了内部障碍，保证青年能够在通向成功的道路上具备内部免疫功能。

## 第四节 情商对研究生就业的价值及其培育路径

党的十八大和十八届三中全会都明确指出："要做好以高校毕业生为重点的青年就业工作。"毕业研究生是高校毕业生的重要组成部分。研究生是国家培养的高层次人才，是"知识人"，是知识的拥有者和使用者，是名副其实的高智商群体。让毕业研究生到相应的单位岗位"建功立业"，不仅关系到社会稳定、学校声誉，更关系到社会各领域各行业的发展和建设。在当前"市场导向、政府调控、学校推荐，毕业生与用人单位双向选择"的就业机制下，研究生规模的增加已经使研究生就业去向由原来的主要集中在体制内(党政机关、科研院所、事业单位和国有企业)转向了体制内与体制外(非公单位)并存。单凭一纸研究生文凭就能解决就业问题的时代已经一去不复返了。用人单位在选择研究生时不仅仅是看重其专业领域的学习和积累情况，与之并重的还有研究生的综合能力和素质。通过对用人单位的调查了解，结合研究生的实际情况，我们发现除了专业、技能等硬条件以外，作为软实力之一的"情商"正逐渐成为用人单位招录研究生时关注的重要方面，正如习近平总书记所说："做实际工作情商很重要。"所以，情商对于研究生就业创业与职业发展意义非凡。

### 一、"情商"及其在研究生就业中的价值

#### (一) 情商对研究生是否被招录具有重要作用

对于研究生，能否顺利被用人单位招录，其情商至关重要。目前很多单位在招聘考察环节也引入了"情商"测评工具，有的单位在面试时改变传统的"一对一"或"多对一"的结构化面试方式，采取更能考察应聘者情商的"无领导小组讨论"方式进行考察，还有很多单位采取"实习一段时间的方式"来考察应聘者的"情商"。笔者在2013—2014年间针对包括公务员单位、事业单位、国有企业、民营企业在内的60余家广西单位人事部门或人力资源部门负责人面谈、QQ访谈和电话访谈了解到，用人单位对研究生情商的评价普遍不高，主要反映在人际关系处理和换位思考等方面修养不够，不能

很好地摆正自己的位置，遇到事情难以适时控制自己，这也成为众多单位，特别是民营企业不愿招聘研究生的原因。笔者根据广西大学2009—2014年毕业研究生就业数据分析得出，担任过学生干部的毕业研究生一次性就业率明显高于非学生干部毕业研究生；而"担任干部的学生情商均值水平要高于从未当过干部的学生"。也有研究表明，"学生干部任职情况对情商水平有正向影响"。由此可推测，高情商毕业研究生在就业时能更好地就业。

### (二) 情商对研究生的职业发展具有重要影响

"智商(IQ)决定录用，情商(EQ)决定提升。"根据前文论述可以推断，智商并不能完全决定录用，文凭决定一切的时代已经过去了，而情商决定提升依然是硬道理。正如丹尼尔·戈尔曼指出的："真正决定一个人能否成功的关键，是情商(EQ)能力而不是智商(IQ)能力。""美国哈佛大学研究表明，一个人的成功，20%取决于智商，而80%取决于情商。"笔者在广西大学2014年毕业生(春季)双选会和广西大学2014年第三届校友企业招聘会中对125家用人单位问卷调查发现，用人单位普遍反映单位已经招聘的相当部分研究生：缺乏吃苦精神，不愿意应聘到边远地区的工作；承受挫折能力不强；人际关系处理能力不足，问及如何处理与领导、同事的人际关系时出现手足无措。由此给这些研究生职业发展造成了相当大的障碍。一些专业基础较好的研究生到单位工作之后，由于情商问题不能很好地融入单位，给个人和组织都造成了损失。而那些在校期间注重锻炼自己，情商较高的研究生在职业发展的过程中呈现如鱼得水的状况。笔者追踪了3位行政管理专业的研究生，他们在读研期间分别担任过研究生学会主席A、班级班长B和一位普通同学C。A毕业之后进入基层公务员，展现出高情商，不断得到重用，先后走过了从乡镇—县—地级市—省级机关的路线，现是重点培养对象；B毕业后先进入高校，后通过参加公开选拔进入某国有企业，现已成长为企业中层；C毕业后进入某事业单位从事行政工作，工作按部就班，目前还是普通职员。

综上可见，高情商对于研究生的就业与职业发展都有着举足轻重的作用，而情商是可以通过后天的努力和有计划地培养锻炼塑造起来的。

## 二、研究生情商现状及其对就业的影响

通过相关研究和调查发现，由于学校、家庭、社会各因素的综合作用，目前研究生的情商现状并不乐观，并且给研究生就业带来了较大的影响。结合对用人单位和研究生群体的调查，笔者将研究生情商现状及其对就业的影响归纳如下。

### (一) 情绪自我感知能力不足

感知自己情绪的能力，是衡量一个人情商的基本标准。只有准确感知自己的情绪，才能找到引起情绪变化的原因，进而更好地调控自己的情绪。而具有较好自我情绪感知能力的人，往往能够合理评估自身素质与用人单位需要之间的差距，树立合理的就业期望，进而根据职业要求有意识地培养自身能力。笔者在随机访谈中发现，部分研究生读研是为了暂时逃避就业压力，认为贴上研究生的标签身价自然上升，所以进入到研究生阶段，依然没有形成清晰的职业目标，规划意识淡薄，更没有针对性地对未来的职业生涯进行规划。这其中很重要的原因在于研究生自我情绪的感知和体验能力较弱，无法准确感知自己的情绪，不能正确了解和评价自己以及自己的情绪，以至于不能清楚地了解自己的优势和劣势，也无法在自我塑造过程中对职业环境进行准确的分析，难以明确职业发展方向。

### (二) 情绪管理能力较弱

不同的情绪对个人的身心健康、生活和人际关系等产生不同的影响。高情商者，不是没有负面情绪，而是有较强的情绪控制能力，善于自我调节，做自己情绪的主人。作为高层次人才培养对象，社会对研究生群体的期望和要求相对较高，而研究生自身的期望值也不低。研究生在校期间面临着由学业、情感、人际、就业等各方面困扰造成的思想负担和精神压力，而相当部分研究生心智发育不够健全，心理敏感、脆弱，容易出现心理问题。而大多研究生对自我情绪缺乏足够的认识和控制，在面对激烈的就业竞争时，缺乏自信，不知所措，无所适从。

### (三) 自我激励能力欠缺

调查发现,当前研究生自我激励能力欠缺,容易进行消极归因,不能很好地面对和承受各种挫折和压力。"现在的研究生大部分缺乏社会磨炼,大都从家庭走向学校,从学校走向学校",成长的环境相对平稳安逸,没有经历什么挫折。而随着研究生规模的不断扩大,研究生在激烈的就业竞争中已不再具有绝对优势。自我激励能力不足,使得一些研究生在面对困难和挫折时容易产生恐惧、逃避等消极思想,不能有效激励自己战胜困难,不能有效通过改变思维方式来保持良好的心理状态。尤其是不能乐观面对求职中的挫折,一旦求职受挫,就容易一蹶不振,丧失就业主动性,从而影响就业。

### (四) 感知他人情绪的能力不强

高情商者在求职面试时,能够觉察面试官的情绪,准确把握面试官的意图,及时调整自己的行为,与面试官进行良好的沟通,给面试官留下良好印象,从而有助于其就业成功。而研究生个体在校学习生活环境上的相对独立性,使得研究生参与集体学习生活的情形较少,研究生与研究生之间、研究生与教师之间的互动、交流有限。目前研究生很多是独生子女,自我意识强,集体观念淡薄,在人际交往过程中,习惯从个人角度思考问题,缺乏团队协作精神,缺少换位思考。就业是毕业生和用人单位双向选择互动的过程,缺乏感知面试官情绪的能力,使研究生无法在短时间内充分展示优势,错失就业机会。

### (五) 人际交往能力有待提高

高情商者往往善于处理人际关系,能有效运用人际交往技巧,与人相处融洽。研究生在读研期间,大多把主要精力花在学习专业理论知识上,而忽视了对人际交往能力的锻炼。一方面是由于很多研究生没有意识到除专业技能之外的其他能力素质的重要性,而忽视了对自身综合素质的培养。另一方面,一些研究生认为自己在本科期间参加了学生活动,已经锻炼够了,进而在研究生阶段,不想也不愿意加入学生组织去历练自己,也不热衷参加校外社会实践活动。这在一定程度上造成了研究生人际交往能力的退化,无法更好地掌握沟通技巧和语言表达的艺术，从而会形成一定的沟通障碍。笔者通过在一些招聘会现场发现，现在很多用人单位把"善于与人沟通、有较强的团队合作意识"等列入招聘要求中。随着经济社会的发展，社会对人才需求的标准也在不断提高，"一个合格的社会工作者不仅要具备较高的智商即过硬的专业技能素质，更要具备良好的情商即过硬的心理素质和良好的协作精神以及人际协调能力"。如果缺乏与人沟通交往的能力，没有良好的合作精神，难以适应社会的发展和需求。

### 三、培养研究生情商的路径

情商并不是天生的，而是后天通过教育的熏陶、社会实践的历练以及在个人自觉的锻炼和修养中潜移默化形成的。对于研究生情商的培养，一方面，作为培育研究生情商的重要阵地的学校，应加大培育研究生提升情商的意识。"给人观念才是上策"，学校应努力营造研究生提升情商的氛围，通过第一、第二课堂相结合的方式，引导和帮助广大研究生从低年级开始，注重培育情商，努力提高情商。另一方面，情商是研究生综合素质的重要组成部分，研究生要想在就业竞争中获得比较优势，更加需要不断提高自己的情商，增强就业竞争力。研究生情商的培养是一个不断完善和超越的过程，要求研究生在日常生活中能学会妥善管理和调控自己的情绪，不断培养积极的情绪，从而提升自己的情商水平，为将来的就业和职业发展奠定坚实的基础。

#### （一）学校教育是研究生情商培养的关键

学校作为人才培养单位，是情商培养的主阵地，在研究生情商培养中起到举足轻重的作用。

第一，开设"情商"类课程。当前，高校为研究生开设的课程主要集中在专业知识领域，研究生在在校期间的重心也主要集中在专业课程的学习和论文撰写上。这是研究生培养的基本要求，是符合研究生培养规律的。但是在当前研究生数量扩张迅速，就业形势日益严峻的背景下，仅有满足这些基本要求的培养方式显然已经不符合现实的需要。开设情商类课程是提升研究生就业竞争力的一种方式。高校通过情商教育课，系统讲解情商理论知识以及实际应用，注重激发研究生的主观能动性和主体参与意识，将教育要求内化为研究生自身的动机和需要，充分发挥课堂教学这一载体的主导作用，从理论上强化研究生的情商意识，并逐步实现由理论向实践的转化。需要强调的是，"情商"类课程是在完成基本教学要求基础之上的提升环节，不能本末倒置。

第二，发挥导师在研究生情商培育中的作用。导师是研究生接触最多，关系最密切的角色。是研究生的引导者、教育者，其言行对研究生影响深远。导师重视加强研究生情商的培养，将会起到事半功倍的作用。"学为人师，行为世范"，导师不仅需要传授研究生的治学之法，更要传授做人之道，把"教书"与"育人"紧密结合起来。导师要树立以研究生发展为本的教育理念，注重对研究生的人文关怀，实现由以往的只关注研究生的学业到关注研究生个人的全面发展的转变，并以身作则，率先垂范。高校也应加强导师的情商建设，提高导师的情商素养和人格魅力，强化导师的"育人"作用。导师也应自觉加强情商培养，提升自身情商能力，进而以高情商的角色，通过言行举止引导和帮助研究生培养高情商，努力成为研究生的"良师益友"。

第三，重视学校心理咨询的开展。"心理是支配人的情绪、情感的内在因素，心理的健康发展、心理状态的稳定和谐"，对于研究生良好情商的形成发挥着基础性的作用。因此，要培养高情商的研究生，必须加强研究生的心理健康教育。虽然研究生整体上思想较成熟，但由于作为高学历群体，研究生自我期望以及社会对研究生的期望值都很高，来自学业、感情、就业等各方面的压力也越来越大，且绝大多数研究生的心理承受能力以及心理自我调适能力还有所欠缺。因此，在研究生群体中，容易产生心理问题。为培养研究生良好的心理素质，学校可以通过开展心理健康教育课程、重视心理咨询建设、心理咨询专业人才培养、增设班级心理委员、借助高素质的心理教师团队，适时开展讲座或活动等方式帮助研究生缓解心理压力、疏导情绪，帮助研究生学会解决面对的各种情绪、情感问题，并在丰富多彩的活动中培养研究生的情商。

第四，为研究生提升情商提供平台。学生组织等平台和学生活动的运作有利于研究生提升情商。所以，高校应加强搭建校园锻炼平台的建设，大力支持学生组织的发展，充分发挥学生组织同伴学习的互促作用，延伸学生组织和学生活动的内涵。让更多的研究生有机会到学生干部的平台上去历练自己。同时加强对学生组织的管理和引导，学生干部的"头衔"不会提升情商，只有通过开展有意义有价值的活动才能使学生干部提升情商。

### (二) 自我修炼是研究生情商培养的核心

内因是起决定作用的，研究生情商的提升关键还在于研究生自身。只有研究生充分认识到情商培养在个人发展的重要作用，自发、主动接受情商教育，才能真正实现情商教育的目的。

第一，强化自我认知。情商培养，从了解自我开始。只有在深刻了解自我的基础上，才能感知自己的情绪，从而做到"情绪自知"。一方面，研究生应学会通过对自我动机和行为的审视与反思以及他人的评价来获得相对客观的自我认知，善于发现自己的优点，同时要勇于正视自己的缺点，从而不断健全自我意识。另一方面，研究生应学会在日常生活中正确感知、了解和识别自身的情绪，进而从生理和心理状态中感受情绪的变化，尽量避免不良情绪的产生。

第二，加强自我情绪调控。研究生要正确认识各种压力的存在，了解并掌握情绪管理的方法，逐步提高自身的心理健康水平和自我调适能力，理智控制自己的情绪，学会培养健康向上的积极情绪。学会改进思维方式，以积极的思维方式看待周围事物，实现自我情绪的良好控制。正确控制、疏导负面情绪，当不良情绪产生时，学会寻找合适的宣泄途径来化解自身不良情绪。当情绪低落时，能有效进行自我激励，从而保持积极向上、朝气蓬勃的精神状态。

第三，学会换位思考。换位思考是认知他人情绪的有效方法，而及时觉察他人情绪是理解他人、与他人沟通并建立良好人际关系的前提。因此，研究生在人际交往过程中，应学会认识和体察他人的情绪和想法，理解他人的立场和感受，要学会站在对方角度想问题，尤其是在受到挑战、面对冲突与矛盾时更要顾及他人情绪，控制好个人情绪，增强人际交往能力，从而建立良好的人际关系。

第四，积极主动寻求提升情商的其他途径。研究生的情商培养是一个不断提升和完善的过程，研究生可以通过课程学习、参加活动、进行社会实践等方式来提升自己的情商水平，还可以结合自己的实际，借力社会、家庭、朋友圈等多维度培育和提升情商。

# 结 束 语

本书主要研究了现代教育与学生情商培养，针对现代教育以及学生情商发展中出现的问题给出了相应的解决方案，对未来学生情商的发展具有一定的指导意义。

首先，本书首先介绍了现代教育的概念，主要包括：建立科学的现代教育概念的重要性、现代教育与教学观、现代教育的功能。使读者对现代教育有了深入的了解。

其次，本书介绍了情商教育的概述、情商与成功、情商设计、情商的培养。主要包括：情商的基本概念、情商如何促进成功、管理情商、人际情商、情商培养的方法。内容具体完整，使读者对情商的概念有了深刻的认识。

最后，本书主要介绍了大学生情商培养、情商与大学生自我情绪管理以及研究生情商培养。针对大学生、研究生情商发展中出现的问题给出了相应的解决策略，对大学生情商的培养奠定了基础。

# 参 考 文 献

[1] 丹尼尔·戈尔曼.情感智商[M].上海：上海科学出版社,1997.

[2] 方成智,唐烈琼,聂志成.心理与情商教育[M].北京：经济科学出版社,2002.

[3] 顾明远,孟繁华.国际教育新理念[M].海口：海南出版社,2001.

[4] 王沪宁.政治的逻辑——马克思主义政治学原理[M].上海：上海人民出版社,2004.

[5] 王莉,曹广辉.幸福生活从这里开始——大学生思想道德漫谈[M].北京：中共中央党校出版社,2003.

[6] 林秉贤.社会心理学[M].北京：群众出版社,1985.

[7] 曾莉.把情商当回事[M].北京：商务印书馆,2012.

[8] 丹尼尔·戈尔曼.情感智商(EQ)[M].上海：上海科学技术出版社,1997.

[9] HARRY R LEWIS. Excellence without a soul[M]. Public Affairs Books: New York, 2006.

[10] 李一冉.国学经典系列解读·大学[M].北京：中国广播电视出版社,2008.

[11] GOLEMAN DANIEL. Emotional intelligence[M]. New York：Bantam Books,1995.

[12] 蔡元培.蔡元培美学文选[M].北京：北京大学出版社,1983.

[13] 高叔平.蔡元培美育论集[M].长沙：湖南教育出版社,1987.

[14] 丹尼尔·戈尔曼.情感智商[M].上海：上海科学出版社,1997.

[15] 杨博一.哈佛EQ情商设计[M].北京：中国城市出版社,2002.

[16] 肖桂花.论和谐社会构建中的大学生情商教育[D].贵州师范大学,2008.

[17] 李海洲,边和平.挫折教育论[M].江苏教育出版社,1995.

[18] 胡金富. 大学生情商与道德的相关性研究 [D]. 大连：大连海事大学, 2007.

[19] 丹尼尔戈尔曼 ( 著 ). 情感智商 [M]. 上海：上海科学技术出版社, 1997.

[20] 海云明. 情感智商 [M]. 北京：中国城市出版社, 1997.

[21] 赵秋长, 赵建国. "对情感智商的理论回应" [J]. 河北师范大学学报：教育科学版, 2000, 2(2):71-78.

[22] 高玉祥. 个性心理学 [M]. 北京：北京师范大学出版社, 2002.

[23] 张英. 浅谈研究生素质教育中的情商培养 [J]. 雁北师范学院学报, 2003, 19(3):45-48.

[24] 唐柏林. 大学生心理健康教育 [M]. 四川教育出版社出版, 2006.

[25] 张玉新. 大学生创新人格的缺失与培养 [J]. 教育与职业, 2010, 33(11):85-86.

[26] 杨瑾. 激发兴趣, 开启心智, 促进大学生创新能力的培养 [J]. 实验技术与管理, 2011, 28(3):154-157.

[27] 徐联仓. 组织行为学 [M]. 北京：中央广播电视大学出版社, 1994.

[28] Daniel Goleman. 情商 3[M]. 北京：中信出版社, 201.

[29] 王迪. 大学生创新能力培养要素模型分析 [J]. 河南工业大学学报 ( 社会科学版 ), 2014, 10(4):157-159.

[30] F·菲利普·赖斯. 青春期——发展、关系和文化 [M]. 上海：上海人民出版社, 2009.

[31] Schindler J A. 破解情绪密码 [M]. 北京：中国长安出版社, 2009.

[32] Daniel Goleman. 情商 [M]. 北京：中信出版社, 2010.

[33] 施国春. 大学生乐观品质培养的实验研究 [J]. 河北科技大学学报, 2014, 14(1):89-95.

[34] 韩燕银. 大学生意志力提升的解决策略探析 [J]. 当代教育实践与教学研究, 2014(10):74.

[35] 夏有为. 培养实践能力造就创新人才 ( 三 )[J]. 实验室研究与探索, 2015, 34(2):1-3.

[36] 杨瑾. 实验技能大赛是培养学生创新能力的新途径 [J]. 实验室研

究与探索,2009,28(6):19-21.

[37] 芦守平.正确树立科技"创新"理念培养学生综合能力[J].实验室研究与探索,2015,34(2):145-147.

[38] 季宜敬.以创新机制培养创新人才[J].实验室研究与探索,2011,30(7):82-84.

[39] 杨瑾.提高大学生创新能力的成功尝试[J].实验技术与管理,2006,23(11):117-118.

[40] 祝志高.从当代大学生的婚恋价值取向看高校婚恋教育[J].乐山师范学院学报,2010,25(8):137-140.

[41] 蔡学锋.当代大学生的价值取向及其价值观教育[J].辽宁农业职业技术学院学报,2004,6(4):61-64.

[42] 苏向东.当代大学生的价值取向与可持续发展[J].新疆教育学院学报,2005,21(2):63-66.

[43] 陈晓鹤.当代大学生消极价值取向及其对策[J].南京理工大学学报(社会科学版),2008,21(4):96-100.

[44] 唐艳华.论网络文化对当代大学生价值取向的影响[J].新疆广播电视大学学报,2009,13(45):52-55.